過完整個夏天

原选区　　　　　　半径：0　　　　　　半径：20

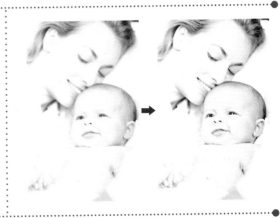

  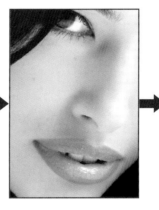 

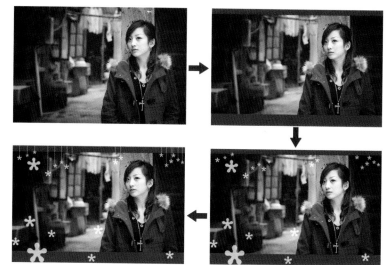

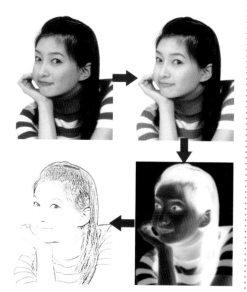

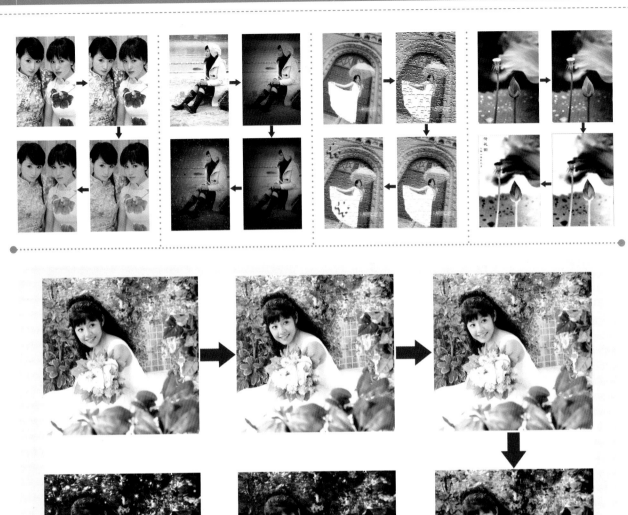

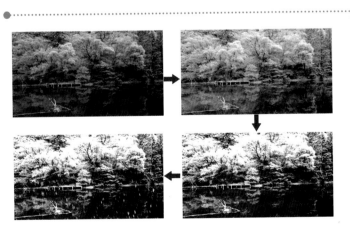

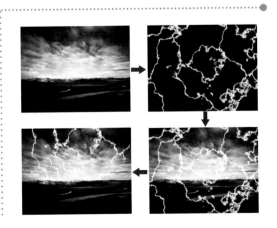

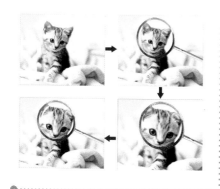

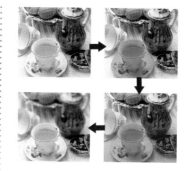

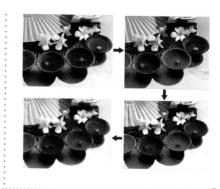

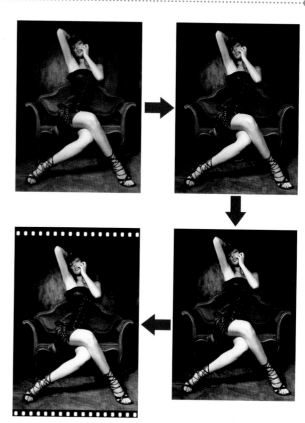

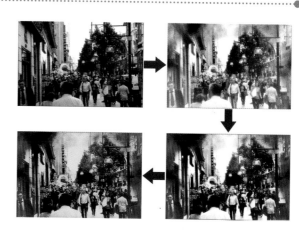

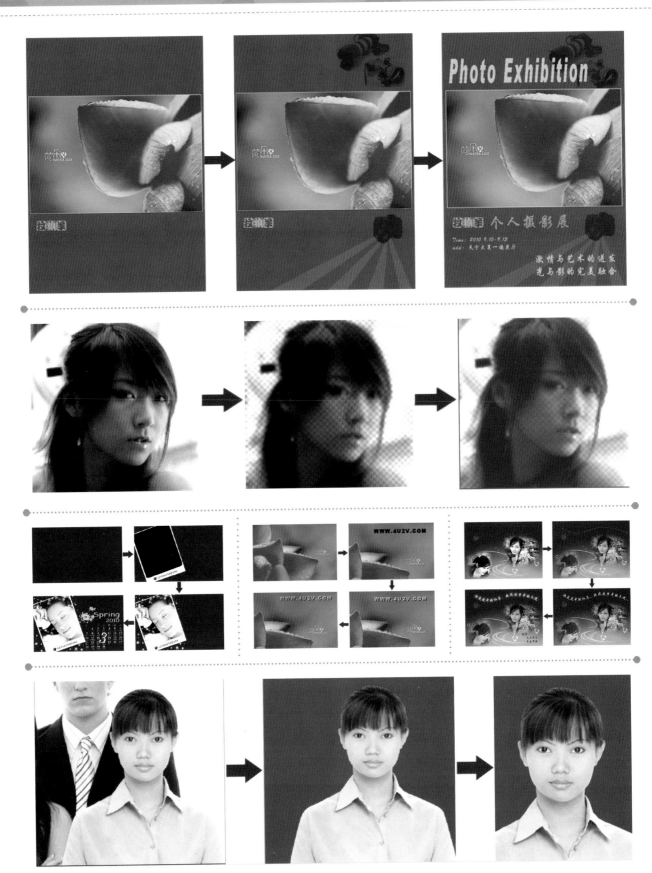

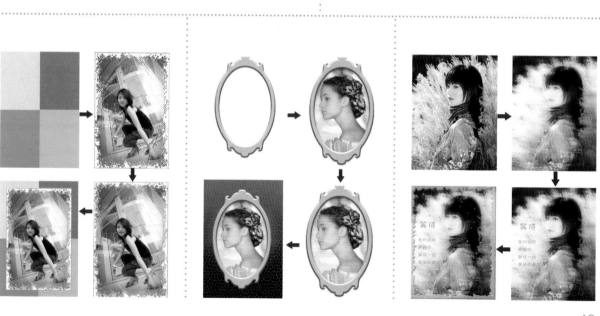

数码照片

完美表现

210 例

视友（4U2V网）
黄秀花等/编著

清华大学出版社
北京

内 容 提 要

本书精选了210个精美的典型案例，详细介绍了数码照片从拍摄、管理、修复处理、艺术设计以及输出的全过程。详细介绍了数码照片在Photoshop中的各种处理和设计手法，具体包括各种数码照片的修饰技术，照片特效制作及创意、儿童照片美化、时尚写真设计和婚纱照艺术设计等。同时还介绍了时下非常流行的"光影魔术手"和"美图秀秀"软件的数码处理技巧，使读者可以轻松制作出专业级的照片效果。全部案例配有视频教学文件，方便读者学习。

本书适合普通家庭用户、数码照片处理爱好者、影楼从业人员、数码修图员、平面设计师等使用，也可以作为相关院校的教材及参考用书。

图书在版编目（CIP）数据

数码照片完美表现210例 / 黄秀花等编著 . —北京：清华大学出版社，2011.2
（超级工坊：案例·视频·互动）
ISBN 978-7-302-23039-7

Ⅰ.①数…　Ⅱ.①黄…　Ⅲ.①数字照相机-图像处理　Ⅳ.TP391.41

中国版本图书馆CIP数据核字（2010）第112399号

责任编辑：陈绿春
责任校对：徐俊伟
责任印制：杨　艳
设计排版：妙思品位
出版发行：清华大学出版社　　　　　　　　　地　　　址：北京清华大学学研大厦 A 座
　　　　　http://www.tup.com.cn　　　　　　邮　　　编：100084
　　　社　总　机：010-62770175　　　　　　邮　　　购：010-62786544
　　　投稿与读者服务：010-62795954,jsjjc@tup. tsinghua. edu. cn
　　　质　量　反　馈：010-62772015,zhiliang@tup. tsinghua. edu. cn
印　刷　者：北京鑫丰华彩印有限公司
装　订　者：三河市溧源装订厂
经　　　销：全国新华书店
开　　　本：203×260　印　张：24　插　页：8　字　数：658千字
　　　　　　附 DVD1 张
版　　　次：2011 年 2 月第 1 版　　印　　　次：2011 年 2 月第 1 次印刷
印　　　数：1～5000
定　　　价：79.50 元

产品编号：034581-01

前　言

　　数码相机目前已基本取代传统相机，成为绝对主流。使用数码相机拍照，留念美好时光成为生活中不可或缺的一部分，这就使得数码照片的修整、美化、设计成为大众需要掌握的一项技术。同时，也促使数码影楼、数码冲印店的从业人员急需提高业务水平和照片处理技术。

　　针对家庭用户、数码照片处理爱好者及影楼数码设计人员等读者群，本书着重介绍了Photoshop CS4 数码照片后期处理的操作实例，同时还介绍时下非常流行的"光影魔术手"和"美图秀秀"软件的数码处理技巧，除了这两个软件外，还介绍了ACDSee照片管理软件。

　　本书以案例教学的方式，结合各软件特点共安排了210个操作实例，将设计岗位上需要用到的各软件知识点和技能几乎全部囊括进来。既能全方位学习 Photoshop CS4 软件，又能学习数码照片后期处理的所有技能，可以说是一本完全参考手册。相信本书能带领读者瞬间学会数码照片处理技巧，轻松演绎自己的艺术人生。

　　在本书配套的多媒体光盘中，包含了本书全部210个实例的操作演示视频，让人身临其境地感觉到名师就在身边为您讲解、演示实例操作全过程：直观、高效，学习起来事半功倍。光盘中还配套所有实例的源文件，方便读者自己动手跟着学，为学习温馨护航。源文件的提供为您的设计与创作起到借鉴意义。

本书主要内容：

第1章：数码摄影入门，主要介绍数码相机的操作、保养和拍摄技巧。

第2章：常用软件与照片管理，介绍数码照片的浏览、批量更改文件名、转换格式、调整大小等，并介绍 Photoshop CS4 软件的基本使用方法。

第3章：数码照片的基本处理，介绍在 Photoshop CS4 中对各种有瑕疵照片的修复和校正操作。

第4章：调整照片的光景和色彩，介绍在 Photoshop CS4 中调整照片的曝光、色彩层次和校正颜色等。

第5章：人像修饰和美容，介绍在 Photoshop CS4 中对各种人物照片的五官和身材的修饰，以及美容技巧。

第6章：人像照片的轻松美化，介绍在 Photoshop CS4 中，对人物照片制作一些简单的美化，达到锦上添花的美化效果。

第7章：艺术特效与创意效果，介绍在 Photoshop CS4 中加入个人独特的构思及创意，将照片与创意完美地融合在一起，制作出效果更丰富、迷人的数码照片。

第8章：照片的实用设计，介绍在 Photoshop CS4 中，设计各种实用的作品，如结婚请柬、相册封面、个性名片、证件照片、论坛签名图片、添加水印体现版权等等，赋予照片在生活、工作中有更多的用途。

第9章：时尚写真及婚纱照的艺术设计，介绍运用 Photoshop CS4 对写真照、儿童照、婚纱照片的艺术设计，制作时尚、个性、创意、精美绝伦的设计效果，让读者学到照片处理的高级技巧。

第10章："光影魔术手"神奇修图，介绍"光影魔术手"软件的快速而易用的修图技巧。制作出各
种精美相框、艺术照、专业胶片效果。

第11章："美图秀秀"轻松美图，介绍"美图秀秀"软件的快速美图技巧。一分钟搞定非主流图
片、美容、逼真场景、闪图，QQ头像等，让你轻松化身"时尚达人"。

第12章：照片输出与分享，介绍如何设置打印/冲印的数码照片、打印全部照片的缩略图、将照片
制作幻灯片演示文件、刻录照片到光盘、批量上传照片到网络相册、QQ邮箱发送明信
片等。

本书有以下特点：

- 专业而实用——本书的讲解深入浅出，充分满足初级和高级数码美工的专业需求。揭秘多个专
业人员数码修图的高超技巧，使普通用户也能做出有专业效果的照片。

- 图片效果与众不同——案例精美，图片来源为与摄影师合作，图片达到艺术照片的标准。介绍
专业知识的同时，为读者呈现最精美、实用的案例。

- 知识点全面——本书基本囊括了数码照片处理的方方面面，是数码照片处理的工具书，让读者
以最少的时间收获最多知识。即使是 Potoshop 软件的初学者，也能轻松学会。

- 提示多，讲得彻底——采用简洁的行文风格，在重点、要点处附带众多"注意"、"提示"和
"说明"等，既告诉读者实例是如何做出来的，同时还让读者了解为什么要这样操作，对每一个
步骤的制作目的力求讲解透彻，让读者通过案例的操作得到很好的启发。

- 多媒体教学——随书的多媒体光盘包含了本书210个实例的多媒体演示视频，直观易懂，看了
就会。还提供了实例对应的素材和源文件，使读者可以学习得更轻松。

关于作者

本书由视友（4U2V网）策划并组织编写，由黄秀花、曾双明、杨格、刘淑红、王凡、罗妙
梅、方卫、钟登谷、王雪莹、赫昆等编著，参加本书编写工作的还包括：金金、郑鸿标、何黛仪、
曾双云、罗双梅、苏顺右、罗劲梅、辛育璇、罗亮烘、王占宁、王洁、郭伟、范晓玲、柳琪、陈
立、何伟、梁宇勃、林祥光、罗立科、王加宝、张海、蔡广琴、戴银华、吴爱玲、韩龙江、邓志
远、冯毅明、李永均、黄琤瑜、梁灿华等。

感谢牧狼羊、520等摄影师提供精彩的摄影作品作为本书的素材，感谢余文锐摄影师提供专业
的数码照片后期修图技术，同时也感谢方薇、LULU等各位模特用她们的美丽来伴随读者的学习。

牧狼羊（王凡）摄影师，从事美术设计工作，曾获POCO摄影网06年度最受欢迎摄影师，其作
品曾在多家时尚及摄影杂志发表。

由于编者水平有限，书中难免存在错误和不妥之处，恳请读者批评指正。

如果读者需要获得技术支持，请在购买本书之后，尽快登录本书技术网站，以便我们为您提供
技术解答和资源下载等服务。视友（4U2V）视频教学网技术支持站点：http://www.4u2v.com（视频
资源下载）；http://bbs.4u2v.com（疑难解答）。

视友视频教学网（4U2V 视频教学网）提供大最教学视频，包括 3ds Max、Photoshop、
Dreamweaver、Flash、CorelDRAW、AutoCAD、Office和网络应用等类别，视频教学长度达数千小
时，并且保持每年至少500小时的更新。

目录

第1章　数码摄影入门

第2章 常用软件与照片管理

第**3**章 数码照片的基本处理

第**4**章 调整照片的光影和色彩

数码照片完美表现210例

第5章 人像修饰与美容

第6章　人像照片的轻松美化

数码照片完美表现210例

第7章   艺术特效与创意效果

第8章　照片的实用设计

第9章　时尚写真与婚纱艺术设计

第**10**章 "光影魔术手"神奇修图

第11章　"美图秀秀"轻松美图

第**12**章 照片的冲印和输出

第1章　数码摄影入门

摄影是一门高深的学问，需要经过专门的学习和训练加上不断的探索，才能拍出好的作品来。本章将介绍数码相机的一些使用基础以及摄影技巧，这些可以帮助普通的摄影爱好者在拍摄的过程中对照片的把握更游刃有余，拍摄出比较满意的摄影作品来。

实例1 了解数码相机

数码相机，英文全称是Digital Camera，简称DC，如图1-1所示。是一种能够进行拍摄，并通过内部处理器把拍摄到的景物转换成以数字格式存放图像的照相机。与普通相机不同，数码相机并不使用胶片，而是使用固定的或可拆卸的半导体存储器来保存获取的图像。数码相机可以直接连接到计算机、电视机或打印机上。由于图像是内部处理的，所以可以马上检查图像是否正确，而且可以随时连接到其他设备上打印出来或通过电子邮件发送出去。

图1-1 数码相机

1.1 数码相机和传统相机的对比

（1）数码相机

数码相机与传统相机拍摄图像的方式不同。数码相机使用的不是感光胶卷，而是使用CCD芯片、存储设备和相应的软件来完成拍摄的。当景物通过镜头以后，将图像照射到CCD图像传感器的感光面上，就会形成一幅光学图像的画面，并将数字图像存储到存储器里，然后可以将照片导入到计算机中。

数码相机的优点：

1、拍照之后可以立即看到图像，从而提供了对不满意的作品立刻重拍的机会，减少了遗憾的发生。

2、只需为那些想冲洗的照片付费，其他不需要的照片可以删除。

3、色彩还原和色彩范围不再依赖胶卷的质量。

4、感光度也不再因胶卷而固定，光电转换芯片能提供多种感光度选择。

5、数码相机有多种设定的模式，在拍摄时基本可以不用考虑参数的设置。

数码相机的缺点：

1、由于通过成像元件和影像处理芯片的转换，成像质量相比传统相机缺乏层次感。

2、由于各个厂家的影像处理芯片技术不同，成像照片表现的颜色与实际物体有不同的区别。

3、相似指标的数码相机比传统相机价格要高，后期维修成本较高。

（2）传统相机

简单的来讲解一下传统相机工作原理，传统相机主要由一组镜头、光圈和快门组成。"镜头"用于对焦，光圈和快门是控制有多少光线落在胶卷上。在按下快门的一瞬间，光线就通过镜头和光圈落在感光胶卷上，随之产生的化学反应将图像记录在胶卷上。拍摄好的胶卷在没有冲洗之前是不能见光并打开来看的，必须冲洗为相底（底片）后才能看，再冲印出来就变成照片了。

1.2 数码相机的分类

（1）卡片式数码相机

卡片式相机是指那些外形小巧、相对较轻的机身以及超薄时尚的数码相机，如图1-2所示。适合家庭的使用，拍摄家人、朋友、宠物或度假等照片。虽然它们功能并不强大，但是最基本的曝光补偿功能还是超薄数码相机的标准配置，再加上"区域"或"点"测光模式，操作方便，基本满足日常摄影创作。

图1-2 卡片式数码相机

（2）单反数码相机

单反数码相机指的是单镜头反光数码相机（DSLR），是数码相机中的高端产品，如图1-3所示。其最大的特点就是可以更换不同规格的镜头。单反数码相机是专业级的数码相机，是记者、摄影师等专业用户和发烧级摄影爱好者的不二追求。

单反数码相机的感光元件（CCD或CMOS）在面积上远远大于普通数码相机，因此每个像素点也能表现出更加细致的亮度和色彩范围，使单反数码相机的摄影质量明显高于普通数码相机。

图1-3 单反数码相机

（3）长焦数码相机

长焦数码相机指的是具有较大光学变焦倍数的机型，而光学变焦倍数越大，能拍摄的景物就越远，如图1-4所示。当我们拍摄远处的景物或被拍摄者不希望被打扰时，就适宜使用长焦相机。对于拥有十倍或几十倍光学变焦镜头的这些超大变焦数码相机，最常遇到的两个问题就是镜头畸变和色散，在使用时长焦端对焦也较慢。

图1-4 长焦数码相机

实例2 数码摄影应配的装备

愉快的数码摄影之旅即将开始了，但仅有一部数码相机是不够的，还需要一些其他的道具来配合，例如存储卡、备用的电池、三脚架和镜头等。这些装备就要根据自己的目标去准备了，如果不是专门有目的的摄影拍摄，那就不需要过多的装备。

2.1 存储卡

使用数码相机不需要胶片，而是将拍摄的照片存储在数码相机内的存储卡中。目前市场上数码相机的存储卡有 CF卡、SD卡、XD卡、MMC卡和RS-MMC卡等。数码单反相机常用CF卡；而小巧的卡片数码相机多用SD卡，如图2-1所示，

这种卡的最大特点是体积小、耗电低。

图2-1 SD存储卡

存储卡的容量有一定的规格，有512MB、1G、2G和4G等等。要选择适合的存储卡还需要了解自己的需求，选择容量与所使用相机相匹配的存储卡。一般1GB的存储卡能够拍摄JPEG格式（1000万像素左右的精细质量）的图片约300张，每幅图片的文件尺寸平均在3MB多。

数码相机的存储性能在摄影过程中扮演着相当重要的角色，必须精心保护。不能用手直接触摸存储卡上的"触点"（这些触点通常称为"金手指"），触点是用于与相机连接进行数据传输的部分，如果弄脏了可能导致与数码相机接触不良，甚至无法使用。

提示： 如果不小心弄到了"触点"导致无法使用时，可以使用"橡皮擦"小心的擦拭"触点"部位，并再安装回数码相机中。

2.2 电池

数码相机因带有LCD显示屏及内置闪光灯，因而电池消耗量比传统相机大，另外长时间回放图像也会消耗大量电能。

大部分的机型是配备了专用的充电电池，目前主流数码产品皆已设计为锂电池，同时提供齐全的充电设备作为配件。专用的充电电池虽然可以反复充电，但也有无法随处购到的缺点。长时间使用同一块电池会缩短电池寿命，因此可多使用一两块专用电池交替使用，延长电池的寿命。

有部分的机型采用AA电池（5号电池）。由于消耗的电量大，通常是采用大容量的AA可充电电池（这种电池较贵，但可以反复使用）。

2.3 三角架

（1）三脚架的作用

1、防止抖动。用手持照相机进行拍摄时，快门速度较高时可以避免相机抖动所产生的影像模糊，而快门速度较低时就需要三脚架的帮助了。快门速度也是相对的，一般用镜头焦距的倒数来衡量。例如用200毫米镜头拍摄时为防止手颤，快门速度可以用该焦距的倒数及1/200秒以上的快门速度拍摄。而在夜景、黄昏、黎明等光线较暗的环境中进行拍摄时，快门速度经常低于1/40秒，因此三脚架就显得尤为重要了。

2、精确构图。当需要创作一幅构图严谨的照片时，三脚架也是不可或缺的。手持相机拍摄虽然可以轻轻松松的调节快门速度和光圈，但构图容易变化，不易控制。

3、严格的控制景深。在微距摄影拍摄中，所用的微距镜头景深相当浅，非常不容易控制。如果手持相机，对焦很麻烦，一点的晃动都会容易造成对焦失误导致图像模糊；并且在拍摄的过程中构图需要相当精确，从这一点上来讲，三角架在微距摄影中是必不可少。

（2）选购三脚架

三脚架的款式众多，如图2-2所示。选购三脚架要注意价格、稳定性、高度、便携性和功能等因素。

1、选购三脚架的第一要求要稳。管脚本身要有足够的钢度，拉出的管脚锁定要紧，中柱锁定、云台锁定也要稳，如果使用快装板，快装板和云台配合要牢固。选购时可以把三角架升到最高，锁紧，用手压摇"云台"，看是否有晃动，越稳定越好。

2、从材质上分，三脚架大致分为：铝合金、镁合金和碳纤维。碳纤维、镁合金的三脚架重量较轻，材质坚固可靠，耐用性强，深受广大摄影爱好者的喜爱。

3、一般使用普及型相机的朋友可以考虑几十元到几百元的国产脚架，如"伟峰"、"珠江"等产品，使用高档机型的朋友可以考虑进口或国产高档产品。

图2-2 轻便型三脚架

2.4 镜头

单反数码相机是专业级的数码相机，是记者、摄影师等专业用户和发烧级摄影爱好者的不二追求。它有一个很大的特点就是可以交换不同规格的镜头。

现在市面上，许多名牌数码相机厂商都拥有庞大的"自动对焦镜头"群，从超广角到超长焦，从微距到柔焦，用户可以根据自己的需求选择配套镜头，如图2-3所示。

图2-3 各种镜头

实例3 数码相机的保养

数码相机（简称DC）属于精密设备，正确的维护保养可以延长其使用寿命。下面讲解数码相机的常见保养方法。

3.1 日常保养

（1）数码相机属于精密仪器，一定要注意日常的保养。要避免高温、强烈震动以及从高处摔落，避免沾水、落水；注意防震、防撞、防止霉变。

（2）要防磁，特别不要放在电视、收音机、冰箱等家用电器上。长期不用时应将电池取出来，因为电池会漏液，腐蚀相机。电池和相机都应存放在干燥的地方。

（3）要经常清理，相机外部需要使用软棉绒擦拭，存储卡的卡槽和电池槽应经常用软毛刷或吹气球清理灰尘。

（4）数码相机的镜头一般有多层镀膜，很容易就会把镀膜擦伤。一般情况下最好不要动它，有必要时才清理。要是不小心在镜头上留下了手印，应该尽快清理，因为它会对镜头有所损坏。镜头的表面非常娇嫩，擦拭时要非常轻柔。要使用正确的方法：先用"吹气球"吹去灰尘，再用专业镜头纸画"圆"擦拭；或使用买相机时附带的软棉布擦拭。

（5）不同的相机，其部件所使用材质不同，因此有不同的保养方法。应该根据附带的"使用说明"中的保养方法进行保养。

3.2 维护工具

下面介绍保养DC要借助的一些日常工具，

如图3-1所示，这些小工具一般在DC店中都有出售。

图3-1 保养工具

（1）吹气球：这可以帮助吹掉机身表面难以清洁的卫生死角，而且还可以吹掉镜头上的尘埃。

（2）3M拭亮布：又称"魔布"，非常适合打理DC。由于3M魔布其特殊的纤维构造，本身比较容易粘灰尘。若看到"魔布"脏了最好立即清洗，否则DC会越擦越脏。

（3）毛刷：可以用毛刷去掉"3M魔布"和"吹气球"都赶不走的尘埃，还可赶走镜片边缘的尘埃。

（4）干燥剂或干燥器：一般选择化学特性平和，不要带腐蚀性的干燥剂，也可以购买干燥器。

（5）DC包：一般购买DC商家都会送一个相机包。若要出去一般还带上电池和读卡器，就可以用一个小型DV包。或者是一个专业的摄影包。一般挑选海绵保护层比较厚、空间设计利用充分的，这样才能更好地保护相机。

（6）保护贴：LCD取景器或"回放屏"很容易受伤。出售DC的商家，很多都有LCD保护贴，从1.5英寸至2.5英寸大小不等的产品均有。只要确定DC的取景器尺寸，并购买相同尺寸的即可。

（7）擦镜纸：在外面拍摄时一般不会带着"3M魔布"，可以带擦镜纸。遇到DC染灰时，特别在镜头染尘，就需要使用擦镜纸，使用方便、快捷。

（8）遮光罩：如果常常在室外摄像，特别是在比较亮的地方拍摄，建议给DC加上遮光罩比较好。遮光罩能够很好地防止过多地紫外线进入镜头，而且也可以使成像的照片不至于因为光线太强而造成曝光过度。

（9）干燥箱：拥有比较高档的单反相机和几款高端镜头的话，建议购买一个干燥箱。

实例4 数码照片的存储格式

接触过数码相机的用户，一定听说过JPEG、TIFF等术语，简单地说就是数码相机所拍摄出照片的存储格式。目前，数码相片有三大存储格式：RAW、TIFF（tif）和JPEG（jpg）。下面讲解每种格式的属性和用处。

4.1 JPEG格式

JPEG格式（文件后缀名为.jpg）是数码相机用户最熟悉的存储格式。这种有损压缩存储格式主要针对彩色或灰阶的图像进行大幅度地压缩，去除多余数据，可以达到让文件更小的目的。用JPEG格式存储照片速度快、效率高、兼容性强，家用拍照使用该格式就足够了。

4.2 TIFF格式

TIFF格式（文件后缀名为.tif）是非压缩的格式，文件可完全还原，能保持原有图颜色和层次，优点是图像质量好。如果拍摄的数码照片是用于印刷出版的话，则可以采用这种格式。TIFF文件占用空间较大，一张TIFF格式照片容量比

JPEG格式照片容量大好几倍。如果不需要做印刷或特殊用途，就不必采用这个格式。

4.3 RAW格式

RAW像TIFF格式一样，是一种"无损失"数据格式，是专业人士青睐的格式。因为RAW格式是直接读取传感器上的原始记录数据，这些数据尚未经过曝光补偿、色彩平衡等处理，因此专业人士可以在后期通过专业的图像处理软件，来对照片进行曝光补偿、色彩平衡等操作，而且不会造成图像质量的损失，保持了图像的品质。但是RAW文件的导入比较麻烦，需要相关的配套软件来读取RAW照片，不建议业余用户使用。

实例5　像素、分辨率和照片尺寸

5.1 深刻理解像素与分辨率

在大部分数码相机内，可以选择不同的分辨率拍摄图片。数码相机能够拍摄最大图片的面积，就是这台数码相机的最高分辨率，通常以"像素"为单位。通常，"分辨率"被表示成每一个方向上的像素数量。比如一张640×480像素的图片，那它的分辨率就达到了307200像素，也就是通常说的30万像素，而一张分辨率为1600×1200的图片，它的像素就是200万。而在某些情况下，分辨率也可以同时表示成"每英寸/像素"（ppi）以及图形的长度和宽度。比如72ppi，和8×6英寸。

理论上，像素越多，拍摄时就能使被拍摄物的影像更精细。在这里用一个简单的比喻来加深读者对像素的理解：假设一张照片的大小是5cm×5cm，一颗"棋子"代表了一个像素，如图5-1所示，那么这张图片就是有50像素；而在相同大小的另一张照片的每个砖块里被放上了4颗"棋子"，那这张图片就是有100像素了，如图5-2所示。因此可以认为：在相同的图像尺寸里，像素越高，图像越清晰。

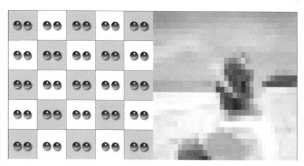

图5-1　50像素图像

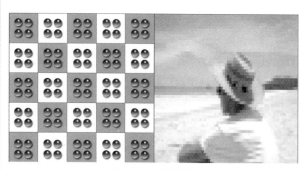

图5-2　100像素图像

5.2 照片的分辨率

在像素不变的情况下，分辨率和照片尺寸大小是成反比的。下面举一个生动的例子来说明，比如有100个苹果（即是100像素），将它平均分布在100×100厘米的"地板"上（相当于照片大小），那么它排列的密度（相当于分辨率）是每10平方厘米放一个苹果。如果，我们将苹果的摆放密度（分辨率）提高，那么苹果所占用的面积（照片大小）必然就缩小了，可以是50×50厘米的面积了。因此，可以了解到，在像素不变的情况下，分辨率越高，图像的物理尺寸就越小。

数码相机拍出来的照片，分辨率通常是72dpi（图像的打印分辨率通常用dpi表示，计算机显示领域则用ppi表示），72dpi属于低分辨率，适合于在计算机中观看，打印的话图像质量不够精细。若要打印，至少要提高到150dpi以上，300dpi为最佳，超过300dpi人眼是较难看出差别的。

实例6 数码相机像素数设置与冲印照片尺寸

当前的数码相机像素数通常在500万～1200万之间。选择数码相机像素越高的模式，拍出的照片在不失真的情况，可冲印的最大尺寸也越大。

下面是部分数码相机的像素设置与可冲印最佳照片尺寸对照表（以300dpi为例）。

照相机像素设置	照片文件分辨率（像素）	可冲印最佳照片尺寸
500万像素	2560×1920	>12R (12×18英寸)
400万像素	2272×1704	8R(8×10英寸)
300万像素	2048×1536	5R(5×7英寸)
200万像素	1600×1200	5R(5×7英寸)
150万像素	1280×1024	4R(4×6英寸)

从上面对比可以看出，如果希望数码照片冲印为一般规格（如5R，即5×7英寸），那么300万像素已经是足够了。因此在外出旅游期间为了节约数码相机存储卡的空间，并不一定要按照最大像素设置来拍摄照片。比如500万像素的数码相机也可以设置为300万像素拍照，这样，同样的存储卡可以存储更多的照片。

实例7　摄影中重要的名词概念

摄影的名词术语有很多，如白平衡、光圈、快门、曝光和变焦等。了解了这些名词概念，才能更好地控制照相机，拍摄出令人满意的照片，下面来讲解其中比较常见名词概念。

7.1　焦距

"焦距"是指透视中心到其焦点的距离。焦距的单位通常用mm（毫米）来表示。每支镜头都有一定的焦距，一般都标在镜头的前面，由于焦距不同便产生不同大小的影像。

7.2　变焦

（1）变焦的概念

镜头的一个重点在变焦能力，变焦能力包括"光学变焦"与"数码变焦"两种。

1、光学变焦：依靠光学镜头结构来实现变焦，变焦方式与35mm相机差不多，是通过镜头的镜片移动来放大或缩小需要拍摄的景物，"光学变焦"倍数越大，能拍摄的景物就越远。如今的数码相机的"光学变焦"倍数大多在3倍－10倍之间。

2、数字变焦：数码变焦只能将原先的图像尺寸裁小，让图像在LCD屏幕上变得比较大，但并不会使细节更清晰。

（2）变焦的视角变化

不改变相机和被摄体的位置进行变焦操作，会发现画面显示会变大或变小，这是变焦所导致视角构图的变化，这种视角一般分为：标准镜头、广角镜头、远摄镜头，如图7-1所示。

1、标准镜头：一般的相机（35mm规格）所使用的50mm左右的焦距范围，相当于"人眼"范围。

2、广角镜：也叫"短焦镜头"，焦距小于标准镜头，视角大于标准镜头，将被摄体缩小。能拍摄较宽的范围，在拍摄风景照片等时经常会使用到。

3、远摄镜头：也称为"长焦镜头"，焦距大于标准镜头，视角小于标准镜头，将被摄体放大。感觉被摄体会猛然被拉近，能够拍得很大。

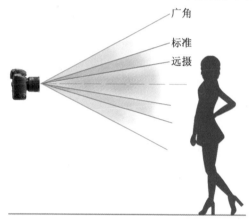

图7-1　三种镜头的图示

在同一拍摄距离的情况下，调节不同的变焦，会产生不同的效果，如图7-2、图7-3所示。

图7-2　广角镜效果

图7-3 长焦远摄效果

7.3 光圈

"光圈"是指在镜头中间以金属片迭合成可调整开口大小的光孔，以控制光线进入机身到达底片或CCD的流量，光圈的大小通常以F值来表示。光圈值有1、1.4、2、2.8、4、5.6、8、11、16、22、32、45、64、90。F是倒数，因此F值越大则实际开口小，进光量少，故称"小光圈"；反之为"大光圈"。一般而言，光圈值为F5.6或F11的清晰度最高。

经常看到镜头的数据是这样的格式，如50mm/F2.8，下面介绍一下这些数据的含义。

50mm代表镜头的焦段（35mm是标准镜头）。F2.8是指光圈，也就是镜头最大能让光线通过的面积。F值越小，光圈越大，通光面积就越大，适用于光线不足的时候；同时，F值越小，可以拍摄出浅景深，能虚化背景。相反地，F值越大，光圈越小，在光线充足的情况下使用；同时，可以拍出深景深的效果。

7.4 快门

"快门"可控制光线与底片或CCD接触时间的长短，即控制曝光时间的长短。快门标示为B时为"长时间快门"，之后每增加一级速度，其进光量就减少两倍。1/30秒以下的快门速度，手持拍摄容易产生震动，应置于三角架上。

7.5 曝光

"曝光"就是调好光圈与快门速度，按下"快门"钮，在快门开启的瞬间让光线通过镜头使CCD能够得到图像，曝光是由光圈和快门速度决定的。曝光不足则影像阴暗色彩污浊，曝光过度则影像太白失去色彩。曝光量与通光时间（快门速度决定）和通光面积（光圈大小决定）有关。

曝光补偿也是一种曝光控制方式，一般常见在±2-3EV左右。如果照片过暗，要增加EV值，EV值每增加1.0，相当于摄入的光线量增加一倍，如果照片过亮，要减小EV值。按照不同相机的补偿间隔可以以1/2（0.5）或1/3（0.3）的单位来调节。

7.6 景深

"景深"是指在所调焦点前后延伸出来的"清晰区域"。景深的大小主要取决于三个因素：镜头焦距的长短、相机与拍摄对象距离的远近、所用的光圈大小。景深与以上三者的关系是：①焦距越长，景深越短，焦距越短，景深越长。②距离越近，景深越短，距离越远，景深越长。③光圈越大，景深越短，光圈越小，景深越长。

普通的家用数码相机光圈较小，景深范围显现不出来了，如图7-4所示。使用单反数码相机，方能拍出较好的景深效果，如图7-5所示。

图7-4 无景深效果

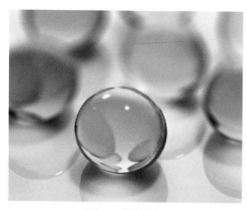

图7-5 景深效果

7.7 ISO感光度

ISO 值是指CCD（或胶卷）感光程度的大小，数码相机的主菜单里都有ISO的选项，有100、200、400、800、1600甚至更高。ISO值越大时，承受光量的表面积较大，成像也就越亮，所以较适合在光源不充足时使用。但要注意，太高的感光度会带来图像的噪点，所以建议尽量选择较低的ISO。

7.8 闪光灯

"闪光灯"是一个用途非常广泛的辅助工具，是加强曝光量的方式之一，尤其在昏暗的地方，打闪光灯有助于让景物更明亮。数码相机的闪光灯主要分为以下几种：

（1）自动闪光(Auto)：由数码相机自动判断是否使用闪光灯，若是光线不足，便会自动启动内置或外部闪光灯。一般而言，"自动闪光"的模式可以适合大部份的状况。

（2）强制闪光(Forced)：强制闪光最常应用在背光时，利用闪光灯来补光，以免拍摄的主题过于灰暗。

（3）消除红眼(Red-Eye)：先让闪光频闪数次，待"瞳孔"适应之后，再执行主要的闪光同步，避免产生"红眼"的现象，适用于正面拍摄人像作品。

（4）慢速闪光同步(Slow)：在微弱的光线环境下拍摄时，如果使用高速闪光灯，很容易造成主题明亮，但背景却非常暗，背景细节也无法拍出。如果改用"慢速闪光同步"，数码相机会让快门的速度延迟变慢，可以改善背景过暗的情形。在夜间同时拍摄人物与景物时，也可使用"慢速闪光同步"。

（5）强制关闭闪光(Off)：要求相机不要启动闪光灯。当然，若光线微弱时，快门就会相对延长，此时需要使用三脚架加以配合。在摄影棚中运用"石英灯"拍摄时，常使用"强制关闭闪光"的设定。

7.9 白平衡

由于不同的光照条件的光谱特性不同，拍出的照片常常会偏色。例如，在日光灯下会偏蓝、在白炽灯下会偏黄等。为了消除或减轻这种色偏，数码相机可根据不同的光线条件调节色彩设置，以使照片颜色尽量不失真，使颜色还原正常。因为这种调节常常以白色为基准，故称"白平衡"。

实例8 数码照片的Exif信息

8.1 Exif信息

　　Exif（ExchangeableImageFile）"可交换图像文件"的缩写。Exif信息就是由数码相机在拍摄过程中采集一系列的信息，即拍摄参数，主要包括摄影时的光圈、快门、ISO、日期时间等各种与当时摄影条件相关的信息、相机品牌型号、色彩编码，甚至还包括拍摄时录制的声音以及全球定位系统（GPS）等信息。

　　通过研读数码照片的摄影信息，比较同一主题的照片所采用的各种不同快门、光圈等相机设置和处理，可以更好地掌握拍摄此类照片时最佳的相机设置，从而提高摄影水平。

　　注意Exif信息非常有用，但也很容易被破坏。用图像处理软件编辑过的数码相片有可能会丢失图像文件中的Exif信息。例如使用ACDSee旋转照片或者改变数码照片的分辨率，照片的摄影信息就会被更改。因此，若数码相机厂商有随机附赠处理和浏览数码照片的软件，应该首先选择它们，例如：佳能数码相机的ZoomBrowser EX等软件。

图8-1 选择"属性"

8.2 查看数码相片的Exif信息

　　要查看本机上数码相片的Exif信息，可在它的文件属性中直接查看，其操作非常简单。

（1）在数码相片文件上右击，在弹出的菜单中，选择"属性"命令❶，如图8-1所示。

（2）系统弹出"图片属性"对话框，选择"摘要"选项卡❷，就可以直接查看数码相片的Exif信息了，信息包括：图像像素、分辨率、焦距、光圈F值、曝光时间等等❸，如图8-2所示。若没有显示照片的Exif信息，则在"摘要"选项卡单击"高级"按钮。

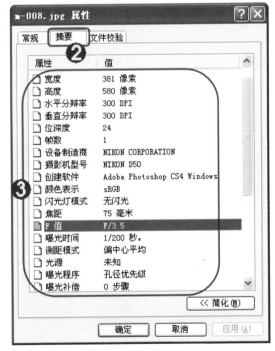

图8-2 照片的属性

实例9 拍摄前的思考

掌握一些好的摄影技巧，能使业余的摄影爱好者，在拍摄过程中对照片的"拿捏"显得更加游刃有余，拍摄出较满意的摄影作品来。在拍摄前应该动脑筋思考一下，在按下快门之前构思好，并作出选择。

9.1 确定拍摄主题

（1）确定拍摄主题

在一幅好的作品中，总要有一个主要对象以表现主题，这个中心可以是一个人、一件东西，也可以是一组人或一组事物，如图9-1所示。为此，在拍摄前先考虑：这幅作品要表现什么主题？怎样的取舍才能使作品主题更突出？

图9-1 确定拍摄主题

（2）拍摄位置

在准备开始拍摄照片时，首先必须考虑与被摄体之间位置的远近关系。注意要尽量靠近主题，当拍摄人物照时特别重要。为了突出主题，需要去掉对表现主题起削弱作用的景物，使作品简洁明了。有时只是缩短了拍摄者与被摄体之间的距离，画面也会发生很大的变化。

（3）选取背景

简单的构图能够让相片更容易了解。复杂的背景会让观赏者将注意力转向其他地方，从而忽略了拍摄的主题。若发现多余的景物，如电线杆、广告牌，可适当移动改变拍摄角度，将其移出拍摄范围，或遮挡在人物的背后。

在背景较复杂时，不采用"广角镜"，因为拍摄的背景会比较广。此时可使用远摄端，视角比较窄，可起到简化背景的效果，如图9-2所示。

图9-2 简化背景

9.2 闪光灯的使用

对大众家庭的拍摄，使用闪光是最常用的增加亮度方法。在拍摄前要观察现场的光线，包括光的方向、来源、强度和颜色等，以决定是否需要使用闪光灯。

（1）需要考虑使用闪光灯的场合

1、没有灯光，或者灯光昏暗，拍摄对象亮度不足时，比如晚上拍夜景人物照。
2、在强逆光拍摄的情况下，拍摄出来的照片往往会出现人物一片黑暗，而背景很明亮的现象。在这种情况下，使用"强制闪光"，这样就可获得与背景相平衡的明亮效果。
3、拍摄对象不同部位亮度严重不均匀时，使用闪光灯可以让物体亮度均匀。

（2）不要用闪光灯的场合

1、数码相机闪光灯照射的范围有限，一般有效范围不超过2~3米。若超过了这个范围，用不用都一样。
2、在昏暗的场合，如果拍摄对象的背景是大面积的，比如海底世界、音乐喷泉；用了闪光灯，会造成前景明亮，而背景一片黑暗的现象，体现不出周围的环境。此时可尝试关闭闪光灯，利用现场的光线来拍摄，或者通过曝光补偿来解决。
3、如果被摄体的背景或附近有玻璃、大理石等反光强烈的物体，此时要关闭闪光灯，避免在照片上会形成一个亮点，破坏整体效果。或者变换镜头角度，让闪光灯的反光从另一边反射出去，而不至于反射回来。
4、进行微距拍摄时，一般不使用闪光灯，否则物体表面亮度会不太均匀，某些部位可能曝光过度。

实例10　快门拍摄的注意要项

在操作数码相机之前，必须认真地阅读随机附带的使用说明书，因为不同品牌的数码相机，其操作是有所不同的，用户根据说明书的操作可以很快地掌握最基本的操作，下面介绍拍摄时"持机"与"按下快门"，这两个最基本动作的注意要项。

10.1 正确持机

很多失败的照片是由于对焦不准或"手抖"而引起的，因此拍摄姿势应尽量找到支撑点，握稳相机，保持稳定。条件允许的情况下，最好使用三角架来固定，提高数码相片的清晰度。

当拍摄时光线不足、风大或拍夜景需曝光时间较长时，要善于利用周围的物体，如树木、桌子等固定相机。在按快门之前，一定要保持姿势不变，避免相机抖动。

10.2 快门按钮的正确操作

为了能够拍摄对焦准确的照片，掌握正确的快门按钮操作方法是非常重要的，手法如图10-1所示。

（1）在没有按下快门按钮前，先将相机对准希望拍摄的对象，调整构图。
（2）接着半按快门按钮，当自动对焦框变成绿色后，就是对焦成功了。
（3）保持自动对焦框为绿色，并按下快门按钮进行拍摄。

(4) 按下拍照快门后并不是立即取景，而是在快门声响时才取景，所以拍照的时候最好设置快门声。按下快门键后不要马上就移动，要保持拍照的姿势1～3秒钟后再释放。

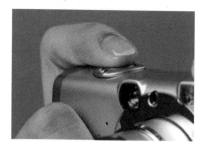

图10-1 按快门按钮的手法

实例11 快门优先与光圈优先

正确的曝光是拍摄一张照片基本的要素，而曝光量是由光圈和快门所决定的，因此如何选择光圈和快门的组合是拍摄最基本的技巧。现在很多数码相机上都有S（快门优先）和A（光圈优先）拍摄模式。

光圈越大，则单位时间内通过的光线越多，反之则越少。光圈的一般表示方法为字母"F+数值"，例如F5.6、F4等等。这里需要注意的是数值越小，表示光圈越大，比如F4就要比F5.6的光圈大，并且两个相邻的光圈值之间相差两倍，也就是说F4比F5.6所通过的光线要大两倍。

相对来说，快门的定义就很简单了，也就是允许光通过光圈的时间，表示的方式就是数值，例如1/30秒、1/60秒等，同样两个相邻快门之间也相差两倍。

什么时候用光圈优先，什么时候是用快门优先？下面来具体介绍。

11.1 光圈优先

"光圈优先"就是手动定义光圈的大小，相机会根据这个光圈值确定快门速度。由于光圈的大小直接影响着景深，因此在平常的拍摄中此模式使用最为广泛。在拍摄人像时，一般采用大光圈长焦距而达到虚化背景获取较浅景深的作用，这样可以突出主体。同时较大的光圈，也能得到较快的快门值，从而提高手持拍摄的稳定性。在拍摄风景类的照片时，可采用较小的光圈值，这样景深的范围比较广，可以使远处和近处的景物都清晰，同样在拍摄夜景时也适用。

11.2 快门优先

"快门优先"是指由相机自动测光系统计算出曝光量，并根据选定的快门速度自动决定用多大的光圈。

"快门优先"多用于拍摄运动的物体上，特别是在体育运动拍摄中。在拍摄运动物体时，往往拍摄出来的主体是模糊的，这主要是因为快门的速度不够快。在这种情况下可以使用快门优先模式，先确定一个快门值，然后进行拍摄。因为快门快了，进光量可能减少，这就需要增加曝光来加强图片亮度。物体的运动一般都是有规律的，那么快门的数值也可以大概估计，例如拍摄行人，快门速度大概需要1/125秒，而拍摄下落的水滴则需要1/1000秒。

实例12 摄影的构图

摄影离不开构图，构图在摄影中的作用十分重要。学习一些构图规律可为画面增加可看性、可读性，给人以视觉美感。一幅摄影作品如果没有完美的构图，是不能成为一幅佳作的。因此，对学习摄影的朋友们来说，学点构图原理是十分必要的，下面介绍几种常见的构图形式。

12.1 黄金分割法

"黄金分割法"是运用很广泛的一种构图方式，将整个取景框中所看到的画面上下左右各加入两条等分线，四条线形成一个"井"字。将画面分为大小相等的9个方格，称为"九宫格"。这四条线的四个相交的点称为"黄金分割点"，把主体安排在"黄金分割点"附近，这符合人们的审美意识，如图12-1所示。

图12-1 黄金分割法

12.2 正面构图

正面构图的特点是能突出表现被摄对象正面的形象特征，具有安定、稳重的视觉效果。如果被摄对象左右两侧具有对称特点，则正面构图更易显得均衡而稳重，富为明显的对称特征。这种构图多运用于拍摄建筑物，如图12-2所示。

图12-2 正面构图

12.3 对角线构图

利用被摄对象本身比较明显的、主要的线条结构，使它伸向画面中的两个对角，可以产生对角线构图效果。优点是能够避开左右构图的呆板感觉，形成视觉上的均衡和空间上的纵深感，如图12-3所示。

图12-3 对角线构图

12.4 垂直构图

垂直构图由垂直线条组成，能将被摄景物表现得巍峨高大、气势磅礴，如图12-4所示。

图12-4 垂直构图

12.5 水平构图

水平构图常给人以一种平静、舒坦的感觉，用于表现自然风光，则更能使景色显得辽阔、浩瀚，如图12-5所示。

图12-5 水平构图

12.6 延伸构图

延伸构图是在画面中利用被摄物体形成的直线或曲线，有力地表现了被摄物体的空间深度感，可以加强透视效果，使观赏者获得"远近的感受"，如图12-6所示。

图12-6 延伸构图

12.7 放射构图

放射构图是利用被摄对象本身形成的一些明显的线条，由一点向周围辐射，呈放射形状。效果加强了画面的透视效果，表现出空间深度感。线条收缩越急，空间感越强，如图12-7所示。

图12-7 放射构图

12.8 满布构图

让一张照片满满的将主题完全呈现，不加入任何其他的杂物，是一种相当"讨喜"的构图方式。因为画面中只有主题出现，没有其他干扰的物品，所以会让整张照片的意念表达得相当清楚。在摄影花草、动物时，可以采用这样的构图观念，如图12-8所示。

图12-8 满布构图

12.9 留白构图

缩小主题在画面中所占的空间，而且不一定要将被摄影物摆在正中央，有时这样的表现可以让主题更为抢眼、醒目。这个留白应该是适当的，背景应是比较单调或是不复杂的环境，就可以运用这种方式。

如图12-9所示的照片，右侧留出了大片的空白，配合人物的姿势、动作，这样的留白使得空间充裕，视觉上并无空洞，反而衬托出人物的神形。留白的位置，常常可以根据主题的"动线"来决定。

图12-9 适当留白

12.10 影子效应

"影子"是被摄主体所产生的投影，它也是构图上一种积极的因素，能使构图生动，富有多样性的变化，有助于画面的均衡。在画面设计中突出"影子"元素，或在"影子"形态上、形影关系上有意运用变异手法，可以把不同角度、不同维度空间和不同事物巧妙地组接，达到心理和视觉的统一，如图12-10所示。

图12-10 影子效应

实例13 人物摄影的技巧

对于人物的摄影，关键是要掌握一些细节的操作和技巧，各个方面都要考虑到，才能准确地拿捏人物的神态，拍出好的照片来。

13.1 采取减法构图且留有空白

拍摄人物时应采用"减法"构图，尽量将背景中可有可无的、妨碍主体突出的景物减去，以使画面更加简洁精炼。同时，为了使主角醒目，更具视觉冲击，应在其四周留一定的空白。一般的规律是：侧面人像，面向方向留些空白；运动着的人，在行进方向前留有空白，但如强调其后面飘拂的头巾或衣裙，可在后面留有余地。

13.2 拍出最美姿态

每一个爱美的女士都希望拍摄出展现自己最好看的照片。对于摄影师，应该要把女性很仔细的观察一番再着手拍摄，要寻找其最漂亮的姿态进行构图和表现，适当地引导拍摄对象。比如说，假如女性的身材比较好，最好摄影她的全身或半身照片，而如果女性的面容比较漂亮，而身材一般，则自然是多拍上半身，少拍全身。若使用标准镜头拍人物头像，最佳距离在2米左右；拍胸像则在2.5～3.5米之间；拍全身像，以3.5～4米之间为宜。如图13-1所示。

图13-1 全身像

一般来说，在摄影人像作品时，最好将镜头放在长焦端并使用相机的最大光圈进行摄影，而相机与人物的距离则应保持尽量近，这样，能够较好的控制图像的景深，使以人像为摄影主体的人物清晰而突出，令其身后的背景变虚。

13.3 善用场景和小道具

被摄对象表情、动作、姿势也是照片成功与否的关键。利用场景和一些小道具，可令被摄者轻易地摆出各种自然的姿态，增添拍摄乐趣。场景的选择，例如有柳树、草坪、花丛、走廊、墙壁和柱子等的场景比较容易拍出好照片，如图13-2所示。常用的道具有太阳镜、纱巾、毛公仔、花；当然，石头、树枝、汽车、自行车甚至灯杆也可以利用。

图13-2 利用场景

13.4 用镜头锁定焦点

大多自动对焦相机都是将焦点对准物体的中心，如果希望拍摄的对象不在中心，又想要高品质的照片，可先锁定焦点、居中，然后重新组织。要完成这种操作，通常有三个步骤：首先将拍摄对象居中，按下一半"快门"按钮让其完成对焦。然后重新定位相机（仍按住快门按钮不放的同时偏移一次相机），使拍摄对象不在中央。最后，完全按下快门按钮，完成拍摄。

13.5 注意拍摄的光线

"光线"是拍照时十分重要的部分，它会影响整个画面给人的感觉。拍摄老人时，侧面强烈的阳光会突显身上的皱纹，而阴天的柔光却可使皱纹显得柔和。如果无法很好地把握光线的强弱，或不喜欢对象当前照射的光线，可以尝试移动自己或拍摄对象，也可尝试在早些或晚些时候，当自然光线呈橙色并斜照时进行取景拍摄。

13.6 多尝试换个角度取景拍摄

尝试多个角度的拍摄，横向、竖向或者不同角度的镜头拍摄，会令镜头前的对象变得不一样。大胆地运用各种构图，如黄金分割点、斜线式、影子效应等都会有意料之外的微妙效果。

实例14 人物摄影的用光

拍摄人物时，在各种环境下，所用光的方法也是不一样的，下面来介绍各种环境下如何运用好光，拍摄出令人满意的照片。

14.1 室内环境

室内摄影时，闪光灯从照相机位置直接向人物闪射，容易形成浓重的黑影。如果让人物离墙远些，并通过反光伞、反光板或墙壁屋顶间接闪光，消除黑影的效果会很好。

若是太昏暗的环境，如果用闪光灯，会使被摄者的瞳孔开得较大，而且会产生"红眼"现象。采用"消除红眼"闪光灯模式可避免"红眼"的现象。

14.2 明暗不均的环境

在室内明暗不均的环境，应该在较暗的部分适当补光，或者改变人物的位置，使人物面向窗户等受光的位置，这样光就会照得均匀些，亮度也就比较大。

14.3 顺光拍摄

在晴天室外的顺光环境下拍摄，光线较为强烈，通常容易造成人物面部出现阴影的现象。可用闪光灯辅助（闪光灯的直射光线可能较硬，可以用半透明的塑料袋贴在闪光灯前，能使光线变得柔和），有条件的话，可使用"反光板"对面部进行补光。

14.4 逆光拍摄

"逆光"就是光源位于人物主体的后方，拍摄容易出现人物昏暗、背景明亮的现象。在这种情况下，可以使用闪光灯辅助。若有条件，可在相机和人物之间加入"反光板"，肤色会显得更为柔和；由于"反光板"的反射，会在眼中加入高光，将人物拍摄得更加漂亮、生动，这是人物摄影中常用的专业用光方式。

实例15 拍摄旅游照

拍摄旅游照片与风光照片有所不同，旅游照应突出人物，景物也要清晰。

15.1 注意构图

人物在画面中的位置，最好与主体景物错开比较好。还要留意背景，人物头顶不要"长出"电线杆、树枝，也不要让电线"穿"头而过。不要把相片的底部设置在手部、脚部的关节处，以免给人截断的感觉。

15.2 注意人与景的比例关系

拍摄时要注意人物与景物之间的比例关系，避免把人拍得太大或者太小。风景纪念照的主体是人，景点只能作为背景，但最好保证背景的完整性。在比例上，可以景点占画面约三分之二，而人物占三分之一。

15.3 学会自拍

拍摄者本人出现在照片中的频率总是要低得多，难免让欢快的旅行有点遗憾。其实可以使用数码相机的自拍功能，让拍摄者也加入到照片当中。目前的数码相机都有多种自拍模式，还有些可以对快门延迟时间或拍摄张数进行设置，如图15-1所示。

首先将相机固定在三脚架上（或者放置在栏杆、平台上），切换至自拍模式并以站立的人物为基准对好焦。接着按下"快门"按钮使相机动作后，拍摄者跑进取景范围内。

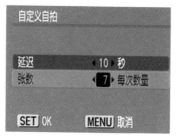

图15-1 自拍模式设置

第2章　常用软件与照片管理

　　数码照片的管理，通常包括浏览照片、批量更改照片名称、转换文件格式、调整图像大小、对照片进行标级分类等。照片管理得当，不但方便保存，也便于查找。下面介绍ACDSee和Photoshop CS4的浏览器Bridge来对照片进行管理，并介绍Photoshop CS4软件的基础知识。

实例16 将数码照片导入计算机中

使用数码相机拍摄完成后,很多人习惯将照片先传到计算机上长期保存,或用图像软件对照片做图像处理和后期编辑后再冲印。下面介绍如何将数码相机连接到计算机,将照片导入到计算机中。

16.1 USB数据线与计算机连接

(1) 用数码相机随机配送的USB数据线将数码相机与计算机的连接好。一端插在相机上,另一端插进计算机的USB接口中。USB数据线如图16-1所示。

图16-1 USB数据线

(2) 完成连接后,启动数码相机并调整数据传送模式(很多相机不需要调整,开机后就会自动与计算机连接)。

(3) 打开"我的电脑",会发现多了一个"可移动磁盘"的图标,双击"可移动磁盘"(数码相机)。进入数码相机的存储器,此时就可以打开数码相机中的文件夹,即可将数码相机中的图片进行复制、移动、删除等操作。

(4) 操作完成后,单击Windows任务栏右下角"删除硬件"的小图标,再单击弹出的"安全删除驱动器"提示,如图16-2所示。然后就可以按下USB数据线,完成照片的传输。

图16-2 删除驱动器

16.2 存储卡与读卡器

(1) 将数码相机中的存储卡取出,插到读卡器上。读卡器如图16-3所示。

(2) 将读卡器插到USB接口中,就可以读取数码相机存储卡上的照片文件了。可进行复制、粘贴、删除文件等操作。

图16-3 读卡器

16.3 将普通照片数码化

使用传统相机拍摄的照片,要将其导入到计算机中,需要使用扫描仪对照片进行扫描,导入到计算机中,保存为图形文件。

(1) 首先安装扫描仪的驱动程序,安装的步骤参见扫描仪的说明书。

(2) 接通扫描仪的电源线和USB数据线。当连接完成后,系统会自动弹出对话框提示连接情况。

(3) 进行扫描。翻开扫描仪的盖,将需要的照片正面向下摆放到扫描仪上,设置扫描的参数，如精度、缩放比等。按一下扫描仪上的扫描键进行扫描。

（4）通过一段时间的等待，就可扫描完毕。当扫描完成后它会自动保存到指定的文件夹中，最后就可以对这些图像进行管理和编辑。

实例17 使用Windows系统浏览照片

在"我的电脑"中，双击图片文件，即可打开当前默认的浏览窗口。根据计算机中安装的软件不同，默认的浏览器也会不同，有"Windows图片和传真查看器"、ACDSee、"光影看看"等。其中，Windows系统自带的看图工具，其操作十分方便，是常用的浏览照片的方法之一，具体操作如下。

图17-1 选择程序

（1）右击照片文件，在右键菜单中选择"打开方式"→"Windows图片和传真查看器"命令，如图17-1所示。

（2）打开了"Windows图片和传真查看器"后，可以浏览照片，在浏览照片的同时可以对照片进行编辑，如浏览上/下一张（按下键盘的方向键也可以实现）、缩放、旋转和打印照片等一系列的操作，如图17-2所示。

图17-2 浏览照片

实例18 了解ACDSee

ACDSee是目前最流行的看图工具之一，它广泛应用于图片的获取、管理、浏览和优化。ACDSee可以直接从数码相机和扫描仪高效获取图片，并可以以根据元数据信息（如关键词、大小、拍摄日期），将相片自动分类，进行便捷的查找、组织和预览。ACDSee的桌面快捷图标如图18-1所示，软件界面如图18-2所示。

图18-1 ACDSee快捷图标

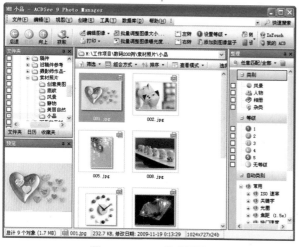

图18-2 ACDSee软件界面

ACDSee 的重要特点有：

（1）快速查看图片，还可以使用不同的"查看模式"，包括幻灯片、缩略图和平铺等模式。

（2）为照片添加等级、管理图片，而无需复制文件。

（3）批量处理图片，包括"转换文件格式"、"批量重命名"和"批量设置信息"等等。

实例19 ACDSee浏览照片

作为著名的图片浏览软件，ACDSee在浏览图片时，不仅浏览速度快，而且操作过程极其简单。

（1）浏览照片。打开ACDSe软件，在左侧的"文件夹"窗口中找到存放照片的文件夹路径，并可勾选前面的小方框，选择多个文件夹❶，所勾选的文件夹中的照片就会在浏览区中显示出来❷，如图19-1所示。

（2）单独窗口显示照片。若要以单独的窗口查看照片，可直接双击某张照片，即可打开单张照片浏览窗口，让图片填满屏幕，如图19-2所示。在浏览照片的同时，还可以对照片进行编辑，如浏览上/下一张、缩放、裁剪、旋转和打印照片等一系列的操作。

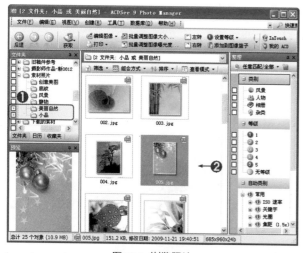

图19-1 浏览照片

图19-2 浏览窗口

（3）显示上一张或下一张照片。单击浏览窗口的 ☝ "上一个"或者 ☝ "下一个"按钮；或者通过滚动鼠标滚轮、按下键盘的方向键、PageUp/PageDown键都可以实现上一张或下一张图片的浏览。

（4）幻灯片模式播放。单击 ☝ "自动播放"按钮，可自动播放当前在浏览区中显示的所有照片。

（5）放大缩小照片显示。单击 ☝ "缩放工具"

按钮，单击画面即可放大，右击画面可缩小。或者直接按下键盘上的+或-键。

（6）照片旋转操作。单击 ☝ "逆时针旋转"按钮，可将照片进行逆时针旋转。单击 ☝ "顺时针旋转"按钮，可将照片进行顺时针旋转，快速地旋转照片的方向。

（7）关闭浏览器。单击 ☝ 浏览器 "浏览器"按钮，或直接按下键盘上的Enter键即可返回到ACDSee软件界面中。

实例20　ACDSee批量更改照片名称

　　ACDSee不但在浏览照片功能上十分出众，对照片的批处理功能也十分强大，而且操作过程极其简单，下面介绍批量更改照片的名称。

（1）运行ACDSee，在左侧的"文件夹"窗口中选择存放照片的文件夹❶，然后在照片浏览区中按住Ctrl键单击选中需要重命名的照片（若是要选择全部的照片，则是按下Ctrl+A键）❷，单击"批量重命名"按钮❸，如图20-1所示。

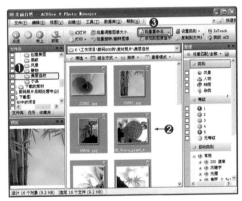

图20-1 选择照片

注意：在选择照片之前，应该根据用户的需要对照片进行排序，在"排序方式"下拉列表中进行选择，如按文件名、大小、图像类型、修改时间等。

（2）在弹出的"批量重命名"对话框中，将"开始于"下方的数字改为1❶，即重命名照片的起始数值；将"模板"改为###❷，即重命名照片的样式，此时就会看到右侧照片的名称已按001、002依次排序❸，单击"开始重命名"按钮❹，如图20-2所示。

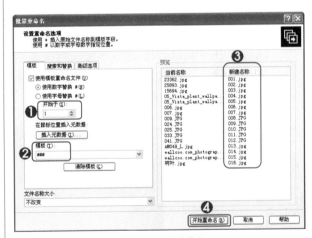

图20-2 照片重命名

说明："开始于"是修改名字的顺序的。比如改为1，照片的名称就会顺着1、2、3……排下去。而"模板"则是修改位数的，比如，###就表示是三位数的。

实例21 ACDSee批量调整图像大小

拍摄完成的照片，可能有大有小，若是要批量调整成统一的尺寸大小，也是非常方便。

（1）启动ACDSee，在照片浏览区中选择多张照片，单击"批量调整图像大小"按钮。

（2）在弹出"批量调整图像大小"对话框中，先选择一种调整的方式，如"大小"（像素）❶，再设置相应的参数值，如1024×768；"缩放尺寸"为"仅缩小"，勾选"保持原始外观比例"选项❷；单击"选项"按钮❸，弹出"选项"对话框，设置修改后图像的放置位置等❹，单击"确定"按钮❺。设置完成后单击"开始缩放尺寸"按钮开始调整❻，如图21-1、图21-2所示。

图21-1 设置参数

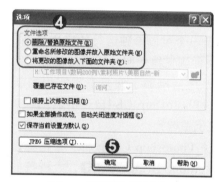

图21-2 设置图像放置的位置

实例22 ACDSee转换文件格式

ACDSee的转换文件格式操作，可对一张或多张照片批量进行格式的转换，操作也十分简便。

（1）运行ACDSee，在照片浏览区中选择多张照片，执行"工具"→"转换文件格式"命令。

（2）弹出"批量转换文件格式"对话框，在"格式"选项卡中选择需要转换的格式，如PNG格式❶，然后单击"下一步"按钮❷，如图22-1所示。

（3）在"设置输出选项"中可以按具体要求来设置，例如修改格式后的图像文件的放置位置等

❶，单击"下一步"按钮❷，如图22-2所示。

图22-1 选择格式

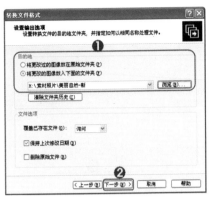

图22-2 设置输出

（4）在"设置多页选项"对话框中保持默认设置即可，单击"开始转换"按钮进行格式转换。

（5）系统就自动开始转换，转换后单击"完成"按钮关闭该窗口。

实例23 Photoshop CS4文件浏览器

Adobe Bridge是Photoshop CS4的文件浏览器，它是一个可以单独运行的应用程序，Adobe Bridge文件浏览器使照片管理与处理变得更为简单快速，而且增添了许多非常实用的新功能。下面通过Photoshop CS4自带的看图软件Adobe Bridge来浏览照片。

（1）运行Photoshop CS4软件，单击标题栏中的 Adobe Bridge按钮❶，或执行"文件"→"在Bridge中浏览"命令，还可以直接在"开始"菜单中运行Adobe Bridge CS4，以上方法都可以打开Adobe Bridge，如图23-1所示。

图23-1 打开Bridge

（2）打开Bridge后，在左侧的"文件夹"窗口中打开存放照片的文件夹❶，在界面底部可以设置照片查看的方式，例如缩略图显示的尺寸、以详细形式或列表形式查看内容

等❷。在照片浏览区中单击某张照片❸，即可查看该照片的"元数据"，如文件大小、物理尺寸、相机数据（包括曝光模式、焦距、闪光灯、相机机型）等❹，如图23-2所示。

图23-2 浏览照片

（3）在Bridge的"审阅模式"下可以对细节进行对比，具体操作是：先选中一幅或多幅照片❶，单击 "优化"列表下的"审阅模式"按钮❷（快捷键为Ctrl+B），如图23-3所示。

图23-3 选择"审阅模式"

（4）进入"审阅"模式后，依次单击照片即可放大照片的某区域，相当于用一个"放大镜"对图像进行观察。可以随意移动"放

大镜"的位置，对不同区域进行观察对比，如图23-4所示。若要关闭"审阅"模式，则是单击右下角的 ☒ "关闭"按钮。

图23-4 "审阅"模式

实例24 对照片进行标级分类

对照片进行标级和分类，是常用的照片管理方法之一。将不同日期或不同类型的照片分为不同的等级，方便于对照片的使用和查找。下面介绍用Bridge进行标级和分类的方法。

（1）在Bridge中的浏览区中，按住Ctrl键，依次单击选中要进行分级的照片，执行"标签"→*命令❶，此时会在等级显示处出现一个*，将选中照片设为1星级❷，如图24-1所示。以相同的方法为余下的不同类型的照片进行分级，例如将"人物"设为2星级。

（2）将照片设置好等级后，在排序的下拉列表中选择"按评级"命令❸，此时所有的照片将按照各自的等级重新排序，如图24-2所示。也可以单击 ☆ "按评价筛选项目"按钮❹，在下拉列表中选择查看的方式。

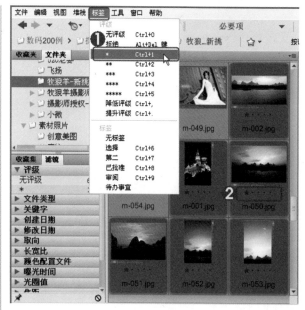

图24-1 设置等级

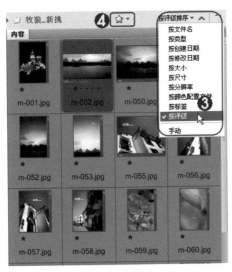

图24-2 按等级排序照片

提示： 若要将“星级”清除，则是先选中照片，并执行“标签”→“无评级”命令即可。

实例25 了解Photoshop CS4 工作界面

Photoshop由Adobe公司设计，1990年首次推出，经过数十年的改版更新，Photoshop发展成目前社会中采用最广泛的数码图像处理软件之一。作为专业图片处理软件，Photoshop具有强大而完善的功能，被广泛应用在图片处理的各个领域，如图像处理、商业制作、广告设计和网页设计等。

在本书中将重点介绍Photoshop CS4的数码处理与艺术设计方面的卓越表现，下面先来了解Photoshop CS4的工作界面、工具和命令的使用等。

双击Photoshop CS4的桌面快捷图标，运行软件，如图25-1所示。Photoshop CS4工作界面主要分为6个工作区域，分别为：标题栏、菜单栏、工具属性栏、工具栏、图像编辑区以及面板，如图25-2所示。

图25-1 Photoshop CS4桌面快捷图标

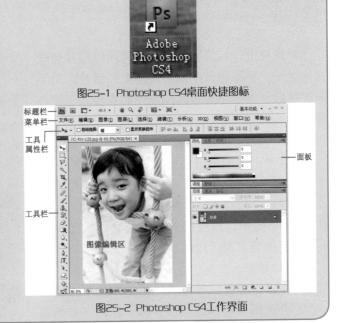

图25-2 Photoshop CS4工作界面

25.1 标题栏

“标题栏”位于Photoshop CS4工作界面的顶端，主要包括界面模式、图像查看工具，如启动Bridge、屏幕模式、基本功能、抓手、缩放工具等。标题栏最左侧是Adobe Photoshop标志，最右侧有三个按钮，分别为“最小化”、“最大化/还原”和“关闭”按钮，可对窗口做相应的

操作，如图25-3所示。

图25-3 标题栏

25.2 菜单栏

"菜单栏"位于标题栏的下方，是Photoshop CS4重要组成部分，共包含11个菜单。在单击相应的菜单名称后，即可展开该菜单，每个菜单中都包含很多命令，单击命令即可执行相应的操作，如图25-4所示。

很多菜单命令右侧都显示相应的快捷键，可方便用户快速执行命令，通过按下键盘的快捷键来执行相应的操作命令，可有效的提高工作效率。

图25-4 菜单栏

文件：主要用于图像的新建、打开、浏览、存储、置入、打印以及自动化处理等操作。

编辑：用于处理图像的剪切、粘贴、清除、填充、变换及定义图案等。

图像：用于设定图像的各项属性参数。

图层：可对每图层的样式、属性等进行编辑。

选择：可用于羽化选区、重新设置选区和反选，还可以将已设置好的选区保存起来或将保存在通道里的选区调出。

滤镜：是Photoshop中最引人注目的功能，可以做出各种奇特的效果。

分析：包含增强的度量和计数工具的全面图像分析功能。

3D： Photoshop CS4新增了3D编辑及合成功能。

视图：可针对图形的路径、网格、图像切割、选取范围等进行预览。

窗口：可以随意开启或关闭各个面板，如图层、路径、历史记录等面板。

帮助：使用户能够随时获得帮助，以便更好地使用Photoshop CS4软件。

25.3 工具栏

默认情况下，Photoshop CS4的工具栏位于窗口的左侧，单击工具栏顶部的 ◀◀ 按钮，可将工具栏在"单列"和"双列"之间切换。工具栏包括了20多组工具，加上其他弹出式的工具总共有60多个，如图25-5所示。这些工具是编辑图像重要的部分。

图25-5 工具栏

25.4 工具属性栏

工具属性栏位于菜单栏的下方，当用户选择工具栏中的某个工具时，属性栏就会显示相应的属性设置选项，在其中可以设置其各种属性，如图25-6所示为"画笔工具"的属性栏。

图25-6 工具属性栏

25.5 图像编辑区

图像编辑区用来显示图像文件，以供用户浏览、描绘和编辑等，如图25-7所示。在Photoshop

中可同时打开多个文件。

图25-7 图像编辑区

25.6 面板

"面板"一般显示在窗口的右侧，若要显示某个面板，可以在"窗口"菜单中选择。在面板的右上方有一个黑色的三角形按钮▶▶，单击此按钮可以将面板"折叠为图标"或"展开面板"，如图25-8所示。在折叠的图标中，也可以单击某个面板名称，只展开一个面板，扩大图像编辑区域，如图25-9所示。

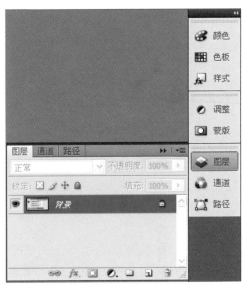

图25-9 展开单个面板

在Photoshop CS4版本中，面板的组合更加灵活，可任意拖动面板进行组合，可以单独一个或多个面板组合在一起。操作方法是按住并拖动面板名称，从面板中分离或组合在一起，如图25-10所示。

图25-8 面板

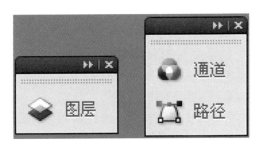

图25-10 面板的组合

实例26 使用不同屏幕模式工作

26.1 快速切换屏幕模式

选择合适的工作环境，可以让工作事半功倍。Photoshop CS4中提供了多种屏幕模式可供用户选择，默认情况下是采用"基本功能"模式，该模式合适基本的修图工作，如图26-1所示。在其下拉列表中还包含了多种其他的模式，例如：要进行三维工作，可选择"高级3D"模式；若要进行调色工作，可选择"颜色和色调"模式等等。

图26-1 "基本功能"模式

图26-2 排列文档

26.2 设置多图排列方式

在Photoshop CS4中可以同时打开多个文件，文件的摆放形式可以在 ▦▾ "排列文档"按钮的下拉列表中选择某一种样式，如图26-2所示。

▦▾ "排列文档"按钮的下拉列表，包含了多个选项，如图26-3所示。若要将文档独立成单个的窗口，可选择"使所有内容在窗口中浮动"选项；若要将当前文档复制一个副本，可选择"新建窗口"选项；"实际像素"、"按屏幕大小缩放"选项则可以缩放照片显示。

图26-3 "排列文档"列表

实例27 熟悉工具栏中的常用工具

在Photoshop CS4的工具栏中，有创建各种图形和制作各种效果的常用工具，掌握好Photoshop CS4工具的使用方法和技巧是非常重要的。

27.1 查看是否带有隐藏的工具

工具栏具有简洁、结构紧凑的特点，它将功能类似的所有工具归为一组，有些工具图标的右下方带有三角形符号，则表示该工具还存在同类型的其他工具。

27.2 选择隐藏的工具

在带有隐藏的工具（即右下方带有小三角形符号）的按钮上右击，或单击并按住停留2秒，都可显示隐藏的工具类别，在其中选择需要的工具即可。

27.3 展开的工具

工具栏中，将所有工具组展开，如图27-1所示。

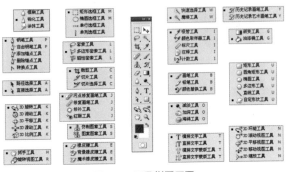

图27-1 工具栏展开图

下面列出Photoshop CS4一些工具的简单介绍，相同类型的工具作用和使用方法是基本相似或相反的，如下表。

工 具	功能用法	快捷键
矩形选框	可相应地选取矩形的选区	M
移 动	使用该工具可对选区、图层和参考线等进行移动	V
套 索	用于选取不规则的选区	L
魔 棒	根据图像选取点周围颜色来得到选区	W
裁 剪	可将选中区域以外的图像切除，并可设定切切图像的大小和分辨率	C
吸 管	能够在拾色器、色板、图像中选取颜色并使用所选取的颜色作为"前景色"或"背景色"	I
污点修复画笔	可移去图像中的污点和对象	J

续表

工 具	功能用法	快捷键
仿制图章	先在图像中获得取样点，根据鼠标涂抹将相应位置的图像复制到新的位置	S
画 笔	可以绘制比较柔和的线条	B
历史记录画笔	用于对图像的编辑和修改，或恢复"历史记录"面板中记载有效操作步骤的效果	Y
橡皮擦	用于将当前图像或选区的图像擦除	E
渐 变	可以使用多种颜色的逐渐混合进行填充	G
模 糊	可对图像中的硬边进行模糊处理	
减 淡	能够改变图像某一区域的曝光度	O
钢 笔	可用来绘制边缘平滑的路径，使用时单击并拖动鼠标即可	P
路径选择	用于选择路径和移动路径	A
横排文字	用于在图像中输入横排文字	T
矩 形	用于绘制图形，还可以用于绘制形状图层和路径	U
标 尺	用于显示图像中两个点的位置和距离等信息	I
3D旋转	用于旋转3D模型	K
3D环绕	在固定3D模型位置的情况下，移动摄像视图	N
抓 手	用于控制绘图窗口的可视部分	H
缩 放	用来更改绘图窗口的缩放级别	Z

实例28 重要概念之——选区

"选区"是Photoshop中的重点，在Photoshop中有很多选择工具可以建立选区，建立好的选区呈"蚂蚁线"，可以对选区内的部分进行调整和修改，而不影响选区外的部分，这就是"选区"的作用。

28.1 制作选区的基本工具

Photoshop提供了多种制作选区的工具组，分别是："选框"工具、"套索"工具、"魔棒"工具和"钢笔"工具。"选框"工具，可相应地选取矩形、椭圆形的选区。

"套索"工具，用于圈出不规则的选区。

"魔棒"工具，根据图像选取周围颜色来得到选区。

"钢笔"工具，可勾勒出复杂边缘的路径，并转化为选区。

28.2 选区的加与减

创建了选区后，可以对选区进行相加（添加到选区）、相减（从选区减去）和相交（与选区交叉）的计算，在工具属性栏中有相应的按钮可以选择，如图28-1所示。选区相加、减的示例，如图28-2所示。

图28-1 属性按钮

选区相加　　选区相减　　选区相交

图28-2 选区的相加、减

28.3 选区的羽化

为了处理好选区边缘的效果，可以设置选区的羽化，"羽化"是通过建立选区和选区周围像素之间的转换来模糊边缘，羽化值越大，选区边缘的模糊程度就越大，效果如图28-3所示。

羽化值的设置，可以在未进行添加选区之前，在工具属性栏中先设置好羽化值。也可以在定义完选区后，执行"选择"→"修改"→"羽化"命令来设置。

原选区　　　半径：0　　　半径：20

图28-3 羽化效果

28.4 色彩范围

"色彩范围"命令，也是用于制作选区的，它是根据取样的颜色和颜色的容差，来确定选择的区域和范围。

在Photoshop中打开一张照片，如图28-4所示。执行"选择"→"色彩范围"，将弹出"色彩范围"对话框，如图28-5所示。在"选择"下拉列表中设置为"取样颜色"时，可以在预览图中取样颜色，设置"颜色容差"来控制颜色的影响程度。用 ✎ "添加到取样"和 ✎ "从取样中减去"工具在预览区域中单击来添加或移除颜色。最后单击"确定"按钮关闭对话框，预览区中呈白色的区域则自动变为选区。

图28-5 "色彩范围"对话框

图28-4 照片图像

在对话框中，"选择"下拉列表中为红、黄、绿、青、蓝、洋红或是高光、中间调、暗调、溢色时，则会自动进行选取。如果出现"任何像素都不大于50%选择"的对话框，则表示选择了一种颜色，但图像却没有包含完全饱和的这种颜色，那么选区边框为不可见状态。

实例29 重要概念之——图层

29.1 理解图层

"图层"是Photoshop中十分重要的核心功能，要提高Photoshop水平，必须熟悉图层的运用。形象地说，"图层"就像一张透明纸，可以将一幅画的不同部分分别画在几张透明纸上，并叠加在一起构成完整的图画。修改某一图层中的图像，不会影响到其他图层的图像元素，如图29-1所示。

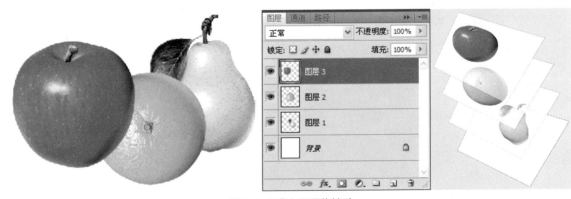

图29-1 图像与图层的关系

29.2　图层的分类

在Photoshop中图层分为四大类，第一类是"背景"图层（一张有颜色的纸），第二类是普通图层（透明纸），第三类是文字图层，第四类是特殊图层（形状、填充、调整），如图29-2所示。

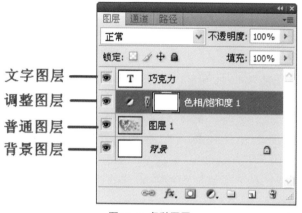

图29-2　各种图层

29.3　图层的操作

图层的显示、排列十分灵活，可以随意调节图层的不透明度、各图层的排列顺序。还可以对图层进行各种操作，如合并、链接、显示、隐藏、新建、删除、复制等，这些操作都可以在"图层"面板中进行。

29.4　图层的混合模式

当不同的图层叠加在一起时，除了设置图层的"不透明度"以外，图层"混合模式"也将影响两个图层叠加的效果。在"图层"面板中即可进行选择，如图29-3所示。

图29-3　图层混合模式

默认的情况下，图层混合模式是"正常"模式，不和其他图层发生任何混合。此外，还有二十多种图层混合模式，按效果分，图层混合模式大致可分为6组：

（1）不依赖底层图像：正常、溶解。

（2）使底层图像变暗：变暗、正片叠底、颜色加深、线性加深、深色。

（3）使底层图像变亮：变亮、滤色、颜色减淡、线性减淡、浅色。

（4）增加底层图像的对比度：叠加、柔光、强光、亮光、线性光、点光、实色混合。

（5）对比上下图层：差值、排除。

（6）把一定量的上层图像应用的底层图像中：色相、饱和度、颜色、亮度。

29.5 图层样式

在"图层"面板的底部，单击 fx "添加图层样式"按钮，可以为该图层添加各种样式效果。其中包括：投影、内阴影、外发光、内发光、斜面和浮雕、光泽、颜色叠加、渐变叠加、图案叠加和描边等。

图层样式是Photoshop中制作图片效果的重要手段之一，为图层添加样式可以实现更加美观和满意的视觉效果。

实例30 重要概念之——通道

30.1 理解通道

在Photoshop中，"通道"的应用也是很广泛的，"通道"被用来保存图像的颜色数据。Photoshop将图像的颜色数据信息分开保存，把保存这些原色信息的数据带称为"颜色通道"，简称为"通道"。

在Photoshop中各种颜色模式的通道都有区别，常用的有RGB模式、CMYK模式、Lab模式通道。例如：一个RGB模式的图像，默认值有"红色"、"绿色"、"蓝色"和"RGB复合通道"，每个通道中颜色的深浅表示了该通道颜色在图像中所占比例的大小，亮度越高，表示包含的该颜色越多，如图30-1所示。

图30-1 "通道"面板

30.2 利用通道制作选区

"通道"除了可以观察各通道的亮度对比度之外，还有一个重要的作用，就是"做选区"。

（1）在"通道"面板中新建的通道，为alpha通道。在画面上随意绘制一个选区，在"通道"面板中，单击底部的 "将选区存储为通道" 按钮。alpha通道的好处是可以把选区长久保存，调出非常简单，按住Ctrl键，单击"通道"面板的预览图标即可。具体操作可参考实例107 "制作撕裂的照片"。

（2）在各个通道中，色调较亮的区域可提取出来作为选区。利用这个作用，可以轻松地提取一些复杂的选区，具体操作可参考实例148 "通道提取选区——柔光艺术照"。

（3）此外，利用通道可以做出更为复杂的选区，像"婚纱"、"玻璃"等这些半透明部分的选择，最好的选择方法就是使用"通道"了，具体操作可参考实例160 "影楼替换背景术——水晶之恋"。

实例31 重要概念之——蒙版

31.1 理解图层蒙版

对于初学者，"蒙版"是比较难以理解的。其实，要用一种简单的思维去理解"蒙版"。简单地说，为图层添加"蒙版"后，黑色让该图层完全透明，白色则是完全不透明（黑色是透明，白色是不透明，这两点很重要，记熟它，不要混淆）。下面就用一个简单的实例，深入浅出地介绍图层"蒙版"。

（1）打开一张照片，复制出一个图层，为方便观察，可将"背景"层填充为黄色，单击"图层"面板底部的 ◻ "添加图层蒙版"按钮❶，为"图层1"添加"蒙版"❷，如图31-1所示。

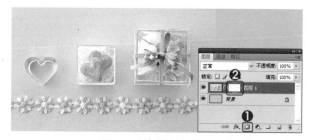

图31-1 为图层添加蒙版

（2）确定选中了蒙版缩略图，使用 ▢ "矩形选框工具"分别框出三个选区，并分别填充为黑色、白色、灰色。可以发现，蒙版中用黑色填充的地方，图像被"擦除"掉了，呈现透明效果，显示出下一个图层的黄颜色；使用白色填充的地方，显示如初；使用灰色填充的地方，则呈现出半透明状，如图31-2所示。

图31-2 蒙版的黑白灰作用

> **提示：** 若先框选一个选区，再添加图层蒙版，则未选中的区域相当于自动填充为黑色，呈透明的状态。

31.2 蒙版的作用

（1）图像边缘的淡化效果。例如对人物图层添加蒙版，使用灰色的画笔涂抹周围；或者使用黑白渐变，都可以让人物与下一图层之间自然地融合。具体可参考实例97"蒙版——为照片添加诗篇"。

（2）局部修改。例如要为人物"染发"，可添加一个"调整"图层（自动带有图层蒙版），将颜色调成"头发"希望染成的颜色，再使用黑色画笔在蒙版中涂抹"头发"以外的区域，即可恢复原来色彩，只保留"头发"的染色效果。具体可参考实例83"蒙版的妙用——数码染发"。

（3）抠图。例如，为人物图层添加蒙版后，使用黑色的画笔擦除掉人物之外的背景，即可得到人物的抠图。

实例32 重要概念之——非破坏性的调整图层

　　使用"调整"图层，可以调整照片的色阶、色相、对比度和色彩平衡等，这些效果不是直接在图像上修改，而是新增一个"调整"图层，在该图层中设置参数。

（1）要添加"调整"图层，可以在"调整"面板中选择命令❶；或在"图层"面板底部单击 ❷ ❷"创建新的填充或调整图层"按钮❷，在弹出的菜单中选择某个命令（如色相/饱和度），如图32-1所示。

（2）执行命令后，会自动添加一个"调整"图层❸，在其中设置参数❹，如图32-2所示。调整层将图层操作、调整操作和蒙版操作三者完美地结合在一起。与直接在照片上调整颜色相比，调整图层有两个优点，一是不会更改原始图像中的像素，二是参数可以随时更改。

图32-1 选择调整命令

图32-2 添加调整图层

实例33 合理利用"历史记录"面板

在Photoshop中进行图像处理操作时，每一步操作都会在计算机的暂存中保留，显示在"历史记录"面板中，如图33-1所示。若要返回之前的操作，可直接在"历史记录"面板中单击某一步的选项。默认情况下，系统允许返回到前20步的操作。

对于一些希望保留的状态，可以将其保存为"快照"，以便后期恢复和对照。选择"历史记录"中的某个状态，单击面板底部的 📷 "创建新快照" 按钮，即可在"历史记录"面板中添加一副图像"快照"。如果需要将图像恢复到某一个"快照"状态时，只需要单击"快照"名称即可。

图33-1 "历史记录"面板

实例34 自如地观察图像

34.1 放大、缩小图像显示

在Photoshop中处理图像时，经常要放大、缩小图像的显示，以便观察。可单击工具栏中或标题栏中的 🔍 "缩放工具" ❶❷，单击图像画面，以放大或缩小显示。还可以在"导航器"面板中来控制图像显示的比例❸，如图34-1所示。

在工作中使用快捷键更利于提高效率，方法是：按下Ctrl++键进行放大，按下Ctrl+-键进行缩放。或按住Alt键不放，向前滚动鼠标滚轮，可放大图像显示；向后滚动鼠标滚轮，可缩小图像显示。

图34-1 缩放图像的显示

34.2 标尺和参考线

单击标题栏中的 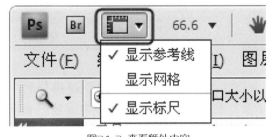 "查看额外内容"按钮，在下拉列表中，选择"显示标尺"（快捷键为Ctrl+R），如图34-2所示。即可显示水平和垂直的标尺，可查看图像的物理尺寸。从标尺上单击拖动，可拖出参考线，辅助查看图像。

图34-2 查看额外内容

实例35　Photoshop CS4中的格式

Photoshop支持十几种文件格式，主要包括固有格式（PSD）、应用软件交换格式（EPS、DCS、Filmstrip）、专有格式（GIF、BMP、Amiga IFF、PCX、PDF、PICT、PNG、Scitex CT、TGA等）、主流格式（JPEG、TIFF）。

35.1 常用的文档格式

PSD：Photoshop的标准格式，它能很好地保存层、蒙版等数据，可包含多个图层。

JPEG（jpg）：是一种很常见的图像格式，具有较高的压缩比，不包含图层信息。

TIFF（tif）：可包含多个图层，常用于应用程序之间和计算机平台之间交换图像文件。

BMP：无损压缩方式，对图像质量不会产生什么影响。

PDF：允许在屏幕上查看电子文档，还可被嵌入到Web的HTML文档中。

GIF：可存储动画的图像文件，是输出图像到网页最常采用的格式。

35.2 存储的方法

在Photoshop中处理的图像包含了多个图层，若希望保留这些图层，以便下次的编辑，则需要保存为PSD或TIFF（tif）格式。而如果保存为其他图像格式，如JPEG（jpg）、BMP等格式，则得到的是所有可见图层拼合的图像效果，只有一个图层。

第3章　数码照片的基本处理

　　由于数码相机的特性和拍摄时各种因素的原因，拍出的数码照片很多都需要进行一些简单的调整，如调整照片尺寸、角度、锐化模糊等。针对以上的问题，本章节主要介绍使用Photoshop CS4对数码照片进行调整的方法和技巧。

实例36 萃取精华——裁剪照片

在拍摄时如果没有将景物的构图、尺寸比例等控制好，或使用扫描仪扫描照片时，有一些设置不够精确而导致出现多余边缘等问题。此时，可通过Photoshop CS4的裁剪功能，对照片进行裁剪，让画面更加美观，主旨更加明确。本实例照片处理前后的效果对比，如图36-1所示。

图36-1 裁剪照片前后对比

● 知识重点：裁剪工具
● 制作时间：5分钟
● 学习难度：★

操作步骤

（1）打开数码照片：运行Photoshop CS4，执行"文件"→"打开"命令（快捷键为Ctrl+O），弹出"打开"对话框，选择本书配套光盘中"裁剪照片.jpg"❶，单击"打开"按钮❷，如图36-2所示。

图36-2 打开素材照片

提示： 为了方便打开素材图片，可先将配套光盘中的source（源文件）文件夹复制到计算机中。该文件夹包含了本书需要的所有素材图片和效果图。在之后的实例操作中，在相应的实例名文件夹中打开素材即可。

（2）裁剪照片：在工具栏中选择 **ᴛ** "裁剪工具"❶，在照片上单击拖动形成选框，框选需要保留下来的图像区域。在框选时若没有达到满意的效果，可以通过选框四角上的控制点进行调整❷。拖动编辑点

的同时按住Shift键可按比例缩放，如图
36-3所示。

图36-3　框选图像

提示： 在裁剪时不必担心选定的裁剪边界不准确，可以通过选区的编辑点来调整边界的大小。要退出裁剪框，只要按下键盘的Esc键即可。

（3）指定裁剪比例：当需要指定裁剪图像大小时，可在指定裁剪框之前，在属性栏的"宽度"和"高度"栏中输入数值，例如"宽度"为"5厘米"、"高度"为"7厘米"❶，然后再拖出选框，此时拖出的选框会按指定尺寸的比例裁剪❷。当需要清除指定参数时单击"清除"按钮即可❸，如图36-4所示。

图36-4　指定裁剪比例

（4）调整裁剪角度：若需要对图像的裁剪角度进行调整，可在选框边界之外的地方，当光标变成双向箭头时单击拖动来旋转整个裁剪边界❶，如图36-5所示。

图36-5　调整裁剪角度

（5）裁剪图像：调整好裁剪边界后，双击保留的区域，或按下键盘上的Enter键完成图像的裁剪，完成后如图36-6所示。

图36-6　裁剪后效果图

（6）保存图像：对图像进行修改后，一般需要进行保存。按下快捷键Ctrl+S则是对图像直接进行保存。若想另存为一个新的文件，则是执行"文件"→"存储为"命令，存储为"裁剪照片-完成图.jpg"。

实例37　翻转照片并裁剪

在拍照时，为了取景，常常将相机放置呈竖着拍摄，这样拍出来的照片需要进行旋转，旋转为正确的角度。下面通过Photoshop CS4将照片进行旋转，并裁剪，照片处理的前后对比，如图37-1所示。

图37-1　照片处理的前后对比

● 知识重点：“图像旋转”命令和“裁剪工具”
● 制作时间：3分钟
● 学习难度：★

操作步骤

（1）打开人物照片后，执行“图像”→“图像旋转”→“90度（顺时针）”命令，这样就将照片旋转过来。

（2）单击工具栏中的 卓 “裁剪工具”，在属性栏中设置“宽度”为“5厘米”、“高度”为“7厘米”，然后再拖出裁剪框，调整好后，按下Enter键进行裁剪，完成了实例操作。

实例38 自动分离扫描的照片

在进行照片扫描时，常常将几张照片放在一起同时扫描，这样能提高扫描照片的效率，但扫描出来的照片，需要对其进行裁切，做成单张的照片。下面介绍使用"裁剪并修齐照片"命令将扫描照片快速分离成单张照片的方法。照片处理的前后对比，如图38-1所示。

图38-1 分离照片的前后对比

● 知识重点："裁剪并修齐照片"命令
● 制作时间：2分钟
● 学习难度：★

操作步骤

（1）分别裁剪：打开素材照片后，执行"文件"→"自动"→"裁剪并修齐照片"命令，这样Photoshop CS4就会自动将三张照片分离成单张照片，成为三个独立的图像文件。

（2）独立裁剪：若只想分离某张照片，可选择工具箱中的"矩形选框工具"，在图像中框选出其中一张照片的外框，再执行"裁剪并修齐照片"命令，即可将框选的照片分离成独立的图像文件。

实例39 调整照片至需要的尺寸

使用数码相机默认设置产生的图片通常物理尺寸较大，而分辨率往往比较低，多为72像素/英寸，72的分辨率是"低分辨率"，只适合在屏幕上观看。运用于打印输出设备，需要提高分辨率才有良好的打印效果。

下面是一张数码照片，照片的尺寸很大，而分辨率很低。我们要将它的分辨率提高为250像素/英寸，高度尺寸为10厘米。使用Photoshop中的"图像大小"命令，可以轻松地调整过来，照片处理的前后对比（根据图片最上方和最左方的尺标做对比），如图39-1所示。

图39-1 调整尺寸的前后对比

- 知识重点："图像大小"命令
- 制作时间：6分钟
- 学习难度：★

操作步骤

（1）打开照片：执行"文件"→"打开"命令，打开本书配套光盘提供的"调整照片至需要的尺寸.jpg"。按下Ctrl+R键显示标尺，可大致查看其尺寸，"宽度"为30.48厘米，"高度"为41.66厘米，如图39-2所示。

图39-2 打开照片并查看尺寸

（2）"图像大小"命令：执行"图像"→"图像大小"命令❶，打开"图像大小"对话框，在"文档大小"区域可查看照片属

性，"分辨率"为72像素/英寸（ppi）❷，如图39-3所示。

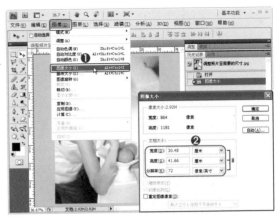

图39-3 选择命令

（3）提高分辨率：在"图像大小"对话框中，关闭"重定图像像素"选项❶，将"分辨率"设置为250像素/英寸，那么文档的尺寸也自动随着变小了，"宽度"为8.78厘米、"高度"为12厘米❷，如图39-4所示。

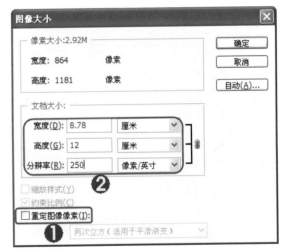

图39-4 提高分辨率

提示： 关闭"重定图像像素"选项，那么在修改图像的分辨率时，图像中的实际像素没有更改，而是更改了图像的打印大小，即物理尺寸。这样操作，照片的物理尺寸变小了，提高了分辨率而图像的质量保持不变，没有变模糊。

（4）设定照片为指定的尺寸：提高了分辨率，图像的尺寸也变小了，但尺寸还不够精确。下面再次设置尺寸，勾选"重定图像像素"和"约束比例"选项❶，设置"高度"为10厘米，那么"宽度"也随着变为7.32厘米❷，最后单击"确定"按钮❸，如图39-5所示。

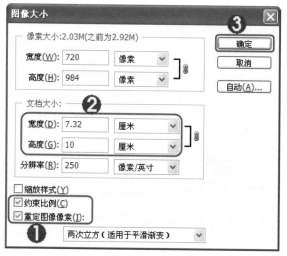

图39-5　调整照片尺寸

（5）完成操作：设置好"图像大小"对话

框的参数后，图像会按照设定的数值变化，调整后的照片分辨率为250像素/英寸，"高度"为10厘米，"宽度"为7.32厘米，如图39-6所示。

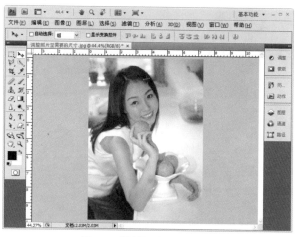

图39-6　调整照片尺寸后效果

说明： 72dpi（图像的打印分辨率通常用dpi表示）属于低分辨率，适合于在屏幕中观看，打印的话图像质量不够精细。若要打印，至少要提高到150dpi以上，300dpi为最佳，超过300dpi人眼是很难看出差别的。

实例40　将小图片变成大图片

在分辨率保持不变的情况下，缩小图片的物理尺寸，不会影响质量，而如果增大的图像的尺寸，则会出现模糊、虚化、甚至像素化的现象。

下面介绍一种技巧，使图片变大，而肉眼看不出图片质量降低。即是将图片每次增量10%，进行多次反复操作，将图片增大。照片处理的前后对比，如图40-1所示。

图40-1 调整尺寸的前后对比

- 知识重点："图像大小"命令、"记录动作"
- 制作时间：8分钟
- 学习难度：★★

操作步骤

（1）打开照片：按Ctrl+O键，打开本书配套光盘
中提供的"将小照片变成大照片.jpg"图像
文件。该照片的物理参数，"宽度"为3，
"高度"为3.35，分辨率为72像素/英寸，
如图40-2所示。

图40-2 打开图像

（2）将图片尺寸增加10%：执行"图像"→
"图像大小"命令❶，打开"图像大小"对
话框，确定勾选"重定图像象素"和"约
束比例"选项❷，在"文档大小"栏中，将
单位设置为"百分比"，并输入110❸，最
后单击"确定"按钮❹，如图40-3所示，将
图像增大10%。

图40-3 增大图片尺寸

提示： 以10%的增量放大图像，可以不使图片变得模
糊。而使用这种方法来增大图片，往往需要操作很多
次，使用动作记录的方法，能节省了很多功夫。

（3）记录动作：下面来自定义"动作"，具
体方法是：执行"窗口"→"动作"命
令，显示"动作"面板❶，单击面板底部
的 "创建新动作"按钮❷，在弹出的
"新建动作"对话框中，将"名称"命名
为"放大110%"，"功能键"（快捷键）
为F2❸，单击"记录"按钮❹，如图40-4

所示。"动作"面板中的 "记录"按钮就变成红色，开始记录动作。

图40-4 记录动作

提示： 功能键可以自由设置，可以选取功能键、Ctrl键或Shift键的任意组合，如Ctrl+Shift+F2，但有以下的例外：不能使用 F1 键，也不能将F4或F6键与Ctrl键一起使用。

(4) 完成记录过程：重复步骤2的操作，执行"图像"→"图像大小"命令，打开"图像大小"对话框，将单位设置为"百分比"，并输入110❶，单击"确定"按钮关闭对话框❷，单击"动作"面板底部的 "停止"按钮完成记录过程❸，如图40-5所示。

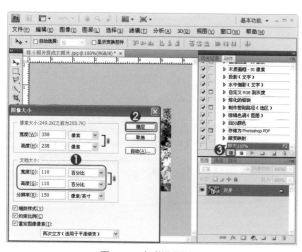

图40-5 完成记录过程

(5) 增大图片尺寸：记录完成后，只要按下刚才设置的快捷键F2，即可将当前图像增大10%。连续按8次，将图像变得更大，如图40-6所示。

图40-6 增大图片尺寸

(6) 完成操作：调整后的照片高度为11.6，宽度为10.35，这可以根据自己所需要的大小进行调整，最后的效果如图40-7所示。

图40-7 调整照片尺寸后效果

实例41 智能缩小照片

在Photoshop CS4中，可以将照片转化为"智能对象"，使用智能对象，可以对图形进行非破坏性的缩放、旋转及变形。例如，将图形缩小后，再拉大，效果不会变模糊，而非智能对象则会变模糊。

下面将照片打开为"智能对象"，并随意地调整照片大小，再进行裁剪，这也是一种灵活方便的缩小照片的方法。照片处理后前的对比，如图41-1所示。

图41-1 缩小照片的前后对比

● 知识重点："打开为智能对象"命令、Ctrl+T键自由变换
● 制作时间：5分钟
● 学习难度：★

操作步骤

（1）执行"文件"→"打开为智能对象"命令，在弹出的对话框中打开一张人物照片。

（2）打开照片后，按下Ctrl+T键，出现变换框，按住Shift键不放，同时拖动变换框右下角的控制点，按比例缩小照片。调整后按下Enter键确认操作并关闭变换框。

（3）使用 ⌁ "裁剪工具"，拖出裁剪框，只保留图像的区域，再按下Enter键进行裁剪。

（4）将照片进行另存，保存为JPEG格式，完成实例操作。

实例42 修正倾斜的照片

手持相机摄影时，由于没使用三角架，出现照片角度倾斜的事是常有的。因此摄影时应注意照片的角度是不是正确，并使用三角架来定位。对于角度倾斜的照片，通过Photoshop CS4的"度量工具"和"旋转画布"命令就可以轻而易举地完成照片角度的调整，照片调整的前后对比，如图42-1所示。

图42-1 修正角度的前后对比

● 知识重点："度量工具"、"旋转画布"
● 制作时间：5分钟
● 学习难度：★★

操作步骤

（1）打开照片：按下Ctrl+O键，打开本书配套
光盘提供的"调整照片角度.jpg"，如图
42-2所示。

图42-2 打开素材照片

（2）放大显示：单击界面顶部标题栏中的"缩
放工具"❶，在属性栏中有放大和缩小的
命令，这里选中 🔍 "放大"按钮❷，在图
像上单击，即可放大显示图像，方便接下
来的操作❸，如图42-3所示。

图42-3 放大图像显示

（3）度量角度：右击工具箱中的"吸管工
具"，在弹出的列表中选择 🖊 "标尺工
具"❶，在照片中寻找相对于景物的水
平线，在水平线的一端单击并拖动移至
水平线的另一端释放鼠标，绘制出一条
直线❷，执行"图像"→"旋转画布"→
"任意角度"命令❸，如图42-4所示。

图42-4 度量倾斜的角度

提示：在使用了"标尺工具"后对照片进行"任意角度"
旋转时，系统会自动计算出图像需要旋转的角度。

(4) 旋转照片角度：在弹出的"旋转画布"对话框中，保持默认设置，单击"确定"按钮，调整照片的角度，如图42-5所示。

图42-5 旋转照片角度

(5) 查看水平线：单击界面顶部标题栏中的"缩放工具"❶，在属性栏中单击"适合屏幕"按钮❷，让图像缩放至适合的大小。按下快捷键Ctrl+R，显示标尺，在上方的标尺拉下一条参考线，可查看图像是否水平❸，如图42-6所示。

图42-6 拉出水平参考线

提示： 在"标尺"处拉出的参考线只是作为辅助看图的，并不是实际存在的线。若要删掉参考线，将该线移出图像即可。

(6) 裁剪照片：选择工具箱中的"裁剪工具"❶，在照片中框选需要保留的图像区域❷，按下键盘上的Enter键便可裁剪照片，如图42-7所示。

图42-7 裁剪照片

提示： 裁剪照片时，框选图像后四边会出现8个控制点，单击拖动控制点可以调整裁剪的大小。

(7) 完成操作：旋转倾斜角度并裁剪照片后，效果如图42-8所示，按下Ctrl+S键对图像进行保存。

图42-8 最终效果图

实例43 去除数码噪点

在光线比较弱的环境下拍摄的照片，往往会出现许多噪点，也就是在照片上出现大量的红、蓝、绿点。对于有噪点的照片，通过Photoshop CS4的"减少杂色"滤镜可以轻松地去除噪点。

下面来为"宝宝"照片消除噪点，并简单增亮照片，照片处理的前后对比，如图43-1所示。

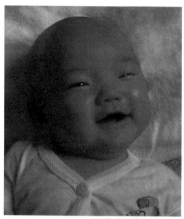

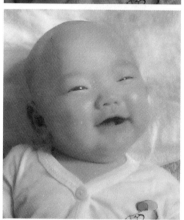

图43-1 去除噪点的前后对比

● 知识重点："曲线"命令、"减少杂色"滤镜、"减淡工具"
● 制作时间：8分钟
● 学习难度：★★

操作步骤

（1）打开素材照片：按下快捷键Ctrl+O，打开本书配套光盘提供的"去除噪点和偏色.jpg"素材照片，如图43-2所示。

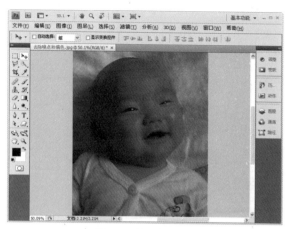

图43-2 打开素材照片

（2）增亮图像：执行"图像"→"调整"→"曲线"命令❶，在弹出的"曲线"对话框中单击并拖动曲线，获得一个控制点❷。设置参数"输入"为90、"输出"为160❸，设置完后单击"确定"按钮❹，使图像整体变亮，如图43-3所示。

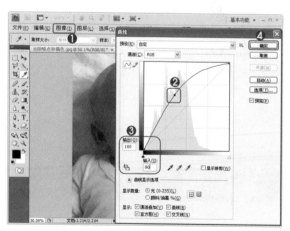

图43-3 增亮图像

提示： "曲线"命令，可以调节整体图像或者局部的明暗度和对比度，是十分常用的调节色彩的命令之一。

（3）减少照片杂色。执行"滤镜"→"杂色"→"减少杂色"滤镜，在弹出的"减少杂色"对话框中，单击"基本"选项❶，并设置下方的各个参数❷，去除照片的噪点，单击"确定"按钮❸，如图43-4所示。

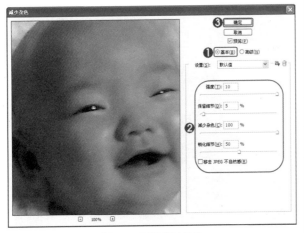

图43-4 减少照片杂色

提示： 在进行【减少杂色】参数设置时，要保证去除噪点和杂色的同时，也要保留照片需要的细节，可以通过对话框左侧的预览图来查看效果。单击预览图下方的-号，能缩小预览图，单击+号，能放大预览图，方便观看效果。

（4）增白"脸色"：选择工具箱中的"减淡工具"❶，在属性栏中设置一个柔和的画笔，"曝光度"为30%，不勾选"保护色调"❷，在人物的脸上单击涂抹，达到美白皮肤的效果❸，如图43-5所示。

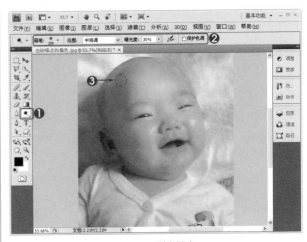

图43-5 增白脸色

提示： 通过"减淡工具"涂抹，可以将图像局部变亮。在这里不勾选"保护色调"选项，是为了在涂抹时，可以去除掉泛红的脸色。

（5）完成操作：这样就去除了照片的噪点，并增白了皮肤颜色，效果如图43-6所示。

图43-6 最终效果图

实例44 调节黑白照片的清晰度

旧的黑白照片会由于年代久远，图像变得模糊。通过使用Photoshop CS4的"USM锐化"滤镜，可以改善虚化模糊的照片，照片处理的前后对比，如图44-1所示。

图44-1 锐化照片的前后对比

●知识重点："USM锐化"滤镜、"进一步锐化"滤镜

●制作时间：5分钟

●学习难度：★

操作步骤

（1）打开照片：按下Ctrl+O键，打开本书配套光盘中的"调节黑白照片的清晰度.jpg"图像文件，如图44-2所示。

图44-2 打开照片

（2）选择命令：执行"滤镜"→"锐化"→"USM锐化"命令❶，即可弹出"USM锐化"对话框，如图44-3所示。

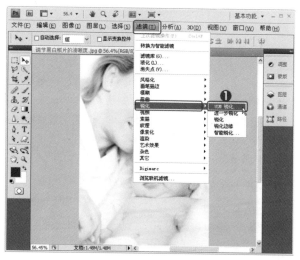

图44-3 选择命令

（3）设置"锐化"参数：在弹出的对话框中，设置"数量"为50%，"半径"为8.0像素，"阀值"为0色阶❶，使效果清晰。

设置好后单击"确定"按钮❷，如图44-4所示。

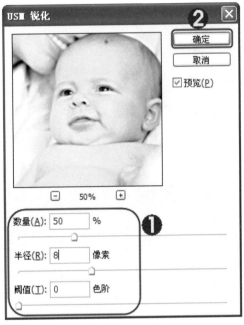

图44-4 设置锐化参数

图44-5 进一步锐化

提示：使用"USM 锐化"滤镜，Photoshop会自动查找图像中颜色发生显著变化的区域，并调整边缘细节的对比度，在边缘的每侧生成一条亮线和一条暗线，此过程将使边缘突出，造成图像更加锐化的视觉。

"USM 锐化"参数中，"数量"是设置锐化量，较大的值将会增强边缘像素之间的对比度，从而看起来更加锐利。"半径"是确定边缘像素周围受锐化影响的像素数量，半径值越大，受影响的边缘就越宽，锐化的效果也就越明显。"阈值"决定像素被视为边缘像素而被滤镜锐化时，它与周围区域必须有多大的区别，该值越低，锐化效果越强。

(4) 进一步锐化：执行"滤镜"→"锐化"→"进一步锐化"命令❶，让效果更为清晰，如图44-5所示。

(5) 完成操作：这样就完成了对照片的锐化处理，最终效果如图44-6所示。

图44-6 最终效果图

实例45 智能锐化照片

照片模糊虚化是拍摄中常见的事。在拍摄时对焦不准、在拍摄时焦点没有锁定、对焦距离过近超出了对焦范围，或低速快门时没有拿稳相机等，都会造成照片虚化。

通过使用Photoshop CS4的"智能锐化"滤镜，来改善边缘细节、阴影及高光锐化，将模糊的照片变得清晰，照片处理前后的对比，如图45-1所示。

图45-1 锐化照片的前后对比

● 知识重点："USM锐化"滤镜、"智能锐化"滤镜

● 制作时间：6分钟

● 学习难度：★★

操作步骤

（1）打开素材照片：按下Ctrl+O键，打开本书配套光盘提供的"智能锐化.jpg"素材照片，如图45-2所示。

图45-2 打开数码照片

（2）USM锐化：执行"滤镜"→"锐化"→"USM锐化"命令❶，在弹出的"USM锐化"对话框中，设置"数量"为50%，"半径"为10像素，"阀值"为0色阶❷，使效果清晰。设置好后单击"确定"按钮❸，如图45-3所示。

图45-3 设置"USM锐化"滤镜参数

（3）智能锐化：执行"滤镜"→"锐化"→"智能锐化"命令，在弹出的"智能锐化"对话框中，首先选中"高级"选项❶，在"锐化"选项卡中进行参数设置❷，如图45-4所示，让锐化效果更为细腻。

图45-4 使用"智能锐化"滤镜

提示： 相比较于标准的"USM锐化"滤镜，"智能锐化"用于改善边缘细节、阴影及高光锐化。

"移去"是设置用于对图像进行锐化的锐化算法，其中"高斯模糊"将检测图像中的边缘和细节，可对细节进行更精细的锐化，并减少了锐化光晕；"动感模糊"将减少由于相机或主体移动而导致的模糊效果。如果选取了"动感模糊"，就要进行"角度"控件的设置。

"更加准确"是花更长的时间处理文件，以便更精确地移去模糊。

使用"阴影"和"高光"选项卡可以调整较暗和较亮区域的锐化。

（4）设置"阴影"参数：在对话框中单击"阴影"选项卡，如图45-5所示进行参数设置❶。

图45-5 设置"阴影"参数

（5）设置"高光"参数：单击"高光"选项卡，按如图45-6所示进行参数设置❶，设置好后单击"确定"按钮❷。

图45-6 设置"高光"参数

（6）完成操作：这样就完成了对照片的锐化处理，最终效果如图45-7所示。

图45-7 最终效果图

实例46 通道锐化法锐化照片

在使用"锐化工具"、"USM锐化"等滤镜工具和命令来锐化照片时,其实都不是依靠图像的轮廓来锐化的,是靠识别像素间的反差来完成锐化的过程。当然,这样的锐化技术比较容易掌握,只有简单几步就可以实现。

在本实例中,将介绍真正能帮助我们准确查找到图像边缘进行照片锐化的方法——"通道锐化法"。这种方法的操作相对难一些,但效果较好。照片处理的前后对比,如图46-1所示。

图46-1 锐化照片的前后对比

● 知识重点:"照亮边缘"、"绘画涂抹"滤镜
● 制作时间:12分钟
● 学习难度:★★★

操作步骤

(1) 打开数码照片:按下Ctrl+O键,打开本书配套光盘提供的"通道锐化法锐化照片.jpg"素材照片,如图46-2所示。

图46-2 打开数码照片

(2) 查看通道信息:打开"通道"面板❶,查看各通道信息,发现"绿"通道的信息保留得最为丰富,因此将"绿"通道作为操作通道。拖动"绿"通道到 ▣ "创建新通道"按钮上❷,新建"绿 副本"通道,如图46-3所示。

图46-3 查看通道信息

(3) 设置"照亮边缘"参数：执行"滤镜"→"风格化"→"照亮边缘"命令，在弹出的"照亮边缘"对话框中，按如图46-4所示进行各参数的设置❶，最后单击"确定"按钮关闭对话框❷。

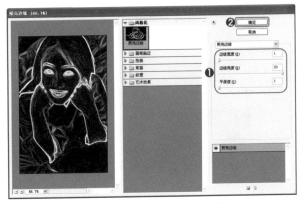

图46-4 设置"照亮边缘"参数

提示： "照亮边缘"滤镜可以描绘图像的轮廓，并向其添加类似"霓虹灯"的光亮。其中"边缘宽度"控制转换图像边缘的宽度；"边缘亮度"控制转换图像边缘的亮度；"光滑度"控制转换图像边缘的柔和性和光滑性。

(4) 设置"高斯模糊"参数：执行"滤镜"→"模糊"→"高斯模糊"命令，在弹出的"高斯模糊"对话框中，调整"半径"为0.8像素❶，单击"确定"按钮❷，如图46-5所示。

图46-5 设置"高斯模糊"参数

(5) 设置"色阶"参数：按下快捷键Ctrl+L，在弹出的"色阶"对话框中，设置输入色阶为8、1.00、120❶，单击"确定"按钮❷，让需要锐化的区域更为准确，如图46-6所示。

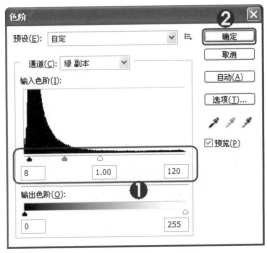

图46-6 设置"色阶"参数

(6) 将通道转为选区：拖动"绿副本"通道到"通道"面板下方的 "将通道作为选区载入"按钮上❶，将白色的区域选取，如图46-7所示。

图46-7 将通道转为选区

(7) 复制图层：保持选区的选取，单击打开"图层"面板❶，拖动"背景"图层至

"创建新图层"按钮上❷，新建了"背景 副本"层并保持通道的选区，如图46-8所示。

图46-8 复制图层

(8) 使用"绘画涂抹"滤镜：执行"滤镜"→"艺术效果"→"绘画涂抹"命令，在弹出的对话框中，设置"画笔大小"为1，"锐化程度"为6，让图像清晰❶，单击"确定"按钮关闭对话框❷，如图46-9所示。

图46-9 使用"绘画涂抹"滤镜

提示： "绘画涂抹"滤镜相当于使用画笔在图像上涂抹，"画笔大小"设置的越小，图像越清晰。"锐化度"越大，图像越清晰。

(9) 复制并调整图层：按下Ctrl+D键取消选区，拖动"背景 副本"图层到 "创建新图层"按钮上❶，新建"背景 副本2"图层。设置"背景 副本2"层的"混合模式"为"正片叠底"，"不透明度"为20%❷，如图46-10所示。

图46-10 复制并调整图层

(10) 完成操作：设置好后，完成了本实例使用通道锐化法锐化照片的操作，最终效果如图46-11所示。

图46-11 最终效果图

总结： 在实际运用中，有时很难判断用何种方法才是对图像最有效的清晰化方法，此时，可以先用前面学习的案例方法对图像进行处理，当达不到理想的效果时，可尝试本实例中的方法。

实例47 转换图像模式锐化照片

在本实例中，将介绍一种常用的转换图像模式锐化照片的方法。先将RGB颜色模式的图像转换为Lab颜色模式。因为该模式只有简单的灰度颜色通道，因此在进行锐化处理时，不会影响照片本身的色彩。在"通道"面板中选中"明度"通道，并对其使用"USM锐化"滤镜进行锐化处理。最后再将图像模式转换回RGB模式。这样做的好处是避免了在锐化后物体边缘出现的"色散"现象。照片处理的前后对比，如图47-1所示。

- 知识重点："Lab颜色"模式
- 制作时间：10分钟
- 学习难度：★★

操作步骤

（1）打开素材照片后，执行"图像"→"模式"→"Lab颜色"命令，将照片转换为Lab颜色模式。

（2）打开"通道"面板，选中"明度"通道。

（3）执行"滤镜"→"锐化"→"USM锐化"命令，在弹出的对话框中，设置"数量"为180，"半径"为5，"阈值"为30，锐化照片，单击"确定"按钮。

（4）选择"图像"→"模式"→"RGB颜色"命令，将照片转回RGB颜色模式，完成实例操作。

图47-1 锐化照片的前后对比

实例48 制作广角照片

碰到大型的景观，限于镜头的固有特性，往往无法将全景完整地拍下来。

其实，使用Photoshop CS4就能轻松地解决这个问题，可以说Photoshop CS4在修图方面是无所不能的。使用"photomerge"照片合并命令，将多张部分区域重叠的数码照片拼接成一个具有更宽阔视角的广角照片。

要拼接广角照片，首先用数码相机保持同一高度，沿着一个方向，使用同一焦距，顺序拍摄几张相片，相邻的相片要有15%～40%是重叠的。然后把这些相片放置在一个文件夹中，制作广角照片的前后对比，如图48-1所示。

图48-1 广角照片前后对比

- 知识重点：photomerge照片合并命令
- 制作时间：6分钟
- 学习难度：★

操作步骤

（1）打开Bridge：在Photoshop CS4中，单击标题栏中的▣Bridge按钮❶，打开Bridge，如图48-2所示。

图48-2 打开Bridge

提示：如果出现软件中没有▣Bridge按钮、这个按钮是灰色的、单击后没有任何反应或提示没有软件的现象，都可能是没有安装Bridge这个软件的原因，此时可以到网络上搜索一下看是否能找到该软件。完整的Adobe Photoshop CS4是附带Bridge软件的。

（2）选中图片：打开Bridge软件后，打开本书配套光盘中的"制作广角照片"素材文件夹❶，选中文件夹中的三张全景图的局部图片❷，如图48-3所示。

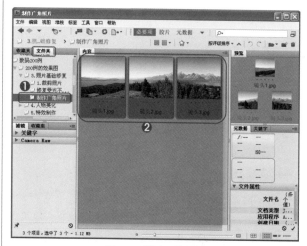

图48-3 选中三张图片

（3）执行照片合并命令：选中照片后，在Bridge中执行"工具"→Photoshop→ Photomerge（照片合并）命令，如图48-4所示。

图48-4 执行照片合并命令

（4）设置拼合选项：执行命令后，弹出了Photomerge对话框，设置"版面"为"自动"❶，勾选"混合图像"选项❷，单击"确定"按钮❸，如图48-5所示。

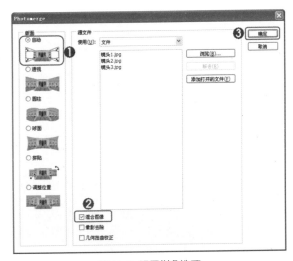

图48-5 设置拼合选项

提示：Photomerge（照片合并）命令能自动化实现重叠区域的自动化识别、分析、排列、特征点的捕捉、曝光差异的光滑过渡，从而建立无缝全景照片。

其中勾选"混合图像"选项，可以找出图像间的最佳边界并根据这些边界创建接缝，以使图像的颜色相匹配。关闭该选项时，只执行简单的矩形混合。

（5）生成拼合图像：系统自动返回到Photoshop

CS4中，经过一段时间的运算，生成了一个新文件，将三张照片自动拼合在一起，照片之间的色差也自动匹配好❶，并分别放置在不同的图层中❷，如图48-6所示。

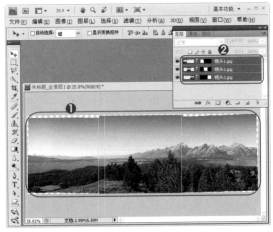

图48-6 生成拼合图像

（6）裁剪照片：选择 "裁剪工具"❶，在属性栏中可单击"隐藏"选项❷，在图像中拖出裁剪框，调整其边缘，使得最大程度地保留图像❸，如图48-7所示。调整好后，按下Enter键，完成裁剪。

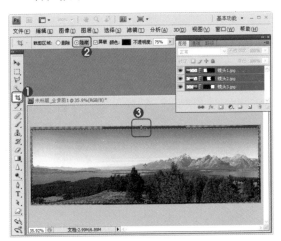

图48-7 裁剪照片

注意："裁剪工具"的属性栏中可以设定是要"隐藏"还是要"删除"被裁剪的区域。选择"隐藏"将裁剪区域保留在图像文件中，可以通过用"移动工具"移动图像来使隐藏区域可见。选择"删除"将扔掉裁剪区域。

（7）完成操作：最后按下Ctrl+S键将图像保存起来，命名为"制作广角照片-完成图.tif"，最后的效果如图48-8所示。

图48-8 广角照片效果图

实例49 修复照片镜头失真

在拍摄的过程中，常会遇到普通相机镜头变形、失真的情况，例如桶状变形、枕形失真、晕影、色彩失常等。"枕状变形"指图像向对角线往外弯，而"桶状变形"指向内弯的。一支变焦镜头，通常在广角端呈现桶状变形，而在望远端呈现枕状变形。

这些都可以通过Photoshop CS4的"镜头校正"滤镜轻松修正，呈枕状变形照片处理的前后对比，如图49-1所示。

图49-1 枕状变形照片处理的前后对比

● 知识重点："镜头校正"滤镜

● 制作时间：5分钟

● 学习难度：★

操作步骤

（1）打开一张呈枕状变形的照片，执行"滤镜"→"扭曲"→"镜头校正"命令，打开"镜头校正"对话框。

（2）在对话框中，设置"移去扭曲"为28，"晕影数量"为8，"垂直透视"为3，照片的"比例"调整为121%，单击"确定"按钮，完成照片失真的校正。

实例50　消除红眼

　　在使用闪光灯拍摄照片时，瞬间的强光照射，瞳孔来不及收缩，光线透过瞳孔投射到视网膜上，视网膜上的血管很丰富，拍出的照片"眼珠"是红的，即人们常说的"红眼"。

　　已经拍摄出了带有红眼现象的照片怎么办？现在通过Photoshop CS4中的"红眼工具"来消除"红眼"。照片处理的前后对比，如图50-1所示。

图50-1　去除"红眼"的前后对比

●知识重点："红眼工具"

●制作时间：1分钟

●学习难度：★

操作步骤

（1）打开素材照片后，选择工具栏中的 🔴 "红眼工具"，在属性栏中设置"瞳孔大小"为50%，"变暗量"为50%。

（2）设置好属性后，依次在"红眼"的位置上单击鼠标，即可消除"红眼"。

第4章 调整照片的光影和色彩

数码相机拍摄的照片，多半需要对照片的亮度、曝光度、色彩层次和校正颜色等方面进行处理。本章节将详细介绍利用Photoshop CS4中多个用于调整光影和色彩的命令，调整照片的曝光和色彩等问题，以及利用光影和色彩对照片进行美化，令照片达到令人满意的效果。

实例51 了解直方图

"直方图"是用图形的形式表示出图像中的每个亮度色阶处的像素数目。色阶图真实地反映出了图像中所有颜色值的色素分布，是评价图像"层次"（色阶）最客观的工具，便于我们确定在何处进行改进。

下面以一个例子来介绍"直方图"的查看方法和作用，本实例的景物图像和"直方图"，如图51-1所示。

图51-1 图像和直方图

● 知识重点："直方图"的含义和作用

● 制作时间：8分钟

● 学习难度：★★

操作步骤

（1）打开素材照片：按下Ctrl+O键，打开本书配套光盘提供的"了解直方图.jpg"素材照片。执行"窗口"→"直方图"命令❶，

打开"直方图"面板，查看该图像的直方图❷，如图51-2所示。

图51-2 打开"直方图"面板

（2）了解"直方图"数据：如果当前的图像是RGB、CMYK或者Indexed Color模式图像，则可以在"通道"下拉列表中选择各个通道，从而了解它们的强度值。选择RGB通道，则查看图像所有通道的色阶，如图51-3所示。

图51-3 了解"直方图"数据

（3）选择视图：现在的直方图是"扩展视图"的，单击面板右上角的 ▾≡ "扩展"按钮，选择"紧凑视图"命令，如图51-4所示。

图51-4 扩展视图

（4）查看直方图：直方图的横轴代表从黑色（暗部）到白色（亮度）的色阶变化，其范围在0（黑色）～255（白色）之间。而直方图的纵轴就表示相应部分所占画面的面积，峰值越高说明该明暗值的像素越多，如图51-5所示。一幅比较好的图应该明暗细节都有，在直方图上就是从左到右都有分布，同时直方图的两侧是不会有像素溢出的。

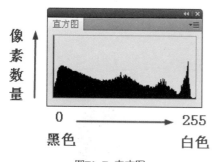

图51-5 直方图

提示： "直方图"命令只是提供观测图像内容的工具，而不能进行某项色彩校正工作，通过直方图提供的图像数据，进行相应的色彩校正才是它的意义所在。下面用几个例子的说明一下直方图。

（5）暗调部分较多的低色调图像：图像的像素多分布在直方图的左半部分，高光区域的

像素很少，表示照片曝光不足，图像整体偏暗，如图51-6所示。

图51-6 低色调图像

提示： 图像整体偏暗的图像，若需要将其调亮，可以按下Ctrl+L键，打开"色阶"对话框，将"输入色阶"下面中间的滑块向右移动即可将图像调亮。

（6）高光部分层次较丰富的高色调图像：图像的像素多分布在直方图的右半部分，暗调区域的像素很少，表示照片曝光过度，图像整体偏亮，如图51-7所示。

图51-7 高色调图像

提示： 图像整体偏亮的图像，若需要将其调暗，可以按下Ctrl+M键，打开"曲线"对话框，将曲线稍稍向下移动即可以将图像调暗。

(7) 反差较大、对比度较强的图像：在直方图中，图像的高光部分和暗调部分有许多像素，左右两端继续向外延续，表示图像色调反差较大，对比度较强，如图51-8所示。

(8) 反差较小、对比度较小的图像：在直方图中，图像的高光部分和暗调部分很少有像素分布，像素分布像一簇小山堆在一起，表示图像的色调反差小，对比度较小，如图51-9所示。

图51-8 色调反差过大的图像

图51-9 色调反差过小的图像

提示： 对比过于强烈的图像，若需要降低图像的对比度，执行"图像"→"调整"→"亮度/对比度"命令，打开"亮度/对比度"对话框，将调节对比度的滑块稍稍左移，就可以降低图像对比度。

提示： 反差太小的图像，若需增大对比度，可以在"亮度/对比度"对话框中，将调节对比度的滑块稍稍右移，就可以增大图像对比度。

实例52　修复受光不均的照片

本实例中的照片属于侧逆光，靠窗外的一侧亮度合适，但背光面却比较阴暗，使用Photoshop的"阴影/高光"命令，可以快速解决数码照片受光不均匀等欠曝问题。照片处理前后的对比，如图52-1所示。

图52-1 照片处理前后的对比

● 知识重点："阴影/高光"命令、"图层"的概念

● 制作时间：5分钟

● 学习难度：★

操作步骤

（1）打开素材照片：按下Ctrl+O键，打开本书配套光盘提供的"修复受光不均照片.jpg"素材照片。单击展开"图层"面板，拖动"背景"图层到 ◻ "创建新图层"按钮上，这样就新建了"背景 副本"层，如图52-2所示。

图52-2 打开照片并复制图层

提示： 首先复制了一个背景的副本图层，接下来的操作是在副本图层进行的，在副本图层做的任何操作，都不会影响到原图层。这样，如果在副本图层操作错误时，可以再复制原图层重新进行操作。

（2）调整阴影：保持"背景 副本"层为当前的图层❶，执行"图像"→"调整"→"阴影/高光"命令❷，在弹出的"阴影/高光"对话框中，将"阴影"数量调整为80%❸，使暗部亮度正常。单击"确定"按钮❹，如图52-3所示。

图52-3 使用"阴影/高光"命令调整

提示： 执行"阴影/高光"命令，Photoshop会自动分析照片高光区域与暗部区域的情况。通过照片可以看到，照片的高光部分曝光正常，因此只调节暗部即可。调整的数值，可以根据具体的情况来决定。

（3）保存文件：按下Ctrl+S键，对文件进行保存。该文件包含了两个图层，因此系统弹出"存储为"对话框，在"保存在"下拉列表中找到要保存文件的路径❶，"文件名"保持默认的"修复受光不均照片"，"格式"为PSD❷，单击"保存"按钮完成保存❸，如图52-4所示。

图52-4 保存文件

(4) 完成操作：这样就完成了对图像暗部的调整，并进行了保存，效果如图52-5所示。

图52-5 最终效果图

实例53 历史记录画笔工具——修复逆光照片

由于相机镜头与人眼的分辨率差别比较大，所以我们经常会遇到在日常生活中进行拍照时，往往眼中看到的主体足够明亮，但拍出来的照片却严重欠曝的问题。照片要么主体光亮度合适，背景却过曝一片白；要么背景曝光正常，主体却黑乎乎一片，面对这样的照片怎么办呢？

在Photoshop CS4中，除了使用"阴影/高光"的方法来调整逆光照片外，下面来介绍使用"历史记录画笔工具"对照片进行局部修复，同样可以校正逆光的照片。照片处理的前后对比，如图53-1所示。

图53-1 照片处理前后的对比

- 知识重点："色阶"命令、"历史记录画笔工具"
- 制作时间：6分钟
- 学习难度：★★

操作步骤

（1）选择"色阶"命令：打开本书配套光盘提供的"修复逆光照片.jpg"素材照片。执行"图像"→"调整"→"色阶"命令（快捷键为Ctrl+L）❶，如图53-2所示。

图53-2 选择"色阶"命令

提示： 在"图像"→"调整"菜单中调出的命令，不会自动新增一个调整图层，而是在原来的图层中进行调整。

（2）调整色阶参数：在弹出的"色阶"对话框中，向左拖动中间的滑块，增加照片的整体亮度❶，单击"确定"按钮❷，如图53-3所示。

图53-3 调整色阶参数

提示： 调整了"色阶"命令，将照片整体都调亮了，背景也增亮了，但这不要紧，在后面会纠正它。

（3）查看历史记录：选择"窗口"→"历史记录"命令，调出"历史记录"面板，可以看到现在有两个历史记录，如图53-4所示。

图53-4 查看"历史记录"面板

(4) 返回打开状态：在"历史面板"中，单击"打开"状态，将图像恢复到原来的打开状态❶。单击"色阶"状态前面的方框，显示了"历史记录画笔"图标❷，说明将用色阶调整后的状态绘图，如图53-5所示。

图53-6 恢复脸部亮度

图53-5 返回打开状态

(5) 恢复脸部亮度：在工具箱中单击 "历史记录画笔工具" ❶，在属性栏中设置"不透明度"、"画笔大小"等参数❷，在人物上涂抹，会发现实际上是用之前调整色阶后的效果增亮绘图❸，如图53-6所示。

(6) 完成操作：继续涂抹，将人物提亮，而背景则保持原来的亮度。这样就完成了对逆光照片的局部修复，最后效果如图53-7所示。

图53-7 最终效果图

实例 54 "正片叠底"图层混合模式——修复曝光过度照片

曝光不足会让照片显得过暗，而不能完好地表现主体图像。但是曝光过度，也会让照片主体缺乏层次。拍摄的照片曝光过度一般是因为使用闪光灯距离不对，或者周围环境过亮造成的。

使用Photoshop CS4的"正片叠底"图层混合模式，可以用来恢复被闪光所冲淡图像的原始信息，以此来校正曝光过度的现象。照片处理前后的对比，如图54-1所示。

图54-1 照片处理前后的对比

- 知识重点："正片叠底"图层混合模式
- 制作时间：6分钟
- 学习难度：★

操作步骤

（1）打开照片：打开本书配套光盘提供的"修复曝光过度照片.jpg"素材照片。可以看到照片曝光过度，人物显得太亮了，如图54-2所示。

图54-2 打开照片

（2）复制图层：单击"图层"面板❶，拖动"背景"图层到 🔲 "创建新图层"按钮上❷，新建"背景 副本"层，如图54-3所示。

图54-3 复制图层

（3）设置图层属性：选中"背景 副本"层为当前图层，在"图层"面板中将图层混合模式从"正常"改为"正片叠底"，"不透明度"为50%，"填充"为60%❶，如图54-4所示。

图54-4 设置图层混合模式

说明：使用"正片叠底"图层混合模式时，Photoshop会自动查看每个通道中的颜色信息，并将基色与混合色复合，结果色总是较暗的颜色。

简单地说，"正片叠底"用于减少亮度。与"正片叠底"有相反作用的是"滤色"图层模式，它用于提高亮度。

（4）重复操作：拖动"背景 副本"层至"创建新图层"按钮，创建"背景 副本2"图层，得到的新图层的混合模式与"背景 副本"保持一致。在此可重复进行此操作❶，以达到满意的效果，效果如图54-5所示。

图54-5 重复操作

提示： "正片叠底"图层的"不透明度"和"填充"没有设置为100%，这样图像就不会由于一次性叠加的颜色过于深而缺乏层次感。使用多次的"正片叠底"，让颜色均匀加深。

（5）完成操作：这样就完成了曝光过度照片的修复，如图54-6所示。

图54-6 最终效果图

实例55 调整照片曝光度

数码相机操作傻瓜化，一按即拍，为日常记录生活片段提供了方便快捷的方式。在拍摄时，若周围光线不均，或者不留意相机的设置，容易导致拍出来的照片曝光不足。

在Photoshop CS4中有专门调整曝光度的命令，可以轻松地将曝光度调整到恰当的效果，照片处理前后的对比，如图55-1所示。

图55-1 照片处理前后的对比

● 知识重点："曝光度"滤镜

● 制作时间：3分钟

● 学习难度：★

操作步骤

（1）打开素材照片后，单击"调整"面板中的 ↗ "曝光度"按钮，跳转到"曝光度"面板。

（2）设置"曝光度"为+1.79，"位移"为0，"灰度系数"为1.2，完成调整照片曝光度。

实例56 消除人物"黑脸"

　　外出旅游，常常由于光线的原因，拍摄的照片，人物要么过亮、要么过暗。下面通过"减淡工具"来将一张局部逆光的照片进行修复，去除局部"黑脸"的现象，照片处理前后对比，如图56-1所示。

● 知识重点："减淡工具"
● 制作时间：3分钟
● 学习难度：★

操作步骤

（1）打开人物照片后，选择工具箱中的 ⚲ "减淡工具"，设置一个柔和的笔夹，"曝光度"为20%，不勾选"保护色调"复选框。

（2）设置好参数后，开始在人物脸部黑暗的地方涂抹，即可增亮脸部。注意要避开眼睛、眉毛，以免将五官涂抹得太白。

图56-1 照片处理前后的对比

实例57 曲线——调整常见的偏色问题

　　使用数码相机拍摄时，照片偏色是最常见的问题。除了有拍摄光线角度的问题外，还可能是数码照相机对图像内的颜色进行转换的原因（一般为红色转换或为蓝色转换）。因此，建议家庭用户尽量购买专业厂商生产的数码相机，并在购买前试拍一下，仔细看看偏色现象严不严重。

　　使用Photoshop CS4中的"曲线"命令可快速调整照片偏色、亮度等问题，照片处理前后对比如图57-1所示。

图57-1 照片处理前后的对比

● 知识重点："曲线"命令、"调整图层"

● 制作时间：6分钟

● 学习难度：★★

操作步骤

（1）选择"曲线"命令：按下Ctrl+O键，打开本书配套光盘提供的"调整照片偏色.jpg"素材照片。在"调整"面板中❶，单击"曲线"按钮❷，选择"曲线"命令，如图57-2所示。

图57-2 选择"曲线"命令

提示： "调整"面板是Photoshop CS4中新增的面板，在该面板中选择命令对图像进行调整，会产生一个新的"调整"图层，而不是直接更改原图像，这是一种非破坏性的编辑。

（2）增亮图像：跳转到"曲线"面板，在默认的RGB通道中❶，在斜线上单击并向上拖动形成曲线❷，调亮图像，参数值参考输出值和输入值❸，如图57-3所示。

图57-3 增亮图像

提示： 默认的情况下，"调整"面板底部的第三个图标呈 ，表示调整效果是作用于该图层下的所有图层。若再次单击呈 ，表示调整效果只应用于下一个图层。

（3）降低红色：选择"红"色通道❶，在斜线上单击，添加一个控制点并向下拖动形成曲线❷，降低图像的红色，参数值参考输出值和输入值❸，如图57-4所示。

图57-4 调整"红"色通道

（4）降低蓝色：选择"蓝"色通道❶，在斜线
上单击，添加一个控制点并向下拖动形成
曲线❷，降低图像的蓝色，参数值参考输
出值和输入值❸，如图57-5所示。

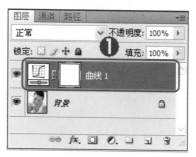

图57-6 调整图层

图57-5 调整"蓝"色通道

（5）新增图层：展开"图层"面板，可看到自
动产生一个新的"曲线1"调整图层❶。
"曲线"命令的参数调整是在"曲线1"图
层进行的，如果对参数不满意，可在该图
层中重新调整，而不会影响到原来的"背
景"图层，如图57-6所示。

（6）完成操作：这样完成了偏色照片的调整，
如图57-7所示。最后将照片另存为TIFF或
PSD格式即可。

图57-7 最终效果图

实例58 增强照片饱和度

如果照片的对比度不够，会使照片看起来
像被蒙了一层灰，不能把景物的美丽颜色清晰
地展现出来，为了弥补这一缺陷，可以使用
Photoshop CS4的"色相/饱和度"和"亮度/对比
度"命令来进行修正。照片处理前后的对比，如
图58-1所示。

图58-1 照片处理前后的对比

● 知识重点："色相/饱和度"、"亮度/对比度"命令

● 制作时间：8分钟

● 学习难度：★★

操作步骤

（1）打开照片：按Ctrl+O键，打开本书配套光盘提供的"增强照片饱和度.jpg"图像文件。在"调整"面板中❶，单击▤"色相/饱和度"按钮❷，如图58-2所示。

图58-2 打开照片

（2）增强图像饱和度：随后跳转到"色相/饱和度"面板，在其中设置"色相"为8、"饱和度"为60❶，增强图像的鲜艳色彩，并

单击 ◁ "返回到调整列表"按钮❷，如图58-3所示。

图58-3 增强图像饱和度

（3）选择命令：返回到"调整"面板中，单击※"亮度/对比度"按钮❶，如图58-4所示。

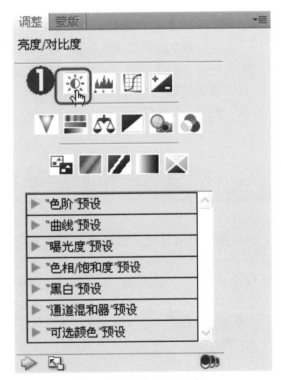

图58-4 选择"亮度/对比度"

（4）调整对比度：在"亮度/对比度"面板中，

设置"亮度"为30，"对比度"为20❶，如图58-5所示。

（5）完成操作：这样就完成了色彩偏灰照片的调整，最终效果如图58-6所示。

图58-5　调整对比度

图58-6　最终效果图

实例59　色阶——使照片颜色绚丽

在Photoshop CS4中使用"色阶"命令，可通过调整各个频段颜色的参数，对不满意的照片颜色进行修正，还原照片本色，突出层次感。照片处理前后的效果对比，如图59-1所示。

图59-1　照片处理前后的对比

- ●知识重点："色阶"命令、"自然饱和度"命令
- ●制作时间：8分钟
- ●学习难度：★★

操作步骤

(1) 选择"色阶"命令：按下Ctrl+O键，打开本书配套光盘中的"照片颜色绚丽.jpg"图像文件，在"调整"面板中❶，单击 🎚 "色阶"按钮❷，如图59-2所示。

图59-2 选择"色阶"命令

(2) 设置RGB通道参数：跳转到"色阶"面板，通道默认为"RGB"❶，拖动滑块来调节亮度，具体参数为0、1.80、230❷。在"图层"面板中会自动增加一个"色阶1"调整图层❸，如图59-3所示。

图59-3 设置RGB通道参数

说明： "色阶"对话框可以校正图像的色调范围和色彩平衡。在直方图下方有3个滑块，分别可以调整暗调、中间调和亮调。要手动调整阴影和高光，可分别调整左右两端的黑色和白色滑块。要调整中间调，可拖动中间的滑块来调整灰度系数。向左移动中间的滑块可使整个图像变亮，向右移动中向的滑块则整个图像变暗。

(3) 设置其他通道的参数：选择"红"通道❶，向右拖动中间的滑块，使参数设置为0、0.83、255，降低图片中红色的亮度❷。接着，选择"蓝"通道❸，设置输入色阶为0、1.13、255，增强图片中蓝色的亮度❹。最后单击 ◁ "返回到调整列表"按钮❺，如图59-4所示。

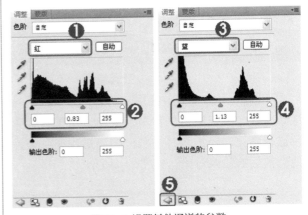

图59-4 设置其他通道的参数

说明： 设置RGB通道参数，对图像整体色彩进行调整。而此时的图片中红色较多，而蓝色不够，因此需要对"红"和"蓝"通道进行设置。

（4）选择自然饱和度命令：在"调整"面板中，单击 ▽ "自然饱和度"按钮，如图59-5所示。

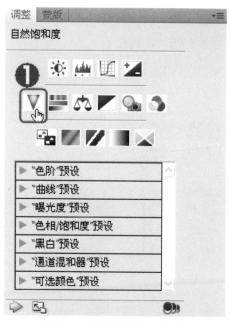

图59-5　选择自然饱和度命令

（5）调整饱和度：在"自然饱和度"面板中，设置"自然饱和度"为100❶，让色彩更加饱满绚丽。在"图层"面板中会自动增加一个"自然饱和度 1"调整图层❷，如图59-6所示。

图59-6　调整饱和度

提示： "自然饱和度"命令是Photoshop CS4新增的工具，对比"饱和度"选项，"自然饱和度"能在快速使图像的颜色加深（或减弱）的同时，防止颜色过度饱和而显得不自然，能保持颜色的本真色彩。

（6）完成操作：这样就完成了照片色彩的调整，使照片颜色绚丽，最后效果如图59-7所示。

图59-7　最终效果图

实例60　设置黑白灰场——专业校正照片颜色

拍摄完美颜色的照片是数码相机很难做到的，不同品牌的相机可能有不同的色偏现象，不是偏红就是偏绿或偏紫等。

下图的照片是一张偏蓝色很严重的照片，照片的信息丢失很严重，调整成自然的颜色似乎回天乏力。在这种情况下该怎么办呢？

其实使用"曲线"命令，设置白场、黑场和灰场来调整颜色，就能矫正照片的颜色，让照片恢复自然的色彩。照片处理前后的对比，如图60-1所示。

图60-1 照片处理前后的对比

- 知识重点："曲线"命令的黑、白、灰场、"阈值"命令
- 制作时间：12分钟
- 学习难度：★★

操作步骤

（1）打开照片：按下Ctrl+O键，打开本书配套光盘提供的"专业校正颜色.jpg"素材照片，如图60-2所示。

图60-2 打开照片

（2）了解"曲线"面板：在进行操作之前，先来了解"曲线"面板中类似✐"吸管工具"的按钮，它们分别用于设置黑场、灰场和白场，用于校正图像的颜色，如图60-3所示。

使用方法是：单击按钮，并在图中选取对应的颜色。例如，要设置黑场，需要在照片中单击最黑处。但有时不能肯定哪一点才是照片中的最黑处（或最白处），下面介绍一种方法可以精确地确定照片中的最黑处（或最白处）。

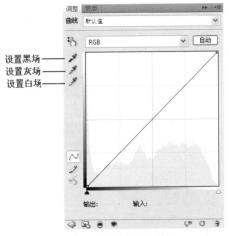

图60-3 了解"曲线"面板

（3）选择阈值命令：单击"调整"面板中的✐"阈值"按钮❶，使用阈值可以标识高光和阴影，如图60-4所示。

图60-4 选择"阈值"命令

说明："阈值"命令是将灰度或彩色图像转换为高对比度的黑白图像。该命令对确定图像的最亮区域和最暗区域很有用。

（4）显示最黑区域：弹出"阈值"面板后，向左拖动中间的滑块，照片呈现一片白色，再逐渐向右拖动，最先显露出来的就是照片的最黑区域❶。同时，在"图层"面板增加一个"阈值1"调整图层❷，如图60-5所示。

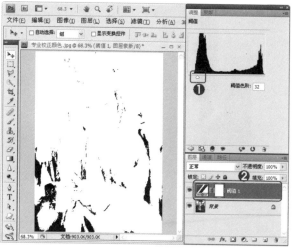

图60-5 显示最黑区域

（5）拾取最黑区域：单击 🖊 "颜色取样器工具"❶，在照片的最黑处单击一下，拾取了照片中的最黑处❷，如图60-6所示。

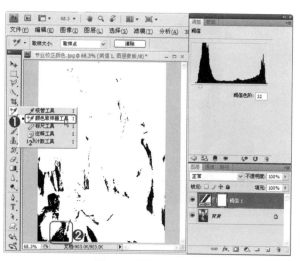

图60-6 拾取最黑区域

（6）拾取最白区域：在"阈值"面板中，向右拖动中间的滑块，照片呈现一片黑色，再逐渐向左拖动。最先显露出来的就是照片最白的区域❶，使用"颜色取样器工具"在照片的白处单击一下，拾取了照片中的最白点❷，如图60-7所示。

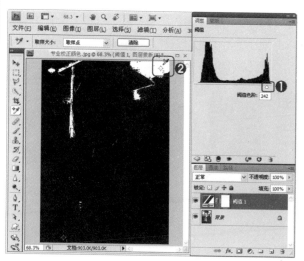

图60-7 拾取最白区域

（7）删除"阈值"图层：图像中的最黑处和最白处都确定下来了。现在"阈值1"图层已经没有作用了，可以将其拖到 🗑 "删除图层"按钮上，将其删除，如图60-8所示。

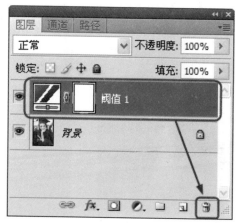

图60-8 删除"阈值"图层

(8) 查看拾取点：照片返回到"正常"模式，并保留了刚才所拾取的两个点❶❷。接着，在"调整"面板中单击 ∠ "曲线"按钮❸，如图60-9所示。

图60-9 查看拾取点

(9) 拾取黑场颜色：弹出"曲线"面板，单击 ∠ "黑场"按钮❶，并在照片中单击刚才定义的黑场的点❷，暗调区域就会重新赋予新的暗调颜色，校正暗调，如图60-10所示。

图60-10 拾取黑场颜色

(10) 拾取白场颜色：在"曲线"面板中单击"白场"按钮❶，在照片中单击白场的点❷，校正高光颜色，如图60-11所示。

图60-11 拾取白场颜色

(11) 拾取灰场颜色：单击 ∠ "灰场"按钮❶，在照片中单击最灰色的点，在人物"额头"左上方处单击❷，能达到良好的效果，如图60-12所示。

图60-12 拾取灰场颜色

提示： 矫正灰色色调，根据选取的点不同，所产生的差别可能很小，也可能很大，此时要进行多次的尝试，尽量选择中灰颜色的点，以达到满意的效果。

（12）完成效果：这样就完成了颜色的调整，将文件另存为TIFF格式，最终的效果如图60-13所示。

图60-13 最终效果图

实例61 色彩平衡——秋天变夏天

如果照片的色彩总体偏色时，可以使用"色彩平衡"命令，对图像颜色进行整体地调整。下面用一张色调偏黄的照片，对其色调进行调整，修改成一张绿意葱葱的美景，照片处理前后的对比，如图61-1所示。

图61-1 照片处理前后的对比

● 知识重点："色彩平衡"命令

● 制作时间：2分钟

● 学习难度：★

操作步骤

（1）打开素材照片后，在"调整"面板中，单击 ⚖ "色彩平衡"按钮，跳转到"色彩平衡"面板。

（2）在"色彩平衡"面板中，单击"中间调"，并拖动滑块调整色彩，色阶参数依次是 −80、+42、+68，让景色显得春意盎然。

实例62 替换颜色——花朵颜色随意变

Photoshop CS4中有很多小工具可以帮助我们轻松地制作图像的特效，"替换颜色"就是其中的一个，利用它可以实现局部换色。

下面将照片中淡红色的花朵，替换成紫色。照片处理前后的对比，如图62-1所示。

图62-1 照片处理前后的对比

● 知识重点："替换颜色"命令

● 制作时间：3分钟

● 学习难度：★

操作步骤

（1）打开"花朵"照片，执行"图像"→"调整"→"替换颜色"命令，打开"替换颜色"对话框，设置"颜色容差"为170，并在预览图中的"花朵"上单击，将"花朵"全选中，选中的范围呈白色显示。

（2）在对话框下方的"替换"选项区中，调整颜色为紫色，参数分别为−69、+21、−10，单击"确定"按钮，完成颜色的替换。

实例63 渐变工具——制作绚丽风景

色彩是一种很能表达出美感的东西，也能够将平淡的风景变得绚丽多彩。下面利用"渐变工具"，为照片上色，渲染出一种诗情画意的意境，照片处理前后的对比，如图63-1所示。

图63-1 照片处理前后的对比

操作流程图,如图63-2所示。

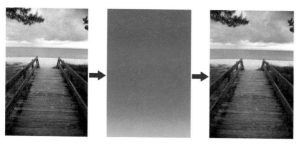

图63-2 操作流程图

● 知识重点:"颜色"图层混合模式、"渐变工具"

● 制作时间:10分钟

● 学习难度:★★

操作步骤

(1)新建图层:打开本书配套光盘提供的"风景.jpg"图像文件。在"图层"面板中,单击底部的 ▣ "创建新图层"按钮❶,新建"图层1",并将其图层"混合模式"修改为"颜色"❷,如图63-3所示。接下来的操作是在该图层中进行的。

图63-3 新建图层

提示: "颜色"图层混合模式是将上面图层的色彩、饱和度作用于下面图层,而下面图层的亮度不会改变。该模式常用于对黑白或不饱和的图像上色。

(2)选择"渐变工具":单击工具箱中的 ▣ "渐变工具"❶,在属性栏中单击"渐变预览框"❷,如图63-4所示。

图63-4 选择"渐变工具"

(3)设置渐变色:弹出"渐变编辑器"对话框,选择"前景色到背景色渐变"预设选项❶,并在下方选中左侧的色标❷,在"颜色"栏中单击色块,设置颜色为紫红色(R:202、G:85、B:209)❸,再用同样的方法设置右侧的色标为绿色(R:163、G:201、B:33)❹,如图63-5所示。

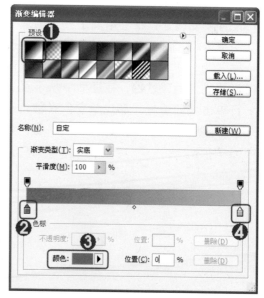

图63-5 设置渐变色

(4) 设置中间色标：在渐变条的中央单击，添加了一个色标❶，设置"颜色"为橘红色（R：255、G：66、B：10），"位置"为55%❷。设置完后单击"新建"按钮可以把渐变条保存到预设栏中❸，最后单击"确定"按钮❹，如图63-6所示。

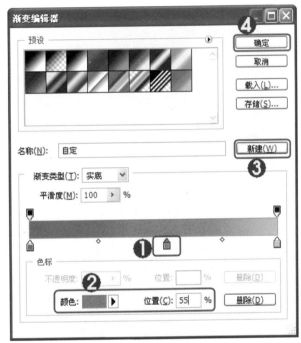

图63-6 设置中间色标

(5) 设置渐变属性：在"渐变工具"的属性栏中单击 "线性渐变"按钮❶，"不透明度"为100%，勾选"反向"复选框，并设置其他的属性❷，在画面中从下至上进行单击拖动填充，形成渐变色彩❸，设置"图层1"的"不透明度"为65%❹，如图63-7所示。

图63-7 设置渐变属性

(6) 完成操作：这样就完成了绚丽风景的制作，效果如图63-8所示。

图63-8 最终效果图

实例64 "颜色"图层混合模式——轻松为人物上色

为黑白照片中的人物上色，能让照片亮丽如新，下面使用"颜色"图层混合模式，轻松为人物上色，照片处理前后的对比，如图64-1所示。

图64-1 照片处理前后的对比

操作流程图，如图64-2所示。

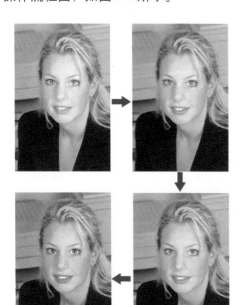

图64-2 操作流程图

● 知识重点："颜色"图层混合模式、"画笔工具"、"涂抹工具"

● 制作时间：12分钟

● 学习难度：★★

操作步骤

（1）新建图层：打开本书配套光盘提供的"为人物上色.jpg"素材照片。单击"图层"面板底部的 ⬚ "创建新图层"按钮❶，创建"图层1"，并设置图层混合模式为"颜色"❷，在"颜色"面板中设置"前景色"为粉红色（R：241、G：178、B：174）❸，如图64-3所示。

图64-3 新建图层

提示： 若工作界面没有显示"颜色"面板，可以执行"窗口"→"颜色"命令，调出"颜色"面板。

（2）保存颜色：打开"色板"面板，将光标移动到色块的空白处，光标呈现出"油漆桶"的图标，单击即可将前景色（粉红色）保存到"色板"中，这样方便随时拾取颜色，如图64-4所示。

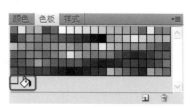

图64-4 保存颜色

(3) 为"皮肤"上色：单击 "画笔工具" ❶，在属性栏中设置一个柔和的画笔，"不透明度"为80%❷，在人物的"脸部"和"颈部"涂抹，为皮肤上色❸，如图64-5所示。

图64-5 为皮肤上色

(4) 为"头发"上色：设置前景色为褐色（R：197、G：164、B：137）❶，保存到"色板"中，并为人物的"头发"上色❷，如图64-6所示。

图64-6 为头发上色

(5) 继续上色：用同样的方法，为其他部位上色。其中"衣服"为深蓝色（R：94、G：88、B：148），"嘴唇"为红色（R：

223、G：123、B：133），"眼睛"为淡蓝色（R：181、G：170、B：198），"牙齿"和"眼白"为淡白色（R：249、G：229、B：238）❶，为人物上色后，单击"图层"面板底部的 "调整图层"按钮❷，选择"自然饱和度"命令❸，如图64-7所示。

图64-7 为人物照片上色

(6) 增加饱和度：在弹出的"自然饱和度"面板中，设置"自然饱和度"为+100❶，增强了照片的色彩，如图64-8所示。

图64-8 增加饱和度

（7）涂抹脸部：选中"背景"图层❶，单击 "涂抹工具"❷，在工具栏中设置参数❸，并在人物的脸上涂抹，让脸色均匀光滑❹，如图64-9所示。

图64-9 涂抹脸部

提示："涂抹工具"可以将颜色抹开，让过渡颜色柔和，有时也会用在修复图像的操作中。

（8）完成操作：这样就完成了为人物上色，效果如图64-10所示。

图64-10 最终效果图

实例65 复制通道——打造唯美冷色调

当下流行的冷色调风格照片，除了能体现"至酷"的风格外，还可以体现一种唯美的意境风格。例如，将平常绿色的"草地"，调整成青蓝的冷色调。同时，人物的皮肤从黄色调整成嫩红色，让整个画面呈现唯美、宁静、雅致的意境。照片处理前后的对比，如图65-1所示。

图65-1 照片处理前后的对比

● 知识重点："通道"的复制

● 制作时间：2分钟

● 学习难度：★

操作步骤

（1）打开人物照片后，打开"通道"面板，选择"绿"通道，按下Ctrl+A键全选，再按下Ctrl+C进行复制

（2）选择"蓝"通道，按下Ctrl+V键进行粘贴，将"绿"通道的图像复制到"蓝"通道中。

（3）单击选择"RGB"通道，即可呈现唯美的"冷色调"效果。

实例66 蒙版图层——打造至酷冷调

时下流行的时尚杂志中的人物照片，很多喜欢使用冷调的色彩，呈现一种冷静、超酷的质感。其实，使用Photoshop CS4的后期处理，就能轻松地制作出这种效果。

本实例将一张整体色彩呈黄色调，打造成"至酷"的冷调，将冷调流行风进行到底。照片处理前后对比，如图66-1所示。

图66-1 照片处理前后的对比

● 知识重点："创建新的填充或调整图层"命令、"蒙版"的作用

● 制作时间：10分钟

● 学习难度：★★

操作步骤

（1）打开人物照片后，单击"图层"面板底部的 ◑ "创建新的填充或调整图层"的按钮，在弹出的菜单中选择"纯色"选项。

（2）在弹出的对话框中，设置一个灰蓝的冷色调（R：110、G：138、B：166），这样就新建了一个蒙版图层，同时填充为灰蓝色。

（3）将纯色图层的混合模式设置为"颜色"，即可将灰蓝着色于人物照片上。

（4）将前景色设置为黑色，使用 ✐ "画笔工具"，选择一种柔和的笔触，"不透明度"为20%，在蒙版中，涂刷人物，还原人物的一些颜色。完成实例的制作。

实例67 色彩范围——模拟曝光过度

本实例通过使用Photoshop CS4的"色彩范围"命令结合"色阶"调整图层，使照片模拟相机拍摄时强曝光的效果，有时会让照片得到一种另类的个性效果。照片处理的前后对比，如图67-1所示。

图67-1 照片处理前后的对比

● 知识重点："色彩范围"、"色阶"命令

● 制作时间：10分钟

● 学习难度：★★

操作步骤

（1）打开人物照片后，执行"选择"→"色彩范围"命令，设置"颜色容差"为120，在人物面部位置单击，呈白色显示。

（2）得到调整选区后，添加色阶调整图层"色阶1"，设置"色阶"值为0、2.35、255，增亮面部选区图像。

（3）按住"Ctrl"键不放，单击"色阶1"的蒙版缩略图，得到原选区，并羽化为5像素。

（4）再次添加"色阶"调整图层"色阶2"，设置色阶值为0、1.83、255，将图像再次调亮。

（5）使用 ✎ "画笔工具"，用黑色的画笔在"色阶2"的蒙版图层中涂抹，擦除照片中不需要的亮部，增强照片的层次感，完成实例。

实例68　风云变色

在设计作品中，常常要利用色彩来营造气氛，本实例利用"色相/饱和度"命令，将一张普通的"城堡"建筑照片，制作成"风云变色"的效果，让气氛阴森、岌岌可危。照片处理前后的对比，如图68-1所示。

图68-1　照片处理前后的对比

操作流程图，如图68-2所示。

图68-2　效果图

● 知识重点："色相/饱和度"、"渐变工具"

● 制作时间：10分钟

● 学习难度：★★

操作步骤

（1）打开"风景"照片后，在"调整"面板中，单击■"色相/饱和度"按钮，设置"色相"为－180，其他保持默认。

（2）单击■"渐变工具"，设置渐变色为"黑色到透明"，类型为■"径向渐变"，"不透明度"为80％，勾选"反向"和"透明区域"复选框。

（3）新建一个空白图层，使用"渐变工具"，在图像中从中心到右下角单击拖动，形成暗角的效果，完成实例操作。

实例69　口红颜色随意换

"口红"能增加面部的美感，红润有光泽的唇部，能显出女性之性感、妩媚。

下面运用Photoshop CS4"魔棒工具"、"色相/饱和度"命令来为美女打造艳丽的口红。照片处理前后的对比，如图69-1所示。

图69-1 照片处理前后的对比

- 知识重点："魔棒工具"、"调整边缘"选项、
"色相/饱和度"命令
- 制作时间：10分钟
- 学习难度：★★

操作步骤

（1）打开人物照片后，使用 "魔棒工具"，在属性栏中单击 "添加到选区"按钮，设置"颜色容差"为50，勾选"消除锯齿"、"连续"复选框，在照片中单击"嘴唇"和"镜框"部分，创建选取范围。

（2）保持选区的选取状态，单击属性栏中的"调整边缘"按钮，弹出对话框来对选区的边缘做精细的调整，设置"半径"为1.0像素，"对比度"为25%，"平滑"为1，"羽化"为1.0像素，"收缩/扩展"为0%，单击"确定"按钮。

（3）保持选区状态，按下Ctrl+J键复制选区内图像，得到"图层1"。

（4）执行"图像"→"调整"→"色相/饱和度"命令，弹出相应的对话框，勾选"着色"复选框，设置"色相"为330，"饱和度"为80，"明度"为0，完成实例操作。

实例70　快速美白

美白皮肤是数码照片中常见的处理方法，但对于初学者，往往为"抠图"（抠出皮肤部分）而犯难。下面来介绍一种快速的美白方法，这种方法不需要对人物皮肤进行"抠图"，就能快速地美白人物的皮肤，增亮整幅图像，是快速而有效果的方法。这种方法也同样适用于增亮风景照片。照片处理的前后对比，如图70-1所示。

图70-1 照片处理前后的对比

●知识重点:"柔光"图层混合模式、"橡皮擦工具"

●制作时间:5分钟

●学习难度:★

操作步骤

（1）打开素材照片后，新建空白图层"图层
1"，将其填充为白色，并设置该图层的
混合模式为"柔光"，出现图像的整体

增白效果。

（2）单击 ✐"橡皮擦工具"，在属性栏中选择
一个较大的柔端画笔，设置"不透明度"
为60%，擦除皮肤外的白色，只保留人物
的皮肤。

（3）按下Ctrl+J键，复制"图层1"得到"图层
2"，设置其"不透明度"为20%，这样就
完成人物的增白。

第5章　人像修饰与美容

　　"爱美之心，人皆有之"这句话总结出了人们向往美的心理，无论是现实的自身或是照片，都是如此。因此，本章节将详细并全面地介绍运用Photoshop CS4软件，对人像照片的修饰和美容，例如，去除皱纹、雀斑、油光、眼袋、美化粗糙皮肤等，以及去除缺陷、染发、塑身等美容美化技术，做出令人满意的照片效果。

实例71 修复画笔工具——去除雀斑

如果脸上有点点的瑕疵会影响美观，当然也就不敢将这样的照片现世。本实例使用Photoshop CS4的"减少杂色"滤镜、"修复画笔工具"去除照片中人物面部的"雀斑"，呈现出一张干净、无暇的洁白脸庞。照片处理前后的对比，如图71-1所示。

图71-1 照片处理前后对比

● 知识重点："自动颜色"、"减少杂色"滤镜、"修复画笔工具"

● 制作时间：8分钟

● 学习难度：★★

操作步骤

（1）打开素材照片：按下Ctrl+O键，打开本书配套光盘提供的"去除雀斑.jpg"素材照片，如图71-2所示。

图71-2 打开素材照片

（2）增强颜色：当前图像的颜色有点灰，执行"图像"→"自动颜色"命令❶，即可自动调整好照片的色彩，如图71-3所示。

图71-3 增强颜色

（3）柔化皮肤：执行"滤镜"→"杂色"→"减少杂色"命令，弹出"减少杂色"

对话框，单击"基本"选项❶，并设置下方的"强度"、"保留细节"、"减少杂色"、"锐化细节"等参数，分别为10、5%、50%、64%❷，使得皮肤变得光洁，单击"确定"按钮❸，如图71-4所示。

图71-4　减少杂色柔化皮肤

(4) 去除雀斑：选择工具箱中的 ✐"修复画笔工具"❶，在属性栏中设置"模式"为"正常"，"源"选择"取样"选项❷，按住Alt键不放，同时在照片中皮肤光滑的区域单击，获得取样点，释放Alt键，在需要去除斑点的位置进行涂抹❸，如图71-5所示。

图71-5　用"修复画笔工具"去除雀斑

提示： 使用"修复画笔工具"对照片进行瑕疵的修饰时，取样点一般定义在修复点附近，这样颜色过渡会比较平滑。在修复的过程中可以按键盘上的"["和"]"键，随时调整画笔的尺寸配合操作，但要注意是在英文输入法的状态下方才有效。

(5) 完成操作：这样就快速地去除人物面部的雀斑并柔化了皮肤，效果如图71-6所示。

图71-6　去除"雀斑"效果图

提示： "修复画笔工具"与"仿制图章工具"的操作方法相同，都可用来修饰图中不够理想的区域。但不同的是，"修复画笔工具"在修复过程中会自动羽化，并且对取样点和修复点进行差值运算，因此修复后的颜色过渡效果会很平滑。定义一个取样点后，取样点不会跟随修复点位置的变化而变化。

实例72 修补工具——去除眼袋和皱纹

本实例通过Photoshop CS4的"修补工具"去除人物的"眼袋"，并使用"仿制图章工具"去除人物面部皱纹。照片处理前后的对比，如图72-1所示。

图72-2 打开数码照片

图72-1 照片处理前后对比

● 知识重点："修补工具"、"仿制图章工具"

● 制作时间：10分钟

● 学习难度：★★

提示： 在操作的过程中，按住键盘上的Alt键，滚动鼠标滚轮可以放大或者缩小图像，方便操作。

（2）调整照片亮度：按下快捷键Ctrl+M，在弹出的"曲线"对话框中，单击拖动曲线❶，并设置"输入"为110，"输出"为142❷，使照片整体颜色变亮，单击"确定"按钮❸，如图72-3所示。

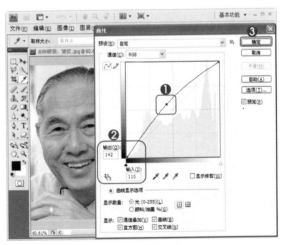

图72-3 调整照片亮度

操作步骤

（1）打开数码照片：打开本书配套光盘中的"去除眼袋、皱纹.jpg"素材照片，如图72-2所示。

（3）选择"修补工具"：选择工具箱中的 ◯ "修补工具"❶，在属性栏中"修补"项设置为"目标"❷，在脸上干净的皮肤处单击拖动鼠标绘制一个选区❸，作为样本选区，如图72-4所示。

图72-4　选择"修补工具"

提示： "修补工具"选择区域的方法与"套索"工具类似，如果要向选区添加，则要按住键盘的Shift键，如果要向选区减去，则要按住键盘的Alt键。

（4）去除"眼袋"：绘制完选区后，把它向上拖动到"眼袋"区域上，并释放鼠标。"修补工具"会自动对其采样，来修复"眼袋"❶，如图72-5所示。继续拖动选区到其他有"眼袋"和"皱纹"的区域，进行修复。

图72-5　去除眼袋

说明： 属性栏中的"修补"选项，若是选择"源"选项，则是把圈选出不理想区域拖放到干净的区域；若选择"目标"选项，则是把圈选出干净的区域拖放到不理想的区域，圈选干净的区域可分别拖放到周围需要修复的位置，对多个位置进行修复。

（5）继续修补：完成一个区域的修补后，按下键盘上的Ctrl＋D键取消选区，再重新圈出选区，进行下一个区域的修补❶，直到将双眼的"眼袋"去除，如图72-6所示。

图72-6　继续修补眼袋

提示： "修补工具"能很快地修补较大的区域。将原选区拖放到干净的区域时，要拖放到一个连续的"皮肤"区域，避免覆盖面部的五官，如鼻子、眼睛和嘴等。

（6）去除"皱纹"：选择工具栏中的 "仿制图章工具"❶，在属性栏中设置其"模式"为"正常"，"不透明度"为60%，"流量"为100%❷，按住Alt键的同时单击皮肤较光滑的区域，作为取样点，释放Alt键，在需要去除皱纹的位置单击并拖动鼠标进行涂抹❸，以达到去除皱纹的目的，如图72-7所示。

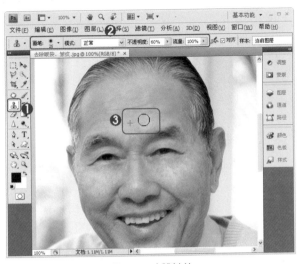

图72-7 去除皱纹

图72-8 去除眼袋和皱纹效果图

（7）完成操作：去除人物面部的"眼袋"和"皱纹"后，最终效果如图72-8所示。

提示： "修补工具"和"仿制图章工具"都可用来修复图像中不够理想的区域。相比之下，"修补工具"能很快地修补较大的区域。在修复较小的区域，用"仿制图章工具"能达到柔和的效果。

实例73 抠图羽化——更换发型

从短发变成长发，从光头变成有浓密的发型等，都可以通过使用Photoshop CS4来实现，随心所欲地为照片上的人物更改发型。照片处理前后的对比，如图73-1所示。

图73-1 照片处理前后的对比

● 知识要点："多边形套索工具"、"移动工具"、"自由变换"

● 制作时间：12分钟

● 学习难度：★★

操作步骤

（1）打开两张素材文件：执行"文件"→"打开"命令，在弹出的"打开"对话框中，同时选中"更换发型.jpg"和"发型1.jpg"两张素材文件，将它们同时打开，如图73-2所示。

图73-2　打开两张素材照片

提示： 仔细观察，可以看出两张照片的光线方向相反，因此需要翻转其中一张照片，使光线方向一致。

（2）翻转照片方向：单击选中"发型1"文件❶，选择"图像"→"图像旋转"→"水平旋转画布"命令❷，将"发型1"图像进行水平翻转，让两张图片的光线方向一致，如图73-3所示。

图73-3　翻转照片

提示： "图像旋转"命令是对整个图像（即所有图层）进行翻转，这与"编辑"→"变换"命令中的翻转不同，后者只对当前图层有效。

（3）圈选头发：使用工具箱中的☒"多边形套索工具"❶，在属性栏中设置"羽化"为3px❷，在图像中勾出人物的头发，形成闭合的路径后自动转化为选区❸，如图73-4所示。

图73-4　圈选头发

提示： 在勾选人物之前，先设置"多边形套索工具"的羽化参数。这样勾出的选区就自动带有羽化效果。若是没有设置羽化参数，则需要勾出选区后，执行"选择"→"修改"→"羽化"命令来"羽化"选区。

（4）移动复制头发：单击顶部菜单栏中的▦▾"排版文档"按钮，在弹出的菜单中选择"全部垂直拼贴"选项❶，将两个文件垂直排列。使用"移动工具"❷，将抠取出来的人物头发移动复制到"更换发型.jpg"图像文件中❸，如图73-5所示。

图73-5 移动复制头发

提示： "自由变换"命令可用于对图像进行应用变换。在拖动控制点的同时，按Ctrl键可自由扭曲；按住Alt键可相对于定界框的中心点进行扭曲；按住Shift键可等比例缩放；而按住Ctrl+Shift可进行斜切变形。

(5) 调整头发：复制过来的"头发"图层，会自动增加为"图层1"❶，执行"编辑"→"自由变换"命令（快捷键为Ctrl＋T），出现变换框，拖动控制点，对"头发"进行移动、旋转操作，让"头发"贴合在人物的头上❷，如图73-6所示。调整后按下Enter键结束变换操作。

(6) 修饰细节：单击工具栏中的 ✐ "橡皮擦工具"❶，在属性栏中设置属性，"不透明度"为60%❷，擦除"头发"边缘的一些不自然的细节❸，如图73-7所示。

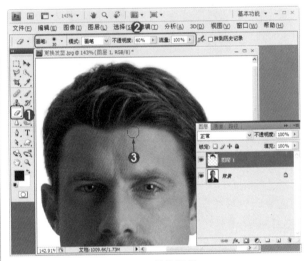

图73-7 修饰细节

(7) 完成操作：这样就完成了为人物更换发型的操作，效果如图73-8所示。

图73-6 调整头发

图73-8 最终效果图

实例74 加深和减淡——制作甜美酒窝

脸上有两个"小酒窝"，会让笑容增色三分，在这个例子中，通过Photoshop CS4的"加深工具"和"减淡工具"，为小女孩添加两个甜美的"酒窝"，照片处理前后的对比，如图74-1所示。

图74-1 制作酒窝前后对比

● 知识重点："椭圆选框工具"、"加深工具"、"减淡工具"

● 制作时间：8分钟

● 学习难度：★

操作步骤

（1）打开照片：打开本书配套光盘中的"甜美酒窝.jpg"素材照片，如图74-2所示。

图74-2 打开照片

（2）圈选选区：选择 ◯ "椭圆选框工具" ❶，在属性栏中设置"半径"为5px ❷，在小女孩的右脸上框选一个椭圆选区，作为"小酒窝"的区域 ❸，再按下Ctrl+J键，将选区的图像复制到新的图层"图层1"中 ❹，如图74-3所示。

图74-3 圈选选区

提示： 操作时，根据需要放大照片的显示，方便观察，方法是按住Alt键的同时滚动鼠标滚轮。

(3) 加深选区右侧：按住Ctrl键不放，同时单击"图层1"的缩略图，即可将该图层的图像载入选区❶。选择 ◔"加深工具"❷，在属性栏设置"曝光度"为30%，勾选"保护色调"复选框❸，在选区内的右侧涂抹，让选区的右侧颜色加深❹，如图74-4所示。

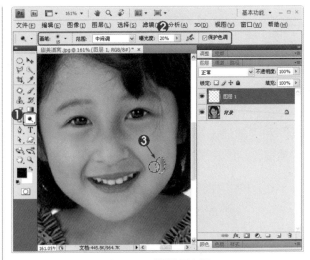

图74-5 减淡选区左侧

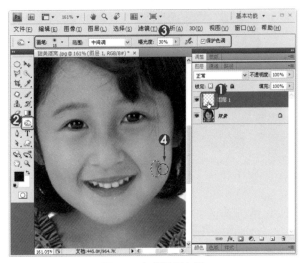

图74-4 加深选区右侧

提示： "加深工具"可以将照片局部变暗。在Photoshop CS4版本中，"加深工具"和"减淡工具"的属性栏中，增加了"保护色调"选项，勾选了该复选框后，可以在保护色调的基础上，进行加深或减淡颜色。

(4) 减淡选区左侧：单击 ◔"减淡工具"❶，在属性栏设置"曝光度"为20%，勾选"保护色调"复选框❷，并在选区的左侧涂抹，让选区的左侧颜色减淡❸，如图74-5所示。

提示： "减淡工具"的作用与"加深工具"相反，可以将照片局部变亮。

(5) 取消选区：选区的颜色涂抹好后，按下Ctrl+D键，取消选区，可以看到选区的左侧是减淡的颜色，右侧是加深的颜色，来作为"酒窝"的效果，如图74-6所示。

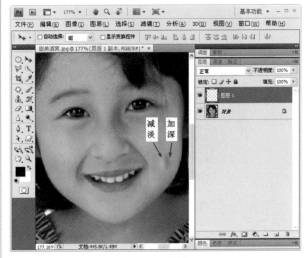

图74-6 取消选区

(6) 复制出另一个"酒窝"：按下Ctrl+J键，将"图层1"复制出"图层1副本"❶，使用 ◔"移动工具"❷，将复制得到的另一个

"酒窝"移动到脸上的左侧，按下Ctrl＋T键，在"酒窝"的周围出现一个变形框，对"酒窝"的角度进行适当旋转，让"酒窝"看起来更自然❸，如图74-7所示。

（7）完成制作：这样就为小女孩添加了甜美的"酒窝"，最终效果如图74-8所示。

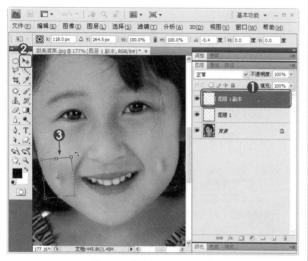

图74-7 复制出另一个酒窝

图74-8 最后效果图

实例75 去除脸上污点

本案例通过运用Photoshop CS4的"污点修复画笔工具"，为照片中的人物去除脸上的污点。照片处理前后的对比，如图75-1所示。

图75-1 去除污点前后对比

● 知识重点："污点修复画笔工具"、"滤色"图层混合模式

● 制作时间：5分钟

● 学习难度：★

操作步骤

(1) 打开文件：执行"文件"→"打开"命令，打开配套光盘提供的"去除污点.jpg"素材照片，如图75-2所示。

图75-2 打开照片

(2) 去除脸部污点：选择工具箱中的 <i>◢</i>"污点修复画笔工具"❶，在属性栏中设置画笔大小、"模式"为"正常"、"类型"为"近似匹配"❷，直接在污点上单击或涂抹，即可将脸上的污点去除❸，如图75-3所示。

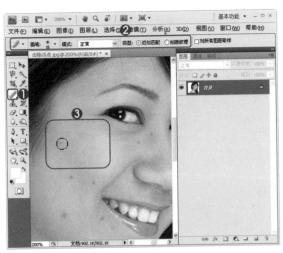

图75-3 去除脸部污点

提示： "污点修复画笔工具"的修复原理与"修复画笔工具"类似。不同的是，"污点修复画笔工具"不需要指定样本点，直接在污点上单击，它就自动从所修饰区域的周围取样。

(3) 去除"眼袋"：选择工具栏中的 <i>◢</i>"修补工具"❶，在属性栏中设置"修补"为"目标"选项❷，在干净的皮肤位置上单击拖动鼠标圈选出样本选区，接着拖动选区到"眼袋"的位置❸，以达到修复的目的，如图75-4所示。

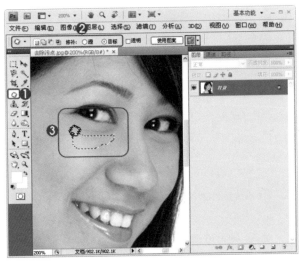

图75-4 去除眼袋

提示： "修补工具"属性栏中的"修补"选项，选择的是"目标"选项，则是圈选出干净的区域拖放到不理想的区域，圈选的干净区域可分别拖放到周围需要修复的地方，对多个地方进行修复。

(4) 增白皮肤：按下Ctrl+J键复制出"图层1"❶，再将新图层的混合模式设置为"滤色"，"不透明度"设置为50%❷，调整照片整体的亮度，使皮肤增白，如图75-5所示。

图75-5 增白皮肤

提示： "滤色"图层混合模式，可以提高照片的整体亮度，使皮肤增白。

（5）完成操作：这样就完成了去除人物脸上污点的操作，并增白皮肤，效果如图75-6所示。

图75-6 最终效果图

实例76 美白牙齿

人物照片中，若"牙齿"不够白皙，会让灿烂的笑容减色三分，下面通过使用Photoshop CS4 "磁性套索工具"和"色相/饱和度"命令，来美白牙齿，照片处理前后的对比，如图76-1所示。

图76-1 美白牙齿前后对比

● 知识重点："磁性套索工具"、"色相饱和度"命令

● 制作时间：8分钟

● 学习难度：★★

操作步骤

(1) 打开文件：打开配套光盘中提供的"美白牙齿.jpg"素材图片。如图76-2所示。

图76-2 打开文件

(2) 绘制选区：选择工具栏中的 🧲 "磁性套索工具" ❶，沿着照片中人物的"牙齿"边缘单击并拖动鼠标，小心翼翼地绘制出一个选区❷，为了便于下面调整牙齿颜色，如图76-3所示。

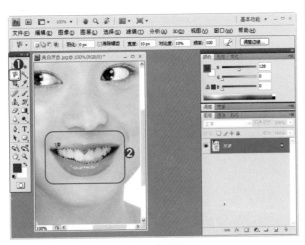

图76-3 绘制选区

提示： "磁性套索工具"可智能地紧贴图像边缘，进行图像区域的选取。使用时可在其属性栏中设置好"宽度"、"对比度"和"频率"参数。"宽度"是指定检测边缘的宽度，值越小，检测越精确；"对比度"用于设定选取时的边缘反差，值越大反差越大，

选取的范围越精确；"频率"用于设置选取时的定点数，数值越大产生的节点越多，较大的数值会更快地固定选区边框。

(3) 羽化选区：执行"选择"→"修改"→"羽化"命令，在弹出的"羽化选区"对话框中，设置羽化半径为1像素，单击"确定"按钮，如图76-4所示。

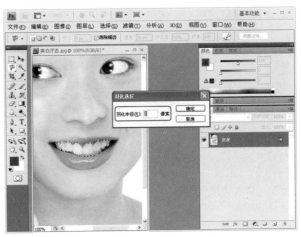

图76-4 羽化选区

(4) 复制图层：保持"牙齿"选区的选取状态，执行"图层"→"新建"→"通过拷贝的图层"命令（快捷键为Ctrl＋J）❶，将选区内的图像拷贝为独立的"图层1"❷，如图76-5所示。这样就可以单独对"牙齿"图像进行调整，而不影响照片的其他区域。

图76-5 复制图层

（5）调整色相饱和度：执行"图像"→"调整"
→"色相/饱和度"（快捷键为Ctrl＋U）
命令，弹出"色相/饱和度"对话框，设
置"色相"为－19，"饱和度"为－24，
"明度"为40❶，"牙齿"会立刻变的白
皙，单击"确定"按钮❷，如图76-6所示。

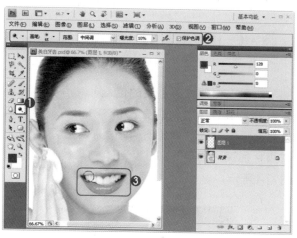

图76-7 涂抹牙齿

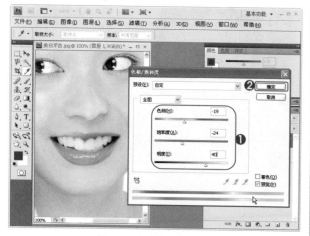

图76-6 调整色相饱和度

（6）减淡牙齿：若还有不满意的地方，可使用
"减淡工具"❶，在工具属性栏中选
择柔边的画笔，设置画笔的大小，"曝光
度"设置为10%❷，对"牙齿"的局部进
行涂抹加亮❸，使"牙齿"变得更白，如
图76-7所示。

注意：不要使用"减淡工具"将"牙齿"涂抹得过
亮，否则就会出现失真现象。

（7）完成操作。这样就为照片中的人物美白了
牙齿，最终效果如图76-8所示。

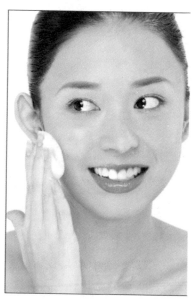

图76-8 最终效果

实例77 加深工具——加深眉毛

眉毛在面部占有重要的位置，具有美容和丰富面部表情的作用。浓度适中、造型美观的眉毛更能凸显脸部的立体轮廓，增添神采。下面为人物照片加深"眉毛"，照片处理前后的对比，如图77-1所示。

图77-2 复制图层

提示: 在操作之前先将"背景"复制出一个新图层，接下来的操作是在新图层"图层1"中进行的，保留"背景"图层。在人物修复过程中，若操作有误，则可以重复复制"背景"图层，再次进行人物修复。

(2) 勾勒右侧的"眉毛"。保持"图层1"为当前图层❶，在工具箱中选择 ❤ "多边形套索工具"❷，依次单击勾勒出右侧的"眉毛"，形成封闭的区域后自动生成选区❸，如图77-3所示。

图77-1 加深眉毛前后对比

● 知识重点:"多边形套索工具"、"亮度对比度"命令、"加深工具"、"锐化"滤镜

● 制作时间: 8分钟

● 学习难度: ★★

操作步骤

(1) 复制图层: 打开配套光盘中的"加深眉毛.jpg"素材图片，按下Ctrl+J键，复制出"图层1"，如图77-2所示。

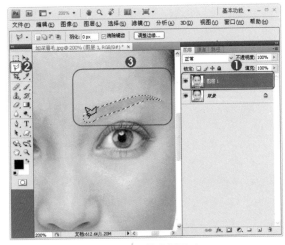

图77-3 勾勒右侧眉毛

（3）添加选区：单击属性栏中的"添加到选区"按钮❶（或者按住键盘上的Shift），继续勾勒出左侧的"眉毛"作为选区❷，如图77-4所示。

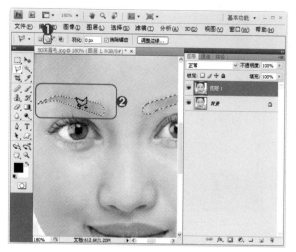

图77-4　添加眉毛选区

提示： 在绘制选区时，若同时按住Shift键，可添加到选区；若按住Alt键，则是从选区中减去。

（4）羽化"眉毛"选区：执行"选择"→"修改"→"羽化"命令，在弹出的"羽化选区"对话框中，设置"羽化半径"为2像素❶，单击"确定"按钮❷，羽化选区使边缘不会生硬，如图77-5所示。

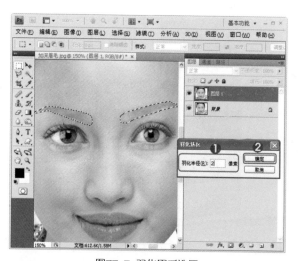

图77-5　羽化眉毛选区

提示： 在勾选选区之前，先设置"多边形套索工具"的羽化参数，这样勾出的选区就自动带有羽化效果。若是没有设置羽化参数，则需要勾出选区后，执行"选择"→"修改"→"羽化"命令来羽化选区。

（5）加深"眉毛"：执行"图像"→"调整"→"亮度/对比度"命令，弹出"亮度/对比度"对话框中，设置"亮度"为−30、"对比度"为30❶，使"眉毛"的颜色变暗加深，单击"确定"按钮❷，如图77-6所示。

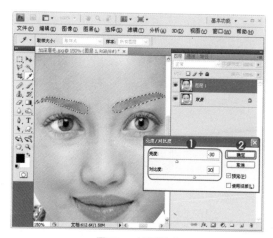

图77-6　加深眉毛

（6）进一步加深"眉毛"：选择工具箱中的 "加深工具"❶，并在属性栏选择一个柔和的画笔，"曝光度"为30%，勾选"保护色调"复选框❷，在"眉毛"选区中均匀涂抹，使"眉毛"的颜色加深❸，如图77-7所示。

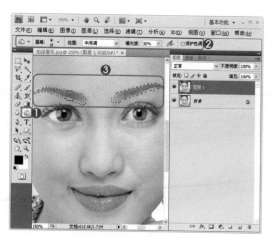

图77-7　进一步加深眉毛

（7）锐化"眉毛"：保持"眉毛"的选取，执行
　　"滤镜"→"锐化"→"锐化"命令，锐
　　化了"眉毛"❶，使"眉毛"清晰，更加
　　靓丽动人，如图77-8所示。

（8）完成操作。最后按下Ctrl+D键取消选区，
　　人物加深了"眉毛"后更显得神采奕奕，
　　效果如图77-9所示。

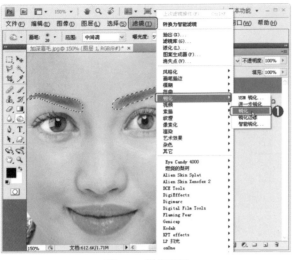

图77-8 锐化眉毛

图77-9 最终效果图

实例78 路径勾勒——制作闪亮唇彩

嘴唇与眼睛一样，都是增添脸部神韵的重要
部位。本实例将详细介绍为照片中的人物添加闪
亮的"唇彩"。照片处理前后的对比，如图78-1
所示。

操作流程图，如图78-2所示。

图78-1 制作唇彩前后对比

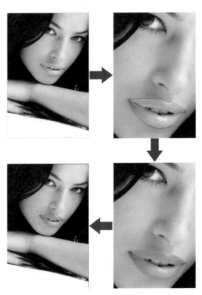

图78-2 操作流程图

● 知识重点："钢笔工具"、"色相/饱和度"、"添加杂色"滤镜

● 制作时间：8分钟

● 学习难度：★★

操作步骤

（1）打开文件：执行"文件"→"打开"命令（快捷键为Ctrl＋O），打开配套光盘中提供的"唇彩.jpg"素材图片，如图78-3所示。

图78-3 打开文件

（2）勾勒"嘴唇"路径。选择工具箱中的"钢笔工具"❶，在属性栏中选中 ❷ "路径"选项❷，沿着人物"嘴唇"边缘勾勒出"上嘴唇"和"下嘴唇"两个封闭的路径❸，如图78-4所示。

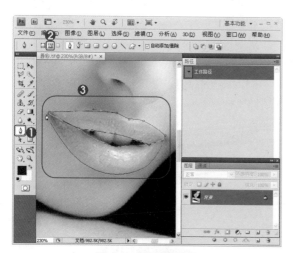

图78-4 勾勒嘴唇路径

提示： 使用"钢笔工具"时，单击一点为起点，移动鼠标单击第二点为直线，在绘制第二点时单击并拖动鼠标则变为曲线。绘制好后回到起点，当光标出现小圆时单击，就形成了闭合路径。

"钢笔工具"与"路径"面板有着很密切的关系。使用"钢笔工具"绘制出来路径会在"路径"面板中自动生成一个"工作路径"。

（3）编辑路径：勾勒好"嘴唇"的路径后，若对勾勒的效果不满意，可进行调整。方法是使用 ❶ "直接选择工具"❶，单击选中路径，并单击需要调节的锚点，锚点呈实心小黑点，移动锚点，或拖动锚点的控制句柄来调节路径❷，如图78-5所示。

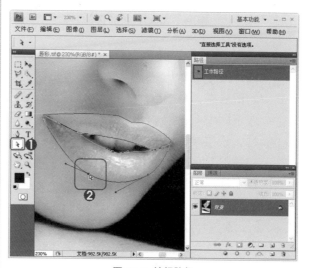

图78-5 编辑路径

提示： 要调整路径，也可以使用"钢笔工具"，调整的方法是，按住Ctrl键不放，可确定路径锚点、调整位置及控制柄的弧形；按住Alt不放，可改变锚点的类型及调整控制句柄的角度。

（4）载入并羽化选区：在"路径"面板中，按住Ctrl键的同时单击"工作路径"，将路径转换为选区❶，执行"选择"→"修改"→"羽化"命令，在弹出的"羽化选区"对话框中设置半径为1像素❷，单击

"确定"按钮❸，使选区边缘柔和，如图
78-6所示。

图78-6 载入并羽化选区

(5) 调整"嘴唇"颜色：保持上一步骤的选
区，按下Ctrl+J键将选区中的图像复制到新
的图层中，系统自动命名为"图层1"❶。
按下Ctrl+U键，弹出"色相/饱和度"对话
框，设置参数分别为－6、50、－5❷，将
"嘴唇"颜色调整成红色，单击"确定"
按钮❸，如图78-7所示。

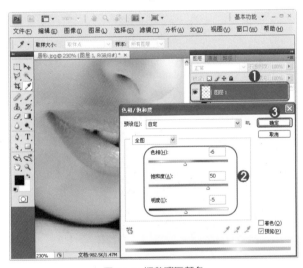

图78-7 调整嘴唇颜色

(6) 添加"唇彩"的闪亮效果：执行"滤镜"
→"杂色"→"添加杂色"滤镜，弹出

"添加杂色"对话框，设置"数量"为
5%，"分布"为"平均分布"，勾选"单
色"复选框❶，为人物唇部添加杂色，使
其唇部呈现闪亮的"唇彩"效果，单击
"确定"按钮❷，如图78-8所示。

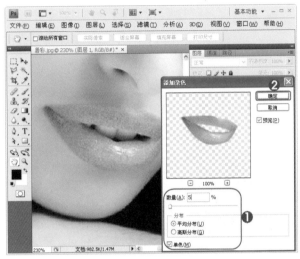

图78-8 添加唇彩的闪亮效果

(7) 完成操作：这样就完成了为人物添加闪亮
的"唇彩"，最终效果如图78-9所示。

图78-9 最终效果图

实例79 颜色替换——深邃的蓝眼睛

　　将人物照片中的黑眼睛，替换成深邃的蓝眼睛，效果一定很特别，下面使用Photoshop CS4中的"颜色替换工具"来轻松制作"蓝眼睛"。照片处理前后的对比，如图79-1所示。

图79-1 制作蓝眼睛前后对比

● 知识重点："钢笔工具"、"颜色替换工具"
● 制作时间：5分钟
● 学习难度：★

操作步骤

（1）打开"人物"照片后，使用　"钢笔工具"沿着"眼睛"绘制路径，绘制路径完毕后，按下
　　　Ctrl+Enter键，将路径转换为选区，再按下Shift＋F6对选区进行羽化，设置羽化为5像素。

（2）在工具栏中选择　"颜色替换工具"，在属性栏中设置"模式"为"颜色"。

（3）设置前景色为蓝色（R：80、G：111、B：175），使用　"颜色替换工具"在"眼球"上涂
　　　抹，即可把眼睛变为蓝色。

实例80 明亮的眼睛

　　眼睛是心灵的窗户，明亮的眼睛会让人看起来神采奕奕。但在拍摄的过程中，由于光线等的因素，往往难以将人物眼睛的神采表现的淋漓尽致。下面通过Photoshop CS4的处理，让照片人物的眼

睛明亮起来。照片处理前后的对比，如图80-1所示。

图80-1 明亮眼睛前后对比

● 知识重点："快速选择工具"、"减淡工具"、"画笔工具"
● 制作时间：10分钟
● 学习难度：★★

操作步骤

(1) 打开人物照片后，选择 "快速选择工具"，在属性栏中单击"添加到选区"选项，设置画笔的大小为5像素，依次在人物的"眼白"处单击，创建选区。

(2) 选择 "减淡工具"，设置"曝光度"为60%，不勾选"保护色调"复选框，并在"眼白"选区内进行涂抹，从而使"眼白"清晰。

(3) 新建"图层1"，将"前景色"设置为白色，选择 "画笔工具"，设置"不透明度"为50%，"流量"为100%，用较小的笔尖点画出"眼睛"的高光。在"画笔"面板中选择"睫毛"画笔，为眼睛添加"睫毛"。

(4) 单击选中"背景"图层，按下Ctrl+M键，打开"曲线"对话框，添加一个控制点，设置"输出"为144、"输入"为120，增亮照片，完成照片的明亮眼睛处理。

实例81 加长睫毛

拥有浓密、纤长、卷翘的"睫毛"是所有女孩的梦想，乌黑的"睫毛"有增大眼睛的视觉效果，使双眼更有神采、魅力无限。

本实例中，通过Photoshop CS4的"钢笔工具"和"画笔工具"，为照片中的人物加长"睫毛"，照片处理前后的对比，如图81-1所示。

图81-1 加长睫毛前后对比

● 知识重点："钢笔工具"、"画笔工具"、"描边路径"命令

● 制作时间：10分钟

● 学习难度：★★

操作步骤

（1）打开照片后，新建一个图层"图层1"。

（2）设置"前景色"为黑色，选择 ✏ "画笔工具"，在属性栏中选择大小为1px的硬边画笔，"不透明度"和"流量"均为100%。

（3）选择 ✒ "钢笔工具"，勾勒一根睫毛后，按住Shift+Ctrl键的同时在空白处单击，结束第一根睫毛的勾勒。再开始勾勒下一根睫毛，依次勾勒出多根加长睫毛的路径。

（4）勾勒完后，单击鼠标右键，在弹出的菜单中选择"描边路径"。在弹出的对话框中，选择描边路径为"画笔"，并勾选"模拟压力"复选框，单击"确定"按钮，对绘制的路径进行描边，再按下Ctrl+Shift+H键隐藏路径，完成加长"睫毛"的操作。

实例82 匹配颜色——打造雪白水嫩肌肤

制作雪白水嫩的"肌肤"效果是照片后期处理必备的工作。下面通过使用Photoshop CS4软件，将一张色调偏黄的人物照片，为其打造雪白水嫩的"肌肤"，照片处理前后的对比，如图82-1所示。

操作流程图，如图82-2所示。

图82-2 操作流程图

● 知识重点："匹配颜色"、"滤色"图层混合模式、"表面模糊"滤镜、"仿制图章工具"

● 制作时间：15分钟

● 学习难度：★★

图82-1 制作雪白肌肤前后对比

操作步骤

（1）打开文件：打开配套光盘中提供的"打造雪白水嫩肌肤.jpg"素材图片，可以看到人物的皮肤泛黄，还有少许的"雀斑"，如图82-3所示。

图82-3 打开文件

（2）匹配颜色：执行"图像"→"调整"→"匹配颜色"命令，弹出"匹配颜色"对话框，勾选"中和"选项❶，其他保持默认，单击"确定"按钮❷，去除人物泛黄的脸色，如图82-4所示。

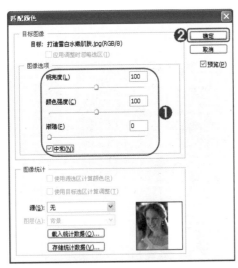

图82-4 匹配颜色

提示： "匹配颜色"命令可以匹配两个图像之间的颜色，也可以校正单个图像严重偏色的问题。勾选"中和"选项，将使颜色匹配的效果减半。

（3）复制图层：调整图像颜色完毕后，按下Ctrl+J键复制出"图层1"，设置该图层的"混合模式"为"滤色"，"不透明度"为80%❶，提高图像的整体亮度，如图82-5所示。

图82-5 设置图层的混合模式

提示： "滤色"图层模式，可以使新加入的颜色与原图像颜色合成为比原来更浅的颜色。

（4）盖印图层：在"图层"面板中，按下Ctrl+Shift+Alt+E键进行"盖印"图层，得到"图层2"❶，如图82-6所示。

图82-6 盖印图层

提示： "盖印"图层就是将当前所有可见图层的效果合成到一个新的图层中，而原有的图层依然保留。

（5）模糊柔化"皮肤"：执行"滤镜"→"模糊"→"表面模糊"命令，在弹出"表面模糊"对话框中设置"半径"为5，"阈值"为12❶，让"皮肤"柔化，单击"确定"按钮❷，如图82-7所示。

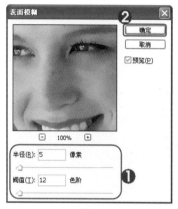

图82-7 模糊柔化皮肤

提示： "表面模糊"滤镜可以在保留边缘的同时模糊图像。使用在"皮肤"处理上，能快速柔化"皮肤"，同时保持"五官"轮廓的清晰。

（6）去除"色斑"：在工具箱中选择 "仿制图章工具"❶，在属性栏中设置"模式"为"正常"，"不透明度"为60%，"流量"为100%❷；在按住Alt键的同时，单击人物"皮肤"较光滑的区域作为取样点，释放Alt键，在色斑的位置上单击并涂抹，达到去除"雀斑"的目的❸，如图82-8所示。

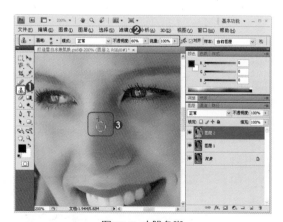

图82-8 去除色斑

提示： "仿制图章工具"可用来修饰图中不够理想的区域，例如，图像中的皱纹、斑点、污垢等。"仿制图章工具"的取样点会跟随修复点位置的改变而改变。

（7）锐化图像：去除"色斑"完毕后，执行"滤镜"→"锐化"→"锐化"命令❶，锐化图像，使整个图像清晰，人物更加靓丽，如图82-9所示。

图82-9 锐化图像

（8）完成操作：到此就为人物打造出水嫩雪白肌肤，最终效果，如图82-10所示。

图82-10 最终效果图

实例83 蒙版的妙用——数码染发

染一种颜色的头发，换一个新鲜的心情。对于爱美、时尚的女孩来说，总是喜欢将头发染成各种颜色，来展示其张扬的个性。

通过运用Photoshop CS4，能轻松地为照片中的人物染发。照片处理前后的对比，如图83-1所示。

图83-1 数码染发前后对比

操作流程图，如图83-2所示。

图83-2 操作流程图

● 知识重点："色相/饱和度"命令、"图层蒙版"的使用、"柔光"图层混合模式
● 制作时间：10分钟
● 学习难度：★★

操作步骤

（1）打开文件：打开配套光盘中提供的"数码染发.jpg"素材图片，单击"图层"面板底部的 "创建新的填充或调整图层"按钮，在其中选择"色相/饱和度"❶，创建"色相/饱和度"调整图层，如图83-3所示。

图83-3 创建"色相/饱和度"调整图层

提示： 新建一个"调整图层"进行色调校准，而不是直接在图像上处理，这样可以保持原始图像不被改动。

（2）调整色彩：跳转到"色相/饱和度"面板中，设置"色相"为-59，"饱和度"为+10，"明度"为0❶，让照片呈紫红色。

同时在"图层"面板中自动添加了"色相/饱和度"的蒙版图层❷，如图83-4所示。

图83-4 调整"色相/饱和度"

提示： "色相/饱和度"对话框中，"色相"可以改变图像的色相；"饱和度"可以控制图像色彩的浓淡程度；"明度"可以调节图像的明亮程度。

（3）涂抹"皮肤"部分去除颜色：单击"色彩平衡1"图层中的"蒙版"缩览图，此时会出现方框表示编辑❶。设置"前景色"为黑色❷，选择 ✎"画笔工具"❸，"不透明度"和"流量"均设置为100%❹，在人物的"皮肤"上进行涂抹❺，去除"皮肤"的部分红色，如图83-5所示。

图83-5 涂抹皮肤部分去除颜色

提示： 关于蒙版中的黑、白、灰。简单地说，即是黑色为透明，白色为不透明，灰色为半透明。在这里使用黑色画笔在"皮肤"处涂抹，让蒙版作用呈透明的，恢复"皮肤"原有的颜色。

（4）盖印图层：在"图层"面板中，按下Ctrl+Shift+Alt+E键进行"盖印"图层，得到"图层1"❶，如图83-6所示。

图83-6 盖印图层

（5）加强"头发"光泽：按下Ctrl+J键复制"图层1"得到"图层1副本"❶，设置新图层的"混合模式"为"柔光"，"不透明度"为60%❷，即可加强图像的对比度，增强了"头发"的光泽感，如图83-7所示。

图83-7 设置图层混合模式

提示： "柔光"图层模式会产生一种柔光照射的效果，使颜色变暗或变亮，具体取决于混合色，此效果与发散的聚光灯照在图像上相似。如果混合色（光源）比50%灰色亮，则图像变亮，就像被减淡了一样，如果混合色（光源）比50%灰色暗，则图像变暗，就像被加深了一样。

（6）完成操作：这样就完成了为人物"染发"的效果，最终效果如图83-8所示。

图83-8 最终效果图

实例84 去除青春痘——美白磨皮特技

为照片人物"磨皮"，将粗糙的皮肤处理得细腻柔滑，这是数码照片后期处理必备的技能。封面杂志、专业摄影上那些完美无暇的人物照片，大多需要进行"磨皮"美白处理。

下面来介绍利用Photoshop CS4，为人物照片进行"磨皮"，并细致地调整肤色，将皮肤问题统统一扫而光，呈现一张光洁美丽的脸庞。照片处理的前后对比，如图84-1所示。

操作流程图，如图84-2所示。

图84-2 操作流程图

● 知识重点："色阶"命令、"修复画笔工具"、"高斯模糊"滤镜、"图层蒙版"的使用

● 制作时间：15分钟

● 学习难度：★★★

图84-1 美白磨皮前后对比

操作步骤

（1）打开文件：打开配套光盘中提供的"美白磨皮特技.jpg"素材图片。照片整体偏红色，人物脸上有许多"痘痘"，如图84-3所示。

图84-3 打开文件

（2）增亮图像：执行"图像"→"调整"→"色阶"命令（快捷键为Ctrl+L），弹出"色阶"对话框，设置中间调输入色阶值为1.65❶，增亮了图像，单击"确定"按钮❷，如图84-4所示。

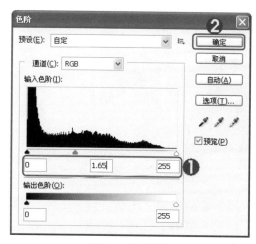

图84-4 增亮图像

提示："色阶"命令可以调整图像的明暗度，在"输入色阶"中有3个滑块可调节图像，左侧滑块调整图像的暗调，中间滑块调整图像的中调，右侧滑块调整图像的亮调。

（3）去除"青春痘"：在工具箱中选择 "修复画笔工具"❶，设置画笔的大小为20px，"模式"为"正常"❷。按住Alt键的同时，在脸上干净的位置上单击，作为取样点，释放Alt键，在"青春痘"的位置上单击并涂抹，以消除"青春痘"❸，如图84-5所示。

图84-5 去除痘痘

提示："修复画笔工具"与"仿制图章工具"的操作方法相同，都可用来修饰图中不够理想的区域。但不同的是，"修复画笔工具"在修复过程中会自动羽化，并且对取样点和修复点进行差值运算，因此修复后的颜色过渡效果会很平滑。定义一个取样点后，取样点不会跟随修复点位置的变化而变化。

（4）复制图层：将脸上大部分"青春痘"去除后，皮肤有了明显改善，但还不够光洁，可继续进行"磨皮"的操作，首先按下Ctrl＋J键，复制出"图层1"❶，如图84-6所示。

图84-6 复制图层

图84-8 高斯模糊

（5）减少杂色：执行"滤镜"→"杂色"→"减少杂色"命令，弹出"减少杂色"对话框，单击"基本"选项❶，设置"强度"为10，"保留细节"为25%，"减少杂色"为100%，"锐化细节"为50%❷，使皮肤光洁柔滑，单击"确定"按钮❸，如图84-7所示。

（7）添加图层蒙版：单击"图层"面板底部的 💠 "添加图层蒙版"按钮❶，为"图层1"添加"蒙版"，将"背景色"设置为黑色❷。单击选中蒙版的缩略图，按下Ctrl+Delete键将蒙版填充为黑色❸，可以看到人物又恢复了原来的清晰状态，如图84-9所示。

图84-7 减少杂色

图84-9 添加图层蒙版

（6）高斯模糊：执行"滤镜"→"模糊"→"高斯模糊"命令，弹出"高斯模糊"对话框，设置"半径"为1像素❶，单击"确定"按钮❷，如图84-8所示。

（8）用画笔刷出柔和皮肤：确定选中"蒙版"的缩略图❶，设置"前景色"为白色❷，单击 ✍ "画笔工具"❸，选择一个柔和的画笔，设置较小的不透明度❹，并在人物的脸部皮肤上涂抹，涂抹的地方即可呈现出刚才的柔和效果❺，这就为皮肤"磨皮"，如图84-10所示。

图84-10 用画笔刷出柔和皮肤

提示： 使用"画笔工具"涂抹，恢复蒙版原来的柔和效果，要注意涂抹时要避开"五官"，在"五官"周围涂抹时，要使用较小的画笔细心地涂抹，尽量保留"五官"的清晰轮廓。

（9）盖印图层："磨皮"完成后，在"图层"面板中，按下Ctrl+Shift+Alt+E键进行"盖印"图层，得到"图层2"❶，如图84-11所示。

图84-11 盖印图层

提示： "盖印图层"就是将当前所有可见图层的效果合成到一个新的图层中，而原有的图层依然保留下来。

（10）减少皮肤的红色：执行"图像"→"调整"→"色彩平衡"命令（快捷键为Ctrl＋B），弹出"色彩平衡"对话框，设置参数分别为－20、0、0❶，减少脸部皮肤的红色，单击"确定"按钮❷，如图84-12所示。

图84-12 减少皮肤红色

（11）增强照片明暗度：执行"图像"→"调整"→"色阶"命令（快捷键为Ctrl＋L），弹出"色阶"对话框，设置输入色阶的"阴影值"为25，"中间调"为1.2❶，增强图像的明暗度，并单击"确定"按钮❷，如图84-13所示。

图84-13 增强照片明暗度

(12) 完成操作：这样就完成了为人物去除"青春痘"并进行"磨皮"美白的处理，最终效果如图84-14所示。

图84-14 最终效果图

实例85 减少杂色——美白嫩肤

生活作息不正常、心理压力加重等情况，都会导致皮肤显得暗沉、无光泽。本实例来介绍为人物照片美白嫩肤的方法，照片处理前后的对比，如图85-1所示。

操作流程图，如图85-2所示。

图85-2 操作流程图

图85-1 美白嫩肤前后对比

● 知识重点："匹配颜色"命令、"滤色"图层混合模式、"橡皮擦工具"、"减少杂色"命令

● 制作时间：12分钟

● 学习难度：★★★

操作步骤

（1）打开文件：打开配套光盘中提供的"美白嫩肤.jpg"素材图片。如图85-3所示。

图85-3 打开文件

（2）匹配颜色：执行"图像"→"调整"→"匹配颜色"命令，弹出"匹配颜色"对话框，设置"渐隐"为50，勾选"中和"选项❶，并单击"确定"按钮❷，减少皮肤的红色，如图85-4所示。

图85-4 匹配颜色

提示：使用"匹配颜色"命令可以校正照片的色彩。

（3）增亮图像：调整图像颜色完毕后，按下Ctrl＋J键复制出"图层1"，设置新图层的"混合模式"为"滤色"，"不透明度"为80%❶，提高图像的整体亮度，如图85-5所示。

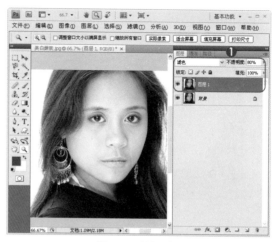

图85-5 增亮图像

提示："滤色"图层混合模式，新加入的颜色与原图像颜色合成为比原来更浅的颜色，可以产生一种漂白、明亮的效果。

（4）擦除皮肤外的区域：单击工具箱中的"橡皮擦工具"❶，选择一种柔和的画笔，设置"不透明度"为50%❷，擦除掉人物的头发部分，只保留皮肤部分有增白效果❸，如图85-6所示。

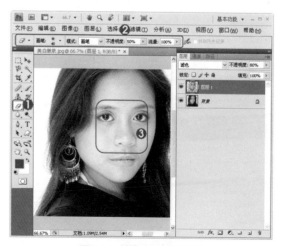

图85-6 擦除皮肤外的区域

（5）盖印图层：在"图层"面板中，按下Ctrl+Shift+Alt+E键进行"盖印"图层，得到"图层2"❶，如图85-7所示。

图85-7 盖印图层

（6）减少杂色：保持"图层1"为当前图层，执行"滤镜"→"杂色"→"减少杂色"命令，弹出"减少杂色"对话框，单击"基本"选项❶，设置各个参数分别为10、15、100、70❷，使得皮肤变得光洁，并单击"确定"按钮❸，如图85-8所示。

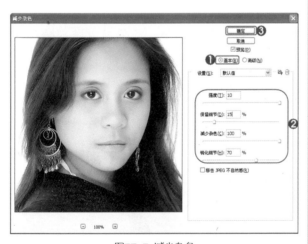

图85-8 减少杂色

（7）添加"腮红"：单击"图层"面板底部的"创建新图层"按钮❶，新建一个图层，双击图层名称，为其命名为"腮红"❷，将"前景色"设置为浅粉红色（R：255、G：197、B：208）❸。选择 "画笔工具"❹，设置"不透明度"为30%，调整画笔的大小❺，在人物的面颊处进行涂抹，为人物添加淡淡的"腮红"❻，如图85-9所示。

图85-9 添加腮红

（8）完成操作：到此就完成对人物美白嫩肤，最终效果如图85-10所示。

图85-10 最终效果图

实例86 液化——美女瘦身

每个女性都想拥有"魔鬼"的身材，可如果她身材不够好，拍出来的照片显得偏胖怎么办呢？本实例来介绍通过Photoshop CS4让照片中的人物轻松瘦身。照片处理前后的对比，如图86-1所示。

图86-1 瘦身前后对比

操作流程图，如图86-2所示。

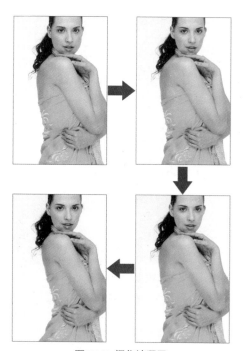

图86-2 操作流程图

- 知识重点："液化"滤镜、"自由变换"命令、"钢笔工具"
- 制作时间：15分钟
- 学习难度：★★★

操作步骤

（1）打开文件：打开配套光盘中提供的"美女瘦身.jpg"素材图片，按下Ctrl＋J键，复制出"图层1"，如图86-3所示。

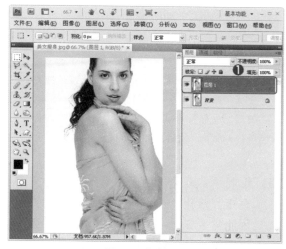

图86-3 复制图层

提示：照片中美女的身材偏胖，接下来要为她一步一步进行"瘦身"，"瘦身"的部位依次为：脸、手臂、后背。

（2）进行"瘦脸"：选择"滤镜"→"液化"命令，弹出"液化"对话框，选择 🖑 "向前变形工具"❶，设置"画笔大小"为20，"画笔密度"为50，"画笔压力"为50❷。在预览区中，将光标在"脸颊"处向中间推动❸，达到"瘦脸"的效果，单击"确定"按钮❹，完成"瘦脸"操作，如图86-4所示。

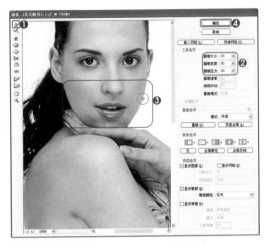

图86-4 液化"滤镜"进行瘦脸

提示： 在使用"向前变形工具"塑身时，若某部分区域操作不理想，可单击"重建工具"，在不理想的区域上涂抹，即可恢复原来的图像。

使用"液化"滤镜中的工具，可以对身材进行多种修饰，如瘦身、隆胸、增大眼睛等。

(3) 绘制手臂路径：由于手臂轮廓较为复杂，直接"液化"操作难以达到满意的效果，因此需要先圈出手臂的轮廓范围。选择 "钢笔工具"❶，在属性栏中选中 "路径"选项❷，并在手臂的外侧绘制一个封闭的路径❸，如图86-5所示。

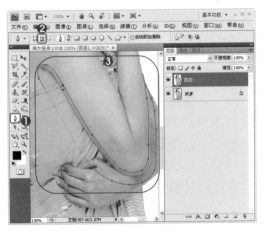

图86-5 绘制路径

提示： 在使用"钢笔工具"绘制路径时，会出现许多锚点，有"直线型锚点"和"平滑型锚点"，这两者可以相互转换。方法是按下Alt键，在锚点上单击或拖动鼠标，就可以完成直线点与平滑点的转换，也就是直线与平滑曲线之间的相互转换。

(4) 进行"瘦手臂"：绘制路径完毕后，按下Ctrl＋Enter键，将路径转换为选区。执行 "滤镜"→"液化"命令，弹出"液化"对话框，选择 "向前变形工具"❶，设置"画笔大小"为14，"画笔密度"为50，"画笔压力"为50❷，在预览区中，用光标向内推动手臂的"赘肉"❸，消除掉"赘肉"，并单击"确定"按钮❹，如图86-6所示。

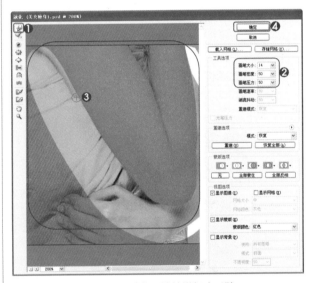

图86-6 "液化"滤镜进行瘦手臂

(5) 加深手臂皮肤：返回"图层"面板，选中 "图层1"❶，选择工具栏中的 "加深工具"❷，选择柔边画笔，设置"曝光度"为5%，勾选"保护色调"选项❸，然后在手臂的底部涂抹，进行加深❹，使手臂底部显得比较自然，如图86-7所示。

单击鼠标右键，在弹出的菜单中选择"变形"命令❷，如图86-9所示。

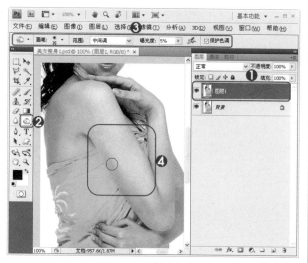

图86-7 加深手臂皮肤

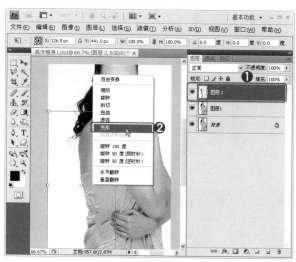

图86-9 进行自由变换

（6）绘制多边形选区：选择 ⬚ "多边形套索工具"❶，在照片左侧圈出一个多边形选区，让人物的后背包括在其中❷，如图86-8所示。

（8）对背部进行变形处理：选择"变形"命令后，会出现变形的控制线和控制点，单击按住拖动控制线和控制点，图像会顺着光标移动的方向变形❶，使"背部"变细，如图86-10所示。最后按下Enter键关闭变换框。

图86-8 绘制多边形选区

（7）进行自由变换：绘制好选区后，按下Ctrl＋J键，复制出"图层2"❶，并按下Ctrl＋T键出现"自由变换"框，在变换框内部

图86-10 对背部进行变形处理

（9）修饰细节：保持"图层2"的选取❶，选择工具栏中的 ⬚ "橡皮擦工具"❷，设置"不

透明度"为30%，"流量"为100%❸，擦除
"背部"多余的图像❹，使其与下一层的图
像更好地融合，效果如图86-11所示。

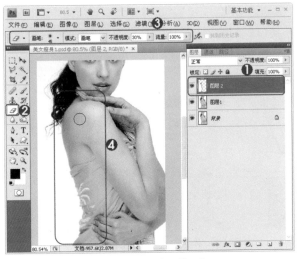

图86-11 擦除多余的图像

(10) 完成操作：到此就完成人物脸部、手臂、
后背的"瘦身"处理，最终效果如图86-12
所示。

图86-12 最终效果图

实例87 数码隆胸

本实例来介绍运用"液化"滤镜进行数码
"隆胸"，让照片中的女性拥有完美的身材、丰
满的胸部。照片处理前后的对比，如图87-1所示。

图87-1 数码隆胸的前后对比

● 知识重点："液化"滤镜
● 制作时间：3分钟
● 学习难度：★

操作步骤

(1) 打开素材照片后，按下Ctrl+J键复制出"图
层1"，并执行"滤镜"→"液化"滤镜。

(2) 在弹出"液化"对话框中，选择 ✎ "向前
变形工具"，设置"画笔大小"为26，
"画笔密度"为50，"画笔压力"为50。

(3) 设置参数后，将光标移到"胸部"位置，
按住鼠标向左拖动，在十字光标的作用
下，让"胸部"隆起，最后单击"确定"
按钮，完成"隆胸"操作。

实例88　强力去除皱纹

随着年龄的增长，使得面部布满皱纹。本实例通过运用Photoshop CS4来强力去除面部"皱纹"，照片处理的前后对比，如图88-1所示。

图88-1　去除皱纹的前后对比

● 知识重点："高斯模糊"滤镜、"添加图层蒙版"、"减少杂色"滤镜、"仿制图章工具"
● 制作时间：12分钟
● 学习难度：★★

操作步骤

（1）打开人物照片后，按下Ctrl+J键复制出"图层1"，执行"滤镜"→"模糊"→"高斯模糊"命令，设置"半径"为2像素。

（2）确定"图层1"为当前图层，按住Alt键，单击 ◙ "添加图层蒙版"按钮，就添加了图层蒙版并自动填充为黑色。设置"前景色"为白色，选择"画笔工具"，在蒙版中人物的皮肤处进行涂抹，使皮肤柔滑。

（3）按下Ctrl+Shift+Alt+E键"盖印"图层，得到"图层2"，执行"滤镜"→"杂色"→"减少杂色"命令，在弹出的对话框中设置参数分别为10、35%、22%、40%，让皮肤光滑。

（4）使用 ♣ "仿制图章工具"，去除脸上剩余的少许"皱纹"。最后，使用 ◢ "橡皮擦工具"，擦出皮肤外的区域，完成实例操作。

实例89 应用图像——调出人物的白皙肤色

通过Photoshop的"应用图像"、"色彩平衡"、"减少杂色"命令，修复毛孔粗大的皮肤，使皮肤细致无瑕，白皙靓丽。照片处理前后的对比，如图89-1所示。

- ●知识重点："应用图像"、"色彩平衡"、"减少杂色"命令
- ●制作时间：15分钟
- ●学习难度：★★★

操作步骤

（1）打开素材照片后，执行"图像"→"应用图像"命令，弹出对话框，选择"源"为"处理粗大毛孔皮肤.jpg"，"图层"为"背景"，通道为"红"通道，"混合"为"滤色"，不透明度为50%，减少皮肤的红色。

（2）按下Ctrl+B键，弹出"色彩平衡"对话框，设置色价数值为−30、0、0，使照片的整体色彩平衡。

（3）执行"图像"→"调整"→"替换颜色"命令，弹出对话框，设置"颜色容差"为85，使用 ✐ "吸管工具"在图像中吸取"衣服"的红色，选中了"衣服"呈白色显示，在"替换"栏中设置"饱和度"为50，调整衣服的颜色。

（4）执行"滤镜"→"杂色"→"减少杂色"命令，弹出对话框，单击"基本"选项，其他参数设置为10、45%、22%、20%，使皮肤柔嫩光滑。

（5）最后，创建"曲线"调整图层，在曲线上单击，添加两个控制点，输出和输入值分别为159、155以及49、65，加强照片的对比度，完成实例操作。

图89-1 调整肤色的前后对比

实例90 翻新旧照片

大家如果有很多比较重要的老旧照片，而又损坏了，就这样丢弃真的是很可惜。

本实例通过运用Photoshop CS4中的多个工具组合，来修复翻新旧照片，让照片亮丽如新，照片处理前后的效果对比，如图90-1所示。

图90-1 翻新旧照的前后对比

操作流程图，如图90-2所示。

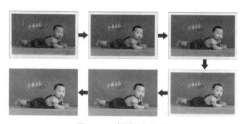

图90-2 操作流程图

● 知识重点："仿制图章工具"、"钢笔工具"、"曲线"命令、"色相饱和度"命令

● 制作时间：30分钟

● 学习难度：★★★

操作步骤

（1）打开文件：打开配套光盘中提供的"处理旧照片.jpg"素材照片，如图90-3所示。

图90-3 打开照片

（2）去除照片折痕：选择工具栏中的 "仿制图章工具" ❶，在属性栏中选择一个柔和的画笔，并设置其他属性❷。按住Alt键不放，同时在没有"折痕"的地方单击，拾取取样点，释放Alt键，在有"折痕"的地方单击并涂抹，以去除"折痕"❸，如图90-4所示。用同样的方法去除照片的"斑点"。

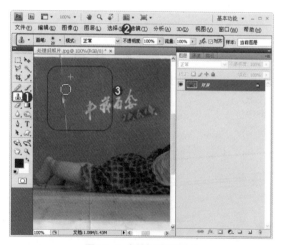

图90-4 去处折痕和斑点

（3）勾勒皮肤路径：打开"路径"面板，单击"创建新路径"按钮❶，新建"路径1"❷。选择工具栏中的 "钢笔工具"❸，在属

性栏中设置参数❹，沿着"宝宝"的皮肤边缘，勾勒出路径❺，如图90-5所示。

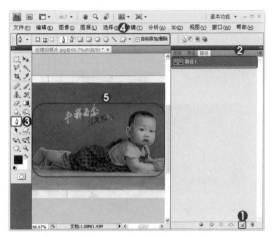

图90-5 勾勒皮肤路径

提示： 在使用"钢笔工具"绘制路径时，按下Ctrl键可以切换成 🔧 "直接选择工具"，在路径外单击结束路径的绘制后，可继续使用"钢笔工具"绘制另一条路径。

（4）羽化选区：勾勒完皮肤路径后，按下Ctrl+Enter键转换为选区。选择"选择"→"修改"→"羽化"命令（快捷键为Shift+F6），弹出"羽化选区"对话框，设置"羽化半径"为2像素❶，单击"确定"按钮❷，如图90-6所示。

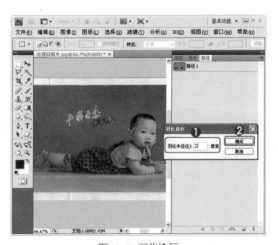

图90-6 羽化选区

（5）调整皮肤颜色：按下Ctrl+J键将选区内的图像复制出"图层1"❶，再按下Ctrl+U键，弹出"色相/饱和度"对话框，勾选"着色"选项❷，并设置"色相"为13，"饱和度"为20❸，调整"宝宝"皮肤的颜色为红色，单击"确定"按钮❹，如图90-7所示。

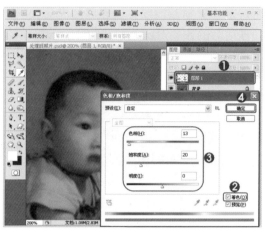

图90-7 复制图层并调整皮肤颜色

提示： "色相/饱和度"命令不仅可以改变像素的色相及饱和度，而且它还可以通过给像素指定新的色相，实现给灰度图像染上色彩的功能。

（6）增亮"皮肤"：按下Ctrl+M键，弹出"曲线"对话框，在曲线上单击并拖动，获得1个控制点❶，再设置"输出"为146、"输入"为117❷，使皮肤部分变亮，单击"确定"按钮❸，如图90-8所示。

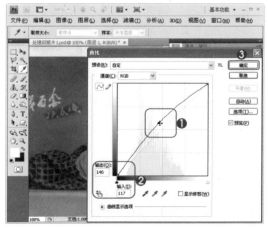

图90-8 调整皮肤的亮度

（7）调整"嘴唇"颜色：在"路径"面板中新建"路径2"，使用"钢笔工具"勾绘出"宝宝"的嘴唇，完毕后按下Ctrl+Enter键转换为选区，并羽化2像素。执行"色相/饱和度"命令，在弹出的对话框中，勾选"着色"选项❶，设置参数为8、35、0❷，将"宝宝"嘴唇的颜色调整为红色，单击"确定"按钮❸，如图90-9所示，按下Ctrl+D键取消选区。

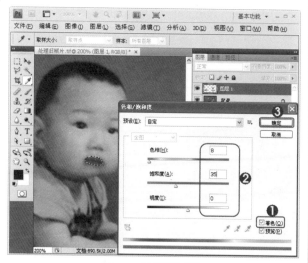

图90-9 调整嘴唇颜色

（8）加深眼睛和眉毛：继续在"路径"面板中新建"路径3"，使用 ✍ "钢笔工具"勾勒出"眼睛"和"眉毛"的路径，并转换为选区，羽化2个像素。按下Ctrl+U键，弹出"色相/饱和度"对话框，设置参数分别为−15、−63、0❶，单击"确定"按钮❷，如图90-10所示。

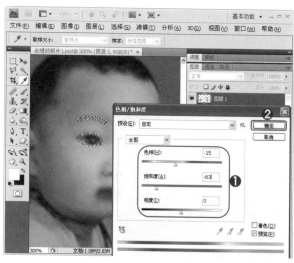

图90-10 调整眼睛和眉毛

（9）加强"眼睛"对比度：保持选区的选取状态，按下Ctrl+M键，弹出"曲线"对话框，添加两个控制点，"输出"和"输入"参数分别为229、214❶，以及31、46❷，加强"眼睛"对比度。单击"确定"按钮❸，如图90-11所示，再按下Ctrl+D键取消选区。

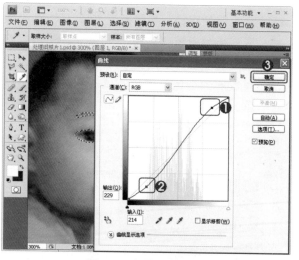

图90-11 加强眼睛对比度

提示："曲线"命令可以调整图像的亮度以外，还有调整图像的对比度和控制色彩等功能。

(10) 加深眉毛和头发：保持选区的选取状态，选择 "加深工具" ❶，在属性栏中设置参数 ❷，在眉毛部位进行涂抹，加深眉毛 ❸，完毕后按下Ctrl+D键取消选区。接着选中 "背景" 图层，同样使用 "加深工具" 对 "头发" 加深 ❹，如图90-12所示。

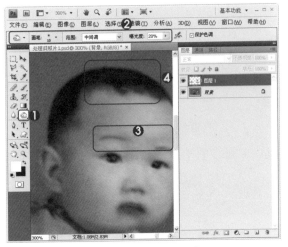

图90-12 加深眉毛和头发

(11) 调整衣服颜色：继续在 "路径" 面板中新建 "路径4"，使用 "钢笔工具" 勾勒出衣服的路径，并转换为选区，羽化2个像素。接着设置 "色相/饱和度"，勾选 "着色" 选项 ❶，设置参数为58、34、0 ❷，调整衣服的颜色为黄色。单击 "确定" 按钮 ❸，如图90-13所示。

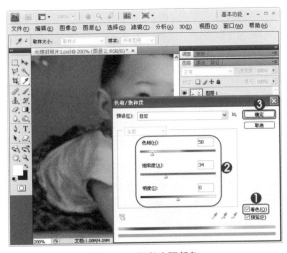

图90-13 调整衣服颜色

(12) 调整裤子颜色：在 "路径" 面板中新建 "路径5"，使用 "钢笔工具" 勾勒出 "裤子" 的路径，再转换为选区，羽化2个像素。设置 "色相/饱和度"，勾选 "着色" 选项 ❶，设置参数为220、35、0 ❷，调整 "裤子" 的颜色为蓝色。单击 "确定" 按钮 ❸，如图90-14所示。

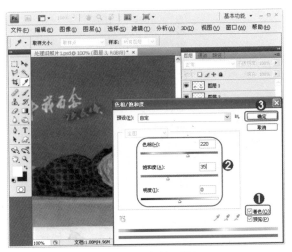

图90-14 调整裤子颜色

(13) 添加 "曲线" 调整图层：人物就上色好了，接下来调整照片的整体效果。单击 "图层" 面板底部的 "创建新的填充或调整图层" 按钮，在其中选择 "曲线" 命令 ❶，如图90-15所示，即可在所有图层的上方创建 "曲线" 调整图层。

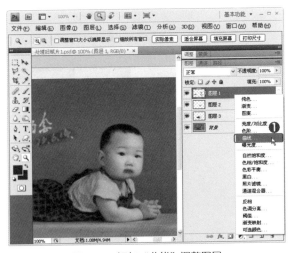

图90-15 添加 "曲线" 调整图层

（14）增亮照片：跳转到"曲线"调整面板，在曲线上单击并拖动光标，获得一个控制点❶，再设置"输出"为138、"输入"为112❷，使照片整体变亮，如图90-16所示。

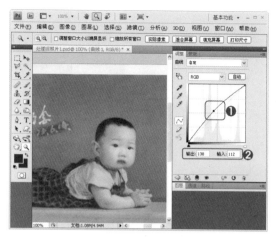

图90-16 增亮照片

提示： 在这里使用"曲线"调整图层来增亮照片，可以让增亮效果作用于"曲线"调整图层以下的全部图层。

（15）新建图层并填充：单击 "创建新图层"按钮❶，在"曲线"调整图层的上方新建"图层4"❷，设置该图层的"混合模式"为"颜色"❸。设置"前景色"为青蓝色（R：2、G：42、B：55）❹，按下Alt+Delete键填充"图层4"为青蓝色，如图90-17所示。

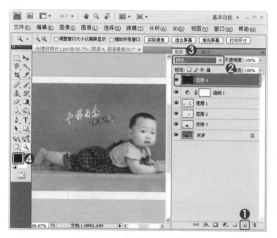

图90-17 新建图层并填充

提示： "颜色"图层模式是用基色的亮度以及混合色的色相和饱和度创建结果色，这对于给单色图像上色和给彩色图像着色都会非常有用。

（16）添加图层蒙版：在"图层"面板中，单击 "添加图层蒙版"按钮❶，为"图层4"添加图层蒙版。设置"前景色"为黑色❷，使用 "画笔工具"❸，在属性栏中选择一个柔和的笔触❹，单击选中"图层蒙版"缩览图❺，在人物上涂抹，恢复人物的色彩，如图90-18所示。

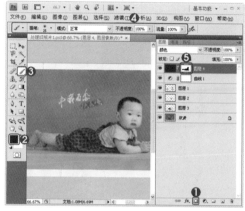

图90-18 添加图层蒙版

（17）盖印图层并裁切：按下Ctrl+Shift+Alt+E键进行"盖印"图层，得到"图层5"❶。使用 "裁剪工具"❷，拖出一个裁剪框❸，调整合适后，按下Enter键，将四周白边裁掉，如图90-19所示。

图90-19 盖印图层并裁切

(18) 减少杂色：选择"滤镜"→"杂色"→"减少杂色"命令，弹出"减少杂色"对话框，单击"基本"选项❶，设置"强度"为10，"保留细节"为45%，"减少杂色"为56%，"锐化细节"为75%❷，使皮肤光洁柔滑。单击"确定"按钮❸，如图90-20所示。

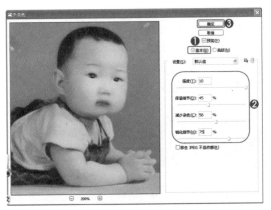

图90-20 减少杂色

(19) 完成操作：到此就完成了对旧照片的修复翻新，最终效果，如图90-21所示。

图90-21 最终效果图

第6章　人像照片的轻松美化

　　"人物"是数码摄影拍摄的最常见的拍摄对象，因此，后期对人像照片的美化处理非常多。本章节将介绍使用Photoshop CS4软件，对人像照片制作一些简单的美化，即可达到锦上添花的美化效果。能让普通的数码照片传递出更多的内涵和情感，使照片上的人物展现出最美的一面。

实例91 "变亮"图层混合模式——制作异形边缘

本实例为人物照片添加异形的边缘，让照片平添几分随意的艺术质感。照片处理的前后对比，如图91-1所示。

图91-1 异形边缘的前后对比

操作流程图，如图91-2所示。

图91-2 操作流程图

● 知识重点："置入"图像、"变亮"图层混合模式
● 制作时间：6分钟
● 学习难度：★★

操作步骤

（1）打开照片：在Photoshop CS4中，打开本书配套光盘提供的"人物.jpg"素材照片。执行"文件"→"置入"命令❶，如图91-3所示。

图91-3 选择命令

（2）选择文件：打开"置入"对话框，在其中选择配套光盘中提供的"异形边缘.jpg"文件❶，并单击"置入"按钮❷，如图91-4所示。

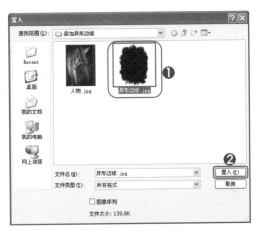

图91-4 选择置入的文件

（3）置入图像："异形边缘.jpg"文件的图像就会置入到当前的文件中，自动生成为"异

形边缘"的图层❶。同时，图像的四周会出现智能对象的变换框，如图91-5所示。

图91-5 置入图像

（4）缩放边缘大小：在"图层"面板中，将"异形边缘"图层的"混合模式"修改为"变亮"❶，即可看到图像呈现出白色的异形边缘，拖动控制点，调整异形边缘的大小❷，让人物完整地包含在边缘之内，如图91-6所示。达到满意的效果后，按下Enter键关闭变换框。

图91-6 缩放边缘大小

提示：使用"变亮"图层混合模式，较淡的颜色区域在合成图像中占主要地位。当前图层较亮的像素保留起来，而其他较暗的像素则被替代。

说明："图层混合模式"是Photoshop中很强大的功能，也较难理解。简单地说，就是相邻两个图层相叠，选择不同的混合模式，叠出不同的效果。两个相叠的图

层A和B，A在上方，B在下方，A与B混合，A是混合色，B是基色。A与B混合得到的颜色是结果色。

（5）裁剪照片：单击 "裁剪工具"❶，在属性栏中设置"裁剪区域"为"隐藏"❷。在图像中拖出裁剪框，只保留白色边缘内的区域，如图91-7所示。达到满意效果后，按下Enter键关闭变换框。

图91-7 裁剪照片

（6）完成操作：这样就为照片添加了一个异形边缘的效果，如图91-8所示。操作完成后需要进行图像的保存，由于图像中包含了两个图层，不能保存为JPEG格式。通常另存为TIFF格式或PSD格式，这两种格式可以保持图层的信息。

图91-8 最终效果图

实例92 图层样式——制作画中的相框

为人物照片制作"画中相框"的效果，聚焦照片的主体人物，让照片呈现特别的感觉。照片处理前后的对比，如图92-1所示。

图92-1 画中相框的前后对比

操作流程图，如图92-2所示。

图92-2 操作流程图

● 知识重点："钢笔工具"、"直接选择工具"、"色相/饱和度预设"、添加"图层样式"

● 制作时间：10分钟

● 学习难度：★★

操作步骤

（1）勾出四方形路径：按下Ctrl+O键，打开本书配套光盘中提供的"制作画中的相框.jpg"素材文件，单击 ✎"钢笔工具"❶，在属性栏中单击 ▨"路径"按钮❷，在画面中勾出一个矩形路径❸，如图92-3所示。

图92-3 勾出四边形路径

（2）调整路径：勾勒出四边形路径后，若对路径不满意，可单击 ▸"直接选择工具"❶对路径进行调整，调整的方法是单击选中路径后，对需要调节的锚点再次单击，移动锚点，让路径呈一个倾斜的四边形❷，如图92-4所示。

图92-4 调整路径

(3) 复制新图层：按下Ctrl+Enter键，将路径转化为选区❶。按下Ctrl+J键，将选区中的图像复制到新的图层"图层1"中❷，如图92-5所示。

图92-5　复制新图层

(4) 添加"氰版照相"：单击选中"背景"图层❶，在"调整"面板中❷，单击"色相/饱和度预设"左侧的小三角形，打开其列表，选择"氰版照相"❸，如图92-6所示。

图92-6　添加"氰版照相"预设

(5) 自动设置颜色：跳转到"色相/饱和度"面板，参数自动调整为"氰版照相"的样式❶，得到一种蓝色的效果，如图92-7所示。

图92-7　自动设置颜色

说明： "氰版照相法"是一种古老的单色照相印刷工艺，即众所周知的蓝图。这种印刷术是以素描纸或制图纸为基层，颜色为典型的"普鲁士蓝"。若对色彩不满意，可拖动滑块继续调整色彩。

(6) 添加图层样式：选中"图层1"为当前图层❶，在"图层"面板的底部单击 _fx_ "添加图层样式"按钮，在弹出的菜单中选择"描边"❷，如图92-8所示。

图92-8　添加"描边"样式

（7）设置参数：弹出"图层样式"对话框，在"描边"选项区域中设置其参数❶，得到四边形的描白边效果单击"确定"按钮❷，如图92-9所示。

说明： Photoshop中的图层样式，效果非常丰富，可以轻松地制作出图层的各种效果，如投影、外发光、内发光、浮雕和描边等，是制作图片效果的重要手段之一。

图92-9 设置"描边"参数

（8）完成操作：这样就完成了画中的相框的效果，效果如图92-10所示。

图92-10 最终效果图

实例93 艺术笔触照片

将自己的照片做一些特殊的处理，作为自己的签名照片，放置到网络博客、论坛上等，一定让你与众不同。下面介绍将数码照片，进行艺术美化，呈现出艺术笔触的特殊纹理，并配上自己的签名。照片处理的前后对比，如图93-1所示。

操作流程图，如图93-2所示。

图93-2 操作流程图

图93-1 艺术笔触照片的前后对比

● 知识重点："油漆桶工具"、"历史记录艺术画笔工具"、"横排文字工具"

● 制作时间：12分钟

● 学习难度：★★

操作步骤

（1）打开照片：打开本书配套光盘中提供的"艺术笔触照片.jpg"素材照片，如图93-3所示。

图93-3 打开照片

（2）新建并填充图层：单击"图层"面板底部的 "创建新图层"按钮❶，新建"图层1"❷。在"颜色"面板中设置"前景色"为桔黄色（R：207、G：147、B：93）❸，选择工具箱中的 "油漆桶工具"❹，在画面中单击，即可对"图层1"进行填充❺，如图93-4所示。

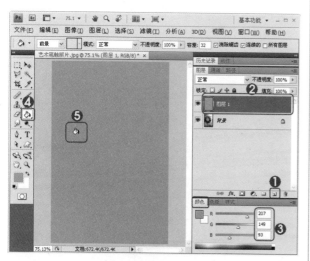

图93-4 新建并填充图层

> **提示：** "油漆桶工具"主要作用于用来填充颜色。在此，可根据喜好，选择不同的颜色进行填充，结果会得到不同风格的效果。

（3）设置历史记录：打开"历史记录"面板，单击"打开"步骤前面的小方框，显示了 "历史记录画笔"图标❶（说明以"打开"时的图像为数据源）。在工具栏中选择 "历史记录艺术画笔工具"❷，在属性栏中设置工具的参数❸，并在图像中涂刷，涂刷的位置就以"打开"时的图像为数据源来绘画❹，如图93-5所示。

图93-5 设置历史记录

> **提示：** 使用"历史记录艺术画笔工具"和使用"历史记录画笔工具"的方法相似，但"历史记录艺术画笔工具"能以"风格化"描边进行绘画，使图像产生一种抽象的艺术风格。
>
> "历史记录艺术画笔工具"属性栏中参数的设置，其数值大小不同会产生很大的差异。其中，"画笔"越小，绘制的图像效果越接近原图像。"样式"中有多种样式，其中"紧绷短"是最小的笔触形状，绘制的图像效果最接近原图像。"区域"是设置画笔覆盖的范围。"容差"可以限定可用绘画描边的区域，参数越小，可绘画描边的区域就越大。

(4) 细致涂刷：使用"历史记录艺术画笔工具"，在涂刷较小范围时，可将"画笔大小"设置为1px❶，再进行细致地涂刷，让画面有一定的"造型美"❷，如图93-6所示。

图93-6 细致涂刷

(5) 输入文字：在"色板"面板中选择一个灰色❶，单击工具箱中的 T."横排文字工具"❷，选择文字的"字体"、"大小"为18点❸。在画面的右下角处单击，出现闪动的光标后，输入签名文字Chrice❹，如图93-7所示。

图93-7 输入文字

提示：使用"文字工具"输入文字后，会自动添加一个"文字"图层。文字图层缩览图中会有一个T符号。文字图层在栅格化为普通图层之前是矢量化的，可以随意变化而不会影响文字的清晰度。

(6) 拼合图层：在"图层"面板的右上角，单击展开菜单的 小三角形❶，在弹出的菜单中选择"拼合图像"选项❷，即可将所有图层进行合并，如图93-8所示。

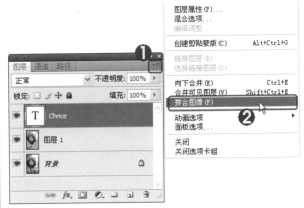

图93-8 拼合图层

(7) 完成操作：这样就完成了"艺术笔触"照片的制作，将照片进行保存，最终效果如图93-9所示。

图93-9 最终效果图

实例94 智能缩放照片——亲近自然

对照片尺寸的调整，若改变照片的长宽比例，比如将照片拉长做成长条形，或拉高做出成竖条形的。这种情况下，画面中的图像包括人物会随之拉伸变形。

但在Photoshop CS4中，有一个神奇的新功能"内容识别比例"，可以在压缩或拉长图片时，保持图像中重要可视内容（如人物、建筑、动物等）不变形，使原来大量的、复杂的后期修补、润饰工作变得非常简单。照片处理的前后对比，如图94-1所示。

图94-1 智能缩放照片的前后对比

操作流程图，如图94-2所示。

图94-2 操作流程图

- 知识重点："画布大小"、"内容识别比例"、"正片叠底"图层混合模式、"横排文字工具"
- 制作时间：15分钟
- 学习难度：★★★

操作步骤

（1）复制图层：打开本书配套光盘提供的"智能缩放.jpg"素材照片。按下Ctrl+J键，复制出"图层1"❶。单击"背景"图层前面的 👁 "眼睛"图标，将该图层隐藏起来❷，如图94-3所示。

图94-3 打开照片并复制图层

提示：默认情况下，"背景"图层是被锁定的图层，不能进行"自由变换"，因此这里需要复制多一层"图层1"。下面的操作都是在该图层中进行的。

（2）调整画布大小：执行"图像"→"画布大小"命令，弹出"画布大小"对话框，单击"定位"在右侧❶，输入新画布的"宽度"为18厘米❷,最后单击"确定"按钮❸,如图94-4所示。

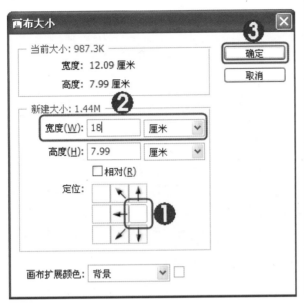

图94-4 调整画布大小

(3) 增加画布:画布调整完成后,系统会在图像的右侧增加透明的画布,如图94-5所示。

图94-5 增加了画布

(4) 选择命令:保持"图层1"为当前的图层,执行"编辑"→"内容识别比例"命令,如图94-6所示。

图94-6 选择命令

(5) 拉长画面:执行命令后,图像的四周会出现8个控制点,表示可拖动控制缩放图像。先在属性栏中单击🚹"保护肤色"按钮❶,并向左拖动图像左侧的控制点❷,如图94-7所示。

图94-7 拉长画面

提示: 在属性栏中单击"保护肤色"按钮,可以保留含"肤色"的区域。"保护"选项中,如果有使用alpha通道保护特定区域,可以在此选择相应的alpha通道。

（6）完成拉长的缩放：将控制点拖至画布的最左端❶，可以看到照片尺寸拉长了，但照片中的人物没有发生变形，如图94-8所示。达到满意的效果后，按下Enter键结束操作。

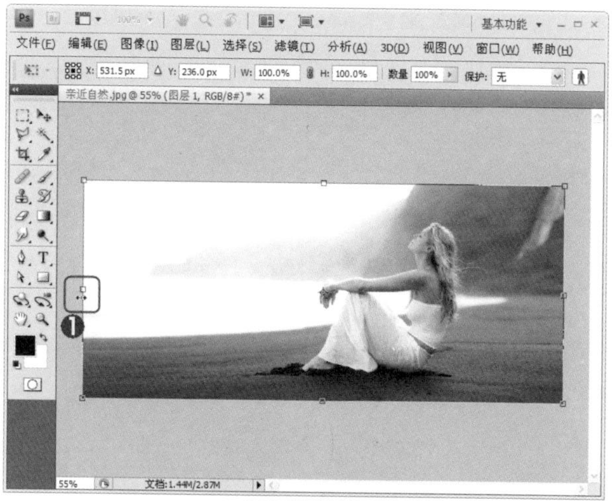

图94-8 完成拉长的缩放

（7）设置渐变色：新建一个图层“图层2”❶，设置“前景色”为深绿色（R：42、G：86、B：85），“背景色”为土黄色（R：211、G：207、B：169）❷。选择“渐变工具”❸，在属性栏中选择渐变模式为“从前景色到背景色”渐变❹，并设置其他的属性❺，如图94-9所示。

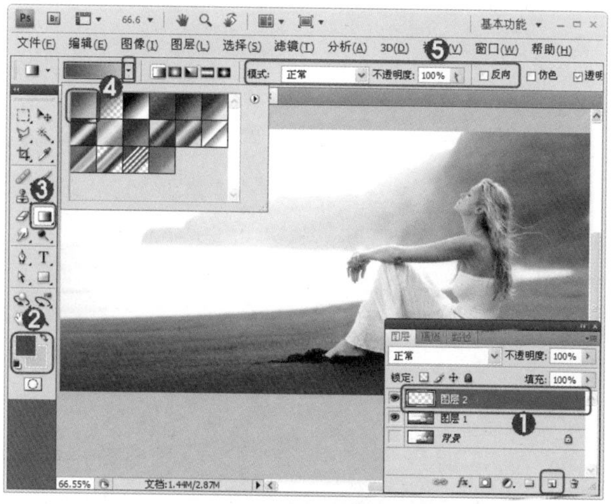

图94-9 设置渐变色

（8）制作渐变效果：选择“渐变工具”的类型为“线性渐变”❶，在图像中从左上角向右下方拖曳光标，形成一种渐变效果❷。设置“图层2”的图层混合模式为“正片叠底”，“不透明度”为56%❸，如图94-10所示。

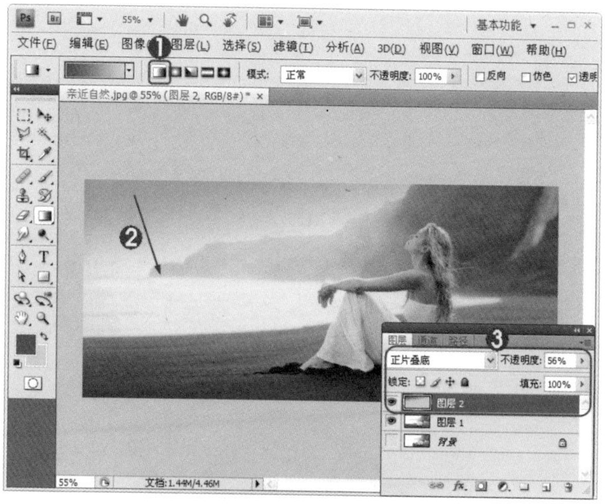

图94-10 制作渐变效果

（9）输入文字：保持“前景色”为深绿色❶，单击“横排文字工具”❷，在属性栏中设置“字体”和“大小”❸。在图像的左上角单击，出现闪动的光标后输入英文字符❹，如图94-11所示。

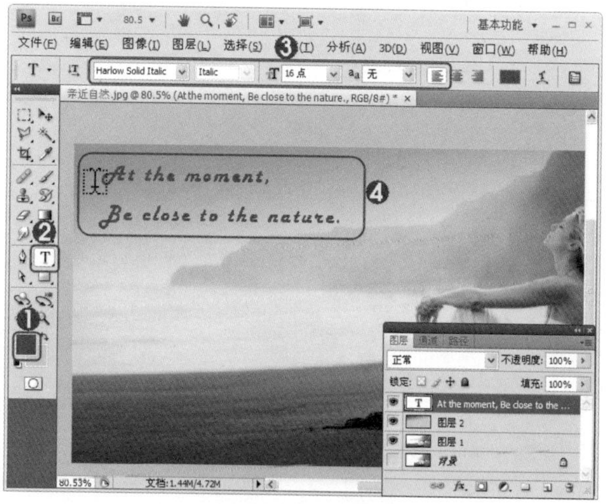

图94-11 输入文字

提示： 在输入文字时，如果需要切换到下一行开始重新输入，则是按下Enter键。

（10）完成操作：这样即完成图像的缩放，并添加了颜色渐变和文字，最终效果如图94-12所示。

图94-12 最终效果图

实例95 多彩的照片

将人像照片制作多种色彩搭配的效果，也是别有一番风趣，下面使用Photoshop CS4的"柔光"图层混合模式，制作照片的多彩效果。照片处理的前后对比，如图95-1所示。

图95-1 制作多彩照片的前后对比

操作流程图，如图95-2所示。

图95-2 操作流程图

● 知识重点："直线工具"、"柔光"图层混合模式、"横排文字工具"

● 制作时间：12分钟

● 学习难度：★★

操作步骤

（1）设置前景色：打开本书配套光盘提供的"多彩的照片.jpg"素材照片。单击工具栏中的■"默认前景色和背景色"按钮❶（快捷键为D），接着再单击↴"切换前

景色和背景色"按钮❷（快捷键为X），
设置"前景色"为白色。如图95-3所示。

图95-3 设置前景色

（2）设置直线属性：在"图层"面板中，单击
　　 "创建新图层"按钮❶，新建"图层1"
　　❷，选择工具箱中的 "直线工具"❸，在属
　　性栏中单击 "填充像素"按钮❹，"粗
　　细"为4px，"模式"为"正常"，"不透
　　明度"为100%❺，如图95-4所示。

图95-4 设置直线属性

说明： "直线工具"和"矩形工具"等形状工具，
属性栏中都含有3种类型按钮，若选中"形状图层"按
钮，则绘制的是带有矢量蒙版的图形；若选中"路径"
按钮，绘制就是形状路径；若选中"填充像素"按钮，
则绘制的是填充好前景色的实心图像。

（3）绘制白色饰线：按下快捷键Ctrl+R，在窗
　　口中显示"标尺"，按住Shift键根据标尺
　　在照片三等分的位置绘制水平的白装饰线
　　❶，如图95-5所示。

图95-5 绘制白色饰线

提示： 在绘制直线时，按住Shift键，可保证线条保持
水平或垂直。

（4）制作蓝色色块：单击 "创建新图层"按钮
　　❶，新建"图层2"❷，单击 "矩形选框工
　　具"❸，在属性栏中单击"新选区"按钮，
　　设置"羽化"为0px❹。设置"前景色"为
　　蓝色（R：100、G：155、B：255）❺，在图
　　像的底部拖出矩形选区，并按下Alt+Delete
　　键，将选区填充为蓝色❻，如图95-6所示。

图95-6 制作蓝色色块

（5）设置图层模式：将"图层2"的图层混合模式设置为"柔光"❶，即可让画面呈现蓝色的装饰效果❷，如图95-7所示。

在画面的左下角单击，出现闪动的光标后输入两行文字"我的多彩世界"❸，如图95-9所示。

图95-7 设置图层模式

（6）制作其他色块：在"图层2"中，同样用"矩形选框工具"沿中间的白装饰线绘制矩形选区后，填充为黄色（R：255、G：238、B：113）❶；再框选上方的矩形选区，填充为红色（R：255、G：130、B：178）❷，如图95-8所示。

图95-9 输入文字

提示： Photoshop中自带一些计算机中的字体。若要安装新的字体，方法是：将该字体文件复制到计算机的系统盘：WINDOWS\Fonts目录下（路径一般为C:\WINDOWS\Fonts），即可在Photoshop中使用该字体，但需要重启软件。

（8）完成操作：这样就完成了"多彩照片"的设计，最终效果如图95-10所示。

图95-8 制作其他色块

（7）输入文字：选择工具箱中的 T. "横排文字工具"❶，在属性栏中设置文字的"字体"，"大小"为16点，颜色为白色❷。

图95-10 最终效果图

实例96 自定形状——添加花纹装饰

为照片添加一些装饰的花纹，这是很常见的一种美化照片的方法。下面为人物照片添加一些花纹装饰，让画面效果丰富。照片处理的前后对比，如图96-1所示。

图96-1 添加花纹装饰前后对比

操作流程图，如图96-2所示。

图96-2 操作流程图

- 知识重点："矩形选框工具"、"自定形状工具"、"直线工具"
- 制作时间：15分钟
- 学习难度：★★

操作步骤

（1）打开照片：按下快捷键Ctrl+O打开本书配

套光盘中提供的"添加花纹装饰.jpg"素材文件，如图96-3所示。

图96-3 打开照片

（2）框选两个选区：在"图层"面板中，单击 "创建新图层"按钮❶，新建"图层1"❷。单击 "矩形选框工具"❸，在属性栏中选中 "添加到选区"选项，设置"羽化"为0px❹，并在图像的上方和下方各框出一个选区❺，如图96-4所示。

图96-4 框选两个选区

（3）填充红色：单击"前景色"按钮❶，弹出 "拾色器"对话框，在其中设置颜色为红色（R：122、G：38、B：35）❷，单击"确定"按钮关闭对话框❸。接着按下Alt+Delete键，将选区填充为红色❹，最后按下Ctrl+D键取消选区，如图96-5所示。

图96-5 填充红色

（4）设置形状属性：在"图层"面板中，新建"图层2"❶，按下D键恢复默认"前景色"和"背景色"，再按下X键置换，将"前景色"设置为白色❷。单击工具栏中的 "自定形状工具"❸，在属性栏中单击 "填充像素"按钮❹，单击"自定形状选项"右侧的小三角，在弹出的列表中选择"定义的比例"❺，如图96-6所示。

图96-6 设置形状属性

提示： 在属性栏中，单击"填充像素"按钮，这样绘制的形状不会自动添加蒙版，而是普通的图像。在"自定形状选项"中选择"定义的比例"选择，则绘制的图形可大可小，但所有图形是呈等比例的。

（5）选择一个形状图案：接着在属性栏中单击"形状"项❶，在下拉列表中，单击黑色小三角形❷，在弹出的菜单中选择"形状"选项❸，在弹出的对话框中单击"追加"按钮，来追加所需要的样式。在"形状"下拉列表中选择一种"花形"图案❹，如图96-7所示。

图96-7 选择形状图案

提示： Photoshop中自带了很多形状图案，如果默认的形状列表中没有需要的样式，可单击"形状"列表中的黑色小三角形，在弹出的菜单中选择一种形状，追加到列表。

（6）绘制装饰花纹：在"自定义形状工具"属性栏中设置"不透明度"为70%❶。在"图层2"中随意地拖动绘制，绘制出大小不一的花形图案❷，如图96-8所示。

图96-8 绘制装饰花纹

提示： 使用"自定义形状工具"绘制时，其大小可以任意地控制，十分灵活。

（7）绘制直线：在属性栏中单击 ↘."直线工具" ❶，设置"粗细"为1px ❷，按住Shift键，在画面中绘制垂直的线段，连接上方的小花形❸，如图96-9所示。

图96-9 绘制直线

（8）完成操作：这样就完成了为照片添加花纹装饰的设计，效果如图96-10所示。

图96-10 最终效果图

实例97 蒙版——为照片添加诗篇

本实例来为照片添加"诗篇"，增加照片的诗情画意，表达照片的内涵。照片处理的前后对比，如图97-1所示。

图97-1 添加诗篇的前后对比

操作流程图,如图97-2所示。

图97-2 操作流程图

- 知识重点:"裁剪工具"添加画布、"图层蒙版"制作渐隐效果、"横排文字工具"、"魔术橡皮擦工具"
- 制作时间:15分钟
- 学习难度:★★★

操作步骤

(1) 复制图层:打开本书配套光盘的"为照片添加诗篇.jpg"素材照片,按下Ctrl+J键复制出"图层1"。将"背景色"设置为白色❶,选中"背景"图层,按下Ctrl+Delete键填充为白色❷,如图97-3所示。

图97-3 复制图层

(2) 裁剪添加画布:单击工具箱中的 "裁剪工具"❶,在画面中拖出一个裁剪框,向右拖动裁剪框右侧的控制点,至图像以外的位置❷,如图97-4所示。按下Enter键,空白区域会自动填充为"背景色"(即白色)。

图97-4 裁剪添加画布

(3) 设置渐变属性:单击 "渐变工具"❶,在属性栏中单击渐变条右侧的小三角,在下拉列表中选择"从前景色到透明"选项❷,单击 "线性渐变"按钮❸,勾选"反向"并设置其他的选项❹。单击"图层"面板底部的 "添加图层蒙版"按钮❺,为"图层1"添加图层蒙版❻,如图97-5所示。

图97-5 设置渐变属性

（4）渐变操作：确定选中了蒙版缩略图，使用"渐变工具"在画面的右侧拖曳❶，可进行数次操作，直至人物画面与白色背景得到很好地过渡，如图97-6所示。

图97-6 渐变操作

提示：为图层添加"图层蒙版"后，使用黑白的渐变，可得到图片渐隐的柔和效果。

（5）输入"诗篇"文字：单击 T."横排文字工具"❶，在属性栏中设置"字体"，"大小"为6点❷，设置颜色为深蓝色（可直接在人物照片中吸取颜色），在画面的白色区域中拖出一个输入框，在其中输入"诗篇"文字❹，如图97-7所示。

图97-5 输入诗篇文字

（6）去除花纹的背景：打开配套光盘提供的"花纹.jpg"文件❶，选择 "魔术橡皮擦

工具"❷，设置其属性❸。在"花纹.jpg"图像中的白色背景处单击，即可去除白色背景❹，如图97-8所示。

图97-8 去除花纹的背景

提示："魔术橡皮擦工具"可快速擦除与鼠标单击处颜色相近的像素，当擦除背景层或普通层时，被擦除区域将透明显示。使用该工具来去除掉图像中单色的背景，十分方便。

（7）移动复制花纹：单击 "移动工具"❶，将去除背景的花纹移动复制到当前的图像文件中❷。按下Ctrl+T键打开变换框，按住Shift键不放，同时拖动控制点，来缩小花纹图像❸，如图97-9所示。最后按下Enter键确定变换操作。

图97-9 移动复制花纹

(8) 调整花纹：执行"编辑"→"变换"→"垂直翻转"命令❶，将"花纹"进行垂直的翻转，接着将"花纹"所在图层的"不透明度"调整为20%❷，让"花纹"与背景更好地融合在一起❸，如图97-10所示。

(9) 完成操作：这样就为照片添加了"诗篇"，让照片富有内涵，效果如图97-11所示。

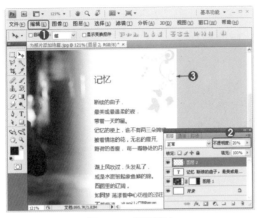

图97-10 调整花纹

图97-11 最终效果图

实例98 制作艺术照并添加边框

不需要去影楼拍摄，利用Photoshop软件，就能将照片制作成艺术照片，并添加非主流的边框。照片处理的前后对比，如图98-1所示。

图98-1 制作艺术照的前后对比

操作流程图，如图98-2所示。

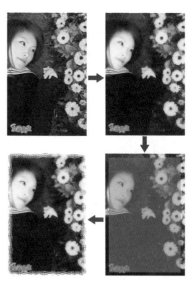

图98-2　操作流程图

● 知识重点："强光"图层混合模式、"以快速蒙版模式编辑"、"玻璃"滤镜、"碎片"滤镜、"成角的线条"滤镜

● 制作时间：18分钟

● 学习难度：★★★

操作步骤

（1）复制两个图层：打开本书配套光盘中提供的"制作艺术照并添加边框.jpg"素材照片，连续按下两次Ctrl+J键，复制了两个背景图层❶，如图98-3所示。

图98-3　复制两个图层

（2）对中间的图层进行"高斯模糊"：选中处于中间的图层❶，执行"滤镜"→"模糊"→"高斯模糊"命令❷，弹出"高斯模糊"对话框，设置"半径"为4像素❸，单击"确定"按钮❹，如图98-4所示。

图98-4　高斯模糊操作

（3）设置图层模式：选中最上方的图层❶，将其图层"混合模式"设置为"强光""不透明度"设置为65%❷，这样人物就有了柔美的艺术效果，如图98-5所示。

图98-5　设置图层模式

提示： "强光"图层混合模式，产生的效果就好像为图像应用强烈的"聚光灯"一样。上层颜色（光源）亮度如果高于50%灰色，图像就会被照亮。若比50%灰色暗，则图像变暗。

（4）拼合图层：在"图层1副本"图层名的右侧空白处，单击鼠标右键，在弹出的菜单中选择"拼合图像"命令❶，如图98-6所示，即可将全部图层合并为"背景"层。

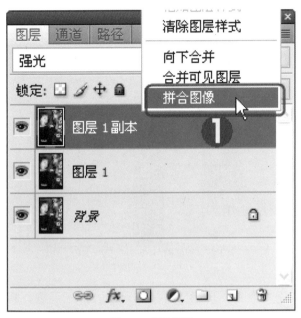

图98-6 拼合图层

（5）解除"背景"层的锁定：在"背景"图层名的右侧，单击鼠标右键，在弹出的菜单中选择"背景图层"命令❶，在随即弹出"新建图层"对话框中，保持默认的状态，单击"确定"按钮❷，如图98-7所示。即可让"背景"图层去除掉锁定状态，改名为"图层0"。

图98-7 解除"背景"层的锁定

提示：将"背景"图层进行解锁，转换为普通的图层，这样才能移动图层。

（6）新建白色图层：确定"背景色"为白色❶，在"图层"面板中单击 "创建新图层"按钮❷，新建"图层1"，按下Ctrl+Delete键填充为白色，并将"图层1"拖曳至"图层0"之下❸，如图98-8所示。

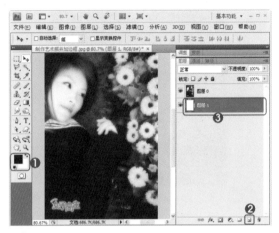

图98-8 新建白色图层

（7）框出选区：单击"图层0"为当前图层❶，单击工具栏中的 "矩形选框工具"❷，设置"羽化"为0px❸，在画面中拖出一个比图像边缘较小的矩形选区❹，如图98-9所示。

图98-9 框出选区

（8）进入蒙版模式：执行"选择"→"反向"命令❶，则选中外周一圈。单击 "以快速蒙版模式编辑"按钮（快捷键为Q），进入"快速蒙版"编辑模式❷，将未被选取的区域用红色覆盖保护起来，以免受到任何更改❸，如图98-10所示。

图98-10 进入蒙版模式

提示： "以快速蒙版模式编辑"常用于制作选区。例如，进入该模式后，使用"画笔"涂抹，涂抹的地方为红色（表示受保护），涂抹后，按Q键退出"蒙版"模式，则涂抹范围之外的区域就作为选区了。

（9）"玻璃"滤镜：执行"滤镜"→"扭曲"→"玻璃"命令，在弹出的对话框中，选择"纹理"为"磨砂"，"扭曲度"为5、"平滑度"为3、"缩放"为180❶，最后单击"确定"按钮❷，如图98-11所示。

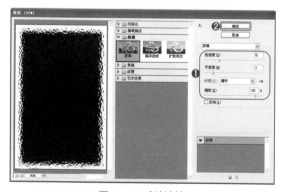

图98-11 玻璃滤镜

说明： "玻璃"滤镜，可以对图像制作通过不同的玻璃看到的效果。

（10）"碎片"滤镜：执行"滤镜"→"像索化"→"碎片"命令❶，让效果呈现毛糙的边缘，如图98-12所示。

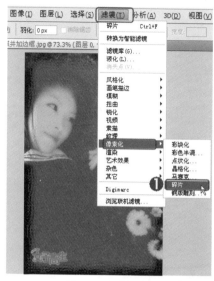

图98-12 碎片滤镜

说明： "碎片"滤镜，可以模拟摄像对镜头晃动，产生了一个模糊重叠的效果。

（11）"成角的线条"滤镜：执行"滤镜"→"画笔描边"→"成角的线条"命令，在弹出的对话框中，设置"方向平衡"为0、"描边长度"为7、"锐化程度"为6❶，单击"确定"按钮❷，如图98-13所示。

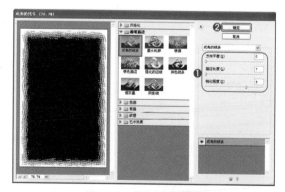

图98-13 成角的线条滤镜

说明： "成角的线条"可以产生笔划倾斜的效果。

（12）退出蒙版并删除图像：单击 📷 "以标准模式编辑"按钮（快捷键为Q），退出"快速蒙版"编辑模式❶，从而得到四周不规则的选区，按下Delete键，将选区内的图像删除，显示出下方图层的白色背景，呈现出相框效果❷，如图98-14所示。

（13）完成操作。按下Ctrl+D键取消选区，这样就完成了制作艺术照并添加边框的效果，效果如图98-15所示。

图98-14 退出蒙版并删除图像

图98-15 最终效果图

实例99 制作黑白艺术照

　　黑白照片以其简单的黑、白、灰三种颜色就能展现细腻的明暗过渡和层次感，从而表现出非凡的格调与品味，它能使张扬的个性与怀旧的美并存，深受许多时尚年轻人的喜爱。

　　本实例通过Photoshop CS4的"Lab颜色"、"灰度"、"扩散亮光"等命令来制作黑白照片效果的方法，照片处理的前后对比，如图99-1所示。

图99-1 黑白艺术照的前后对比

操作流程图，如图99-2所示。

图99-2 操作流程图

● 知识重点："Lab颜色"命令、"灰度"命令、"扩散亮光"滤镜

● 制作时间：12分钟

● 学习难度：★★

操作步骤

（1）转换颜色模式：打开本书配套光盘提供的"黑白艺术照.jpg"素材照片。执行"图像"→"模式"→"Lab颜色"命令❶，把文件颜色模式转为Lab颜色模式，以便提取通道黑白照片效果，如图99-3所示。

图99-3 将图像转为Lab模式

提示： 在处理数码照片时，从彩色转为黑白有很多种方法，其中，Lab模式在不丢失照片的明暗对比信息的同时能突出主次，从而使照片更具质感并且层次鲜明。以这种方法得到的黑白图是所有方法中最好的。因此，建议使用此法。

（2）复制"明度"通道：打开"通道"面板❶，选中"明度"通道❷，按快捷键Ctrl+A将"明度"通道全选，再按Ctrl+C键进行复制❸，如图99-4所示。

图99-4 复制"明度"通道

提示： "明度"里的图像已稍有质感而且初具层次感，是Lab模式下所有通道里最适合做黑白照的通道。

（3）粘贴"明度"通道：在"通道"面板中单击"Lab"通道，返回"图层"面板❶，单击 "创建新图层"按钮，创建空白图层"图层1"❷。按快捷键Ctrl+V将"明度"通道粘贴到"图层1"中❸，如图99-5所示。

图99-5 粘贴"明度"通道

（4）加强层次感：按下Ctrl+J键复制"图层1"，得到"图层1副本"。设置新图层的混合模式为"正片叠底"，来加深照片的明暗强度。为避免明暗对比过强，再将图层"不透明度"和"填充"都设置为75% ❶，如图99-6所示。

图99-6 复制并调整图层

（5）合并图层：保持"图层1副本"的选取，单击"图层"面板的 ▣ 扩展按钮❶，在弹出的菜单中选择"向下合并"命令（快捷键为Ctrl+E）❷，将"图层1副本"层合并到"图层1"中，以便对其进行进一步修调，如图99-7所示。

图99-7 合并图层

（6）再次转换图像模式：为了要使黑白照片效果更柔美，需要对其使用"扩散亮光"滤镜，但此滤镜不能在Lab颜色模式下实现，同时也为确保照片输出的黑白效果，因此选择"图像"→"模式"→"灰度"命令❶，将颜色模式转为灰度模式。在随后弹出的询问对话框中选择"不拼合"按钮❷和"确定"按钮❸，如图99-8所示。

图99-8 转为灰度模式

（7）使用"扩散亮光"滤镜：确定"背景色"为白色，执行"滤镜"→"扭曲"→"扩散亮光"命令，在弹出的对话框中，设置"粒度"为0、"发光量"为2、"清除数量"为16❶，增强图片的层次感和加大明暗对比强度，单击"确定"按钮❷，如图99-9所示。

图99-9 使用"扩散亮光"滤镜

说明："扩散亮光"滤镜，向图像中添加透明的背景色颗粒（本实例中背景色为白色），在图像的亮区向外扩散，产生一种类似发光的效果。此滤镜不能应用于CMYK和Lab模式的图像。

（8）完成操作：这样就完成了本实例制作黑白照片的操作，最终效果如图99-10所示。

图99-10　最终效果图

说明：除了上面所介绍的制作黑白照片的方法外，还有以下几种方法。

方法1：模式法——打开彩色照片，选择"图像"→"模式"→"灰度"命令。

这是最简单的方法，但是它是根据色相来进行转换的，深色的偏黑，浅色的就偏白，因此所得到的黑白照片会苍白无力、层次不强。

方法2：去色法——打开彩色照片，选择"图像"→"调整"→"去色"命令。

同样是极为快捷简洁的彩色转黑白的方法，缺点是图像细节损失过多，通常会丢失关于明暗的信息使图片变得灰灰蒙蒙的。

方法3：饱和度法——打开彩色照片，选择"图像"→"调整"→"色相/饱和度"命令，把图像的饱和度设为-100。

这种方法对要求不高的黑白照片（比如网络）有用，但输出要求高时就不适宜采用。

实例100　换上漂亮衣服

在Photoshop CS4中，将原本衣着普通的小女孩照片，换上漂亮的衣服，一定让照片增色不少。照片处理的前后对比，如图100-1所示。

图100-1　换衣服的前后对比

操作流程图，如图100-2所示。

图100-2　操作流程图

● 知识重点："快速选择工具"、自由变换、"涂抹工具"
● 制作时间：10分钟
● 学习难度：★★

操作步骤

（1）打开"衣服"照片，用 ⬟ "快速选择工具"绘出"衣服"的白色背景为选区，再进行反向选择。

（2）打开人物照片，使用 ⬟ "移动工具"，将

"衣服"选区内的图像移动复制到人物文件中。

（3）按下Ctrl+T键出现变换框，在变换框中右击，选择"变形"选项，调整衣服造型，使之贴合人物，细节处理可以使用 ⬟ "涂抹工具"帮助贴合。

（4）在人物图层中，用 ⬟ "磁性套索工具"圈出"手部"，按下Ctrl+J键进行复制，再将"手部"放置在最上方的图层，即可完成实例操作。

实例101 合照变单人照

有时候最能让我们满意的照片可能是集体照或与朋友的合照，怎样才能让自己成为照片里唯一的"主角"呢？下面使用Photoshop CS4制作出理想的单人照。照片处理的前后对比，如图101-1所示。

操作流程图，如图101-2所示。

图101-1 制作单人照的前后对比

图101-2 操作流程图

● 知识重点："裁剪工具"、"仿制图章工具"
● 制作时间：10分钟
● 学习难度：★★

操作步骤

（1）打开人物照片，使用 ▣ "矩形选框工具"
　　　框选照片左上角的"挂画"，按下Ctrl+J键
　　　复制"挂画"为新的图层，放置在图像的
　　　右边待用。

（2）使用 ☐ "裁剪工具"裁剪出适合的画面。

（3）使用 ♣ "仿制图章工具"把左边剩余的人
　　　物部分清除并处理好。

（4）把之前复制好的挂画放在照片左边空白
　　　处，以免画面显得单调，完成"单人照"
　　　的制作。

实例102　添加个性纹身

　　"纹身"虽然很漂亮，但却很少人有勇气去
尝试。不过通过Photoshop CS4的工具和命令，可
以轻松地为照片中的人物"纹"上任何喜欢的图
案。照片处理的前后对比，如图102-1所示。

操作流程图，如图102-2所示。

图102-2 操作流程图

图102-1 纹身的前后对比

● 知识重点："正片叠底"图层模式、"自由变
　　换"、"色相/饱和度"

● 制作时间：10分钟

● 学习难度：★★

操作步骤

（1）打开人物照片和"花纹"照片，将"花纹"移动复制到人物文件中。

（2）对复制过来的花纹图像，按快捷键Ctrl+T自由变换，缩小并旋转花纹。

（3）将花纹图像的图层混合模式修改为"正片叠底"，即可呈"纹身"效果。

（4）添加"色相/饱和度"的调整图层，单击按钮，让调整图层仅影响以下的一个图层，设置"饱和度"为－50，就完成了实例操作。

实例103　制作玻璃砖背景

日常拍摄的人物照片，若不经意间把一些不太美观的背景也拍摄在其中。面对这样的照片，最简单的处理方法，就是将背景模糊或制作成纹理图案。

下面来将照片的背景制作成"玻璃砖"效果，照片处理的前后对比，如图103-1所示。

图103-1　制作玻璃砖背景的前后对比

操作流程图，如图103-2所示。

图103-2　操作流程图

- 知识重点："快速选择工具"、"方框模糊"滤镜、"玻璃"滤镜
- 制作时间：10分钟
- 学习难度：★★

操作步骤

（1）打开人物照片，使用 "快速选择工具"绘出人物为选区，再进行"反向"，选中背景。

（2）执行"滤镜"→"模糊"→"方框模糊"命令，设置"半径"为30像素，模糊背景。

（3）执行"滤镜"→"扭曲"→"玻璃"命令，设置"扭曲度"为13，"平滑度"为1，"纹理"为"块状"，"缩放"为70%，将背景制作成"玻璃砖"，完成实例操作。

实例104 为人物添加漂亮的底图

将人物照片中的人物抠取出来，放置到一些漂亮的底图之上，这是美化人物照片的一种十分常见的做法，下面就来为人物换上漂亮的底图，照片处理的前后对比，如图104-1所示。

操作流程图，如图104-2所示。

图104-1 添加底图的前后对比

图104-2 操作流程图

● 知识重点:"多边形套索工具"、"内容识别比例"命令、"裁剪工具"

● 制作时间:10分钟

● 学习难度:★★

操作步骤

(1) 打开人物照片后,使用 ⚲ "多边形套索工具",设置"羽化"为5像素,大致勾勒出人物的选区。

(2) 使用 ⮎ "移动工具",将人物选区的图像移动复制到"花纹底图.jpg"文件中,并缩放人物至合适的大小。

(3) 将花纹底图的背景复制出一个图层"背景副本",并执行"编辑"→"内容识别比例"命令,调节底图的宽度,按Enter键确认。

(4) 使用 ⛋ "裁剪工具",裁切掉两侧多余的画布,就完成实例操作。

实例105 替换天空背景

晴朗的天空,会让照片显得格外地舒服,下面来为人物照片替换天空,照片处理前后的对比,如图105-1所示。

操作流程图,如图105-2所示。

图105-2 操作流程图

● 知识重点:"快速选择工具"、"置入"命令、自由变换

● 制作时间:10分钟

● 学习难度:★★

图105-1 替换天空的前后对比

操作步骤

(1) 打开人物照片后,使用 ⚲ "快速选择工具"绘出"人物"和"船只"的选区,进行像素的羽化,然后按下Ctrl+J键复制到新图层中。

(2) 执行"文件"→"置入"命令,置入"天空.jpg"文件到人物照片中,并将"天空"的图层放置于人物图层之下。

（3）选中"天空"层为当前层，按下Ctrl+T键，拖动控制点对"天空"照片进行拉伸，使之适应人物照片，就完成了替换"天空"实例。

实例106 半调圆点效果

利用Photoshop CS4，将照片制作成半调圆点效果，可以让人物婀娜的身姿完美展现。照片处理的前后对比，如图106-1所示。

图106-1 制作半调圆点的前后对比

操作流程图，如图106-2所示。

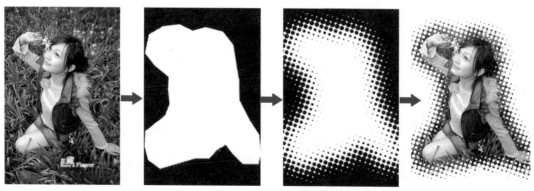

图106-2 操作流程图

● 知识重点："多边型套索工具"、"alpha 1"通道、"彩色半调"滤镜

● 制作时间：10分钟

● 学习难度：★★

操作步骤

（1）打开人物照片后，使用 ⌐ "多边型套索工具"绘制人物大致的选区，不必太过精确。

（2）在"通道"面板中新建"alpha 1"通道，并用白色填充刚才建立的选区，按下Ctrl+D键取消选择区域，对"aplha 1"通道执行"高斯模糊"滤镜，"半径"为20像素。

（3）对"aplha 1"通道执行"滤镜"→"像素化"→"彩色半调"命令，设置"最大半径"为12，即可做出"圆点"效果。

（4）将"aplha 1"通道载入选区，单击RGB通道，再返"图层"面板，按下Ctrl+J键将选区内的图像复制到新图层"图层1"。在"图层1"下方新建一个图层，填充为白色，即可查看"半调圆点"效果。

实例107　制作撕裂的照片

将照片制作成"撕裂"的效果，也不失为制作个性照片的一种好方法。下面运用Photoshop为照片制作左上角的"撕裂"效果，再加上标签。照片处理前后的对比，如图107-1所示。

图107-1　撕裂效果的前后对比

操作流程图，如图107-2所示。

图107-2　操作流程图

● 知识重点："alpha 1"通道、"晶格化"滤镜、"载入选区"命令、"投影"图层样式

● 制作时间：15分钟

● 学习难度：★★★

操作步骤

（1）打开人物照片后，复制出背景副本图层，再将"背景"图层填充为白色。

（2）打开"通道"面板，创建"alpha 1"通道，使用 ⌐ "套索工具"在左上角绘制"撕边"效果的选区，按下"Delete"键删

除选区内的颜色。

（3）保持选区，执行"滤镜"→"像素化"→"晶格化"命令，设置"大小"为20，按下Ctrl+D键取消选区。

（4）单击"RGB"通道，返回"图层"面板，"背景副本"为当前图层，执行"选择"→"载入选区"命令，选择通道为"Alpha

1"，载入撕边选区。按下"Delete"键删除选区内的图像。

（5）为"背景副本"图层添加"投影"样式，其中设置"不透明度"为55%，"角度"为−56。

（6）再将"标签.jpg"文件置入到当前文件中，放置在左上角处，图层模式修改为"溶解"，完成实例操作。

实例108　将数码照片转为自画像

不需要拥有精湛的画功，就可以得到精美的自画像，是不是很有趣？本实例将介绍如何使用Photoshop CS4的工具和命令，来制作自画像。照片处理的前后对比，如图108-1所示。

操作流程图，如图108-2所示。

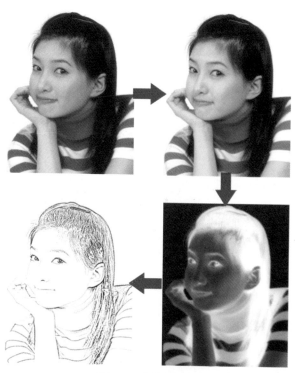

图108-2 操作流程图

● 知识重点："去色"命令、"反相"命令、"颜色减淡"和"叠加"图层混合模式

● 制作时间：10分钟

● 学习难度：★★

图108-1 自画像的前后对比

操作步骤

（1）打开人物照片，执行"图像"→"调整"→"去色"命令，去除照片颜色，并复制出"图层1"。

（2）对"图层1"执行"图像"→"调整"→"反相"命令，再将图层模式修改为"颜色减淡"，执行"滤镜"→"模糊"→"高斯模糊"命令，设置"半径"为2像素，显现照片轮廓。

（3）选择"滤镜"→"风格化"→"扩散"命令，模式为"变暗优先"，使笔划的效果更为逼真。

（4）新建一个图层"图层2"，填充为黑色，设置图层混合模式为"叠加"，然后用"橡皮擦"擦去生硬的线条。

（5）复制出"图层2副本"，"不透明度"和"填充"值都设置为80%，同样擦去较生硬的线条，就完成了自画像实例的操作。

实例109 调出中性色彩

将照片调成中性的色彩，让照片增添了几分萧然、平静的感觉。下面就使用Photoshop CS4将人物照片制作成中性的色彩，照片处理的前后对比，如图109-1所示。

图109-1 中性色彩的前后对比

操作流程图，如图109-2所示。

图109-2 操作流程图

- 知识重点："去色"命令、图层蒙版、"柔光"和"线性加深"图层混合模式
- 制作时间：15分钟
- 学习难度：★★★

操作步骤

（1）打开人物照片，按下两次Ctrl+J键，复制出两个图层。选择处于中间的图层，执行"图像"→"调整"→"去色"命令，去除颜色。

（2）选择处于最上方的图层，设置图层模式设为"柔光"，照片初步呈现中性色彩。

（3）按下Ctrl+ Shift+Alt+E组合键进行"盖印"图层，得到"图层2"，图层模式修改为"线性加深"，设置"不透明度"和"填充"为65%。

（4）设置"前景色"为深灰色，使用 🖋 "画笔工具"，"不透明度"为50%，用一个柔和的笔触涂抹人物下方，呈现暗角效果。

（5）为"图层2"添加图层蒙版，选择一个软边画笔，"前景色"为黑色，在蒙版中涂抹，将人物擦出来。

（6）使用 T "横排文字工具"，分别输入文字，完成实例操作。

实例110 凡间精灵

利用Photoshop CS4，将普通的人物照片打造成"凡间精灵"的效果，让照片变得生动、有趣。照片处理的前后对比，如图110-1所示。

图110-1 制作凡间精灵的前后对比

操作流程图，如图110-2所示。

图110-2 操作流程图

● 知识重点："钢笔工具"、"外发光"图层样式
● 制作时间：18分钟
● 学习难度：★★★

操作步骤

(1) 打开人物照片，使用 "钢笔工具"勾勒出人物，按下Ctrl+Enter键载入选区，再按下Ctrl+J键复制到新图层"图层1"。利用"曲线"命令对人物进行调亮，并添加"口红"。

(2) 新建"图层2"，填充从红色（R：237、G：193、B：174）到白色的渐变，并将"图层2"放置人物图层之下。

(3) 新建"图层3"，用"钢笔工具"勾勒出"翅膀"形状，载入选区并填充为白色。使用"椭圆选框工具"和 "多边形套索工具"绘出"光环"。对"图层3"添加"外发光"的样式。

(4) 使用 "横排文字工具"，输入文字"天使的猜想……"，完成实例操作。

第7章 艺术特效与创意效果

　　对照片的后期修饰，除了基本的修复外，还可以在制作的过程中加入个人独特的构思及创作，将数码照片和自己的创意完美地融合在一起，制作出独一无二的艺术特效和创意效果。本章节中将介绍利用Photoshop CS4，来对数码照片进行艺术特效和创意效果的制作。

实例111 智能滤镜——制作拼图效果

不少人对儿时玩过的拼图留有或多或少的美好印象，如果将可爱的拼图和鲜丽的照片结合在一起的话，会产生出怎样的效果呢？

本实例介绍运用Photoshop CS4，将日常的生活照片，处理成炫丽可爱的拼图，照片处理的前后对比，如图111-1所示。

图111-1 制作拼图的前后对比

操作流程图，如图111-2所示。

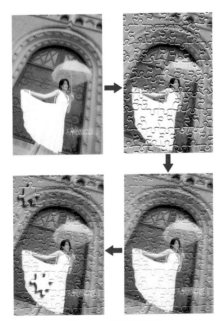

图111-2 操作流程图

● 知识重点："智能滤镜"的使用、"纹理化"滤镜、"投影"图层样式
● 制作时间：10分钟
● 学习难度：★★

操作步骤

（1）转化为"智能"对象：按下Ctrl+O键，打开本书配套光盘提供的"制作拼图效果.jpg"素材照片。在"图层"面板中，右击"背景"图层，在弹出的菜单中选择"转化为智能对象"命令❶，"背景"图层就自动改名为"图层0"，其缩略图也出现了一个 ❏ "智能对象"的符号❷，如图111-3所示。

图111-3 转化为智能对象

说明： 智能对象是Photoshop CS2以后的版本才有的功能。使用智能对象，可以对图形进行非破坏性的缩放、旋转等变形。例如，将图形缩小后，再拉大，效果不会变模糊，而非智能对象则会变模糊。

（2）制作纹理效果：执行"滤镜"→"纹理"→"纹理化"命令，在弹出的"纹理化"

对话框中，单击"纹理"右侧的 ▼三角形按钮❶，选择"载入纹理"，在弹出的对话框中选择本实例提供的"拼图-迷宫.psd"文件。确定后返回"纹理化"对话框，设置"缩放"为60%，"凸现"为20❷，单击"确定"按钮❸，如图111-4所示。

图111-4 制作纹理效果

提示： 在设置纹理化的"凸现"参数时，这里特意设置得比较强烈，为了接下来能方便地使用"磁性套索工具"选取单个"碎片"的轮廓。

（3）查看图层：添加"纹理"滤镜后，可看到"图层0"图层下方添加了"智能滤镜"和"纹理化"的图标❶，如图111-5所示。

图111-5 查看图层

提示： 将图层转化为"智能对象"后，为其添加滤镜效果，就会自动变成"智能滤镜"。"智能滤镜"的好处是：滤镜效果不是直接作用于图像的图层上，而是生成新的滤镜效果图层，随时可以对"智能滤镜"的效果进行重新编辑、改变滤镜效果的前后顺序。

（4）圈出两块拼图选区：单击 "磁性套索工具"❶，在属性栏中单击 "添加到选区"按钮❷，"羽化"为1px，并设置其他的参数❸。在图像上分别沿两块"拼图"的边缘，单击拖动鼠标，最后到达起点闭合选区，依次圈选出两块"拼图"的选区❹。按下Ctrl+J键，将选区中的两块"拼图"复制到新的图层"图层1"中❺，如图111-6所示。

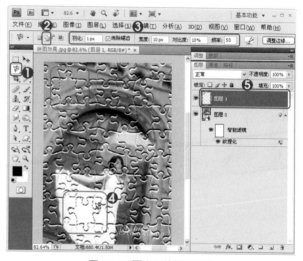

图111-6 圈出两块拼图选区

（5）修改滤镜参数：双击"图层0"下方的"纹理化"效果名称❶，弹出"纹理化"对话框，设置"凸现"为7❷，使拼图效果自然，单击"确定"按钮❸，如图111-7所示。

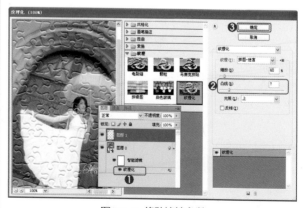

图111-7 修改滤镜参数

（6）添加投影效果：在"图层"面板中，确定"图层1"为当前图层❶，单击面板底部的 *fx.* "添加图层样式"按钮❷，在弹出的列表中选择"投影"选项❸，如图111-8所示。

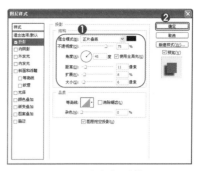

图111-9 添加投影效果

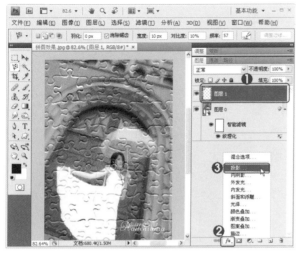

图111-8 添加投影效果

（7）设置"投影"参数：弹出"图层样式"对话框，在"投影"栏中设置其参数❶，制作两块拼图的"投影"效果，单击"确定"按钮❷，如图111-9所示。

（8）完成操作。这样就完成了拼图效果的制作，如图111-10所示。

图111-10 最终效果图

实例112　制作怀旧风格照片

泛黄的老照片，画面会有杂点、划痕等经过岁月洗礼的痕迹，常常会引起人们绵绵的怀旧情愫。

在本实例中，来介绍运用Photoshop CS4，对照片进行调色、添加杂点等处理，制作出逼真的"怀旧风格"的照片。照片处理的前后对比。如图112-1所示。

图112-1 制作怀旧照片的前后对比

操作流程图，如图112-2所示。

图112-2 操作流程图

- 知识重点："添加杂色"滤镜、"色相/饱和度" 命令、"单列选框工具"、"描边"命令
- 制作时间：10分钟
- 学习难度：★★

操作步骤

（1）复制图层：按下Ctrl+O键，打开本书配套 光盘中提供的"怀旧风格效果.jpg"素材照 片，按下Ctrl+J键复制一个新图层❶，如图 112-3所示。

图112-3 复制图层

（2）添加杂色：执行"滤镜"→"杂色"→ "添加杂色"命令，弹出"添加杂色"对 话框，设置"数量"为5，"分布"为"高

斯模糊"、勾选"单色"选项❶，最后单 击"确定"按钮❷，如图112-4所示。

图112-4 添加杂色

说明： "添加杂色"滤镜，可以为图像增加一些细小 的像素颗粒；"平均分布"是平均地分布在图像上； "高斯分布"是沿一条高斯钟形曲线分布杂色的颜色 值以获得斑点状的效果。

勾选"单色"选项后，那么杂色只有黑白两色。

（3）调整颜色：执行"图像"→"调整" →"色相/饱和度"命令（快捷键为 Ctrl+U），在弹出的对话框中，勾选"着 色"选项❶，设置"色相"为35、"饱和 度"为35、"明度"为-22❷，给照片赋 予一种久经岁月洗礼的发黄的颜色，最后 单击"确定"按钮❸，如图112-5所示。

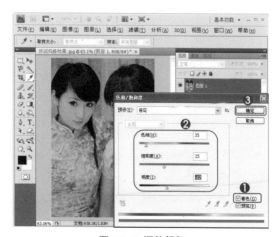

图112-5 调整颜色

（4）绘制单列选区：单击"图层"面板底部的 ▣ "创建新图层"按钮❶，新建"图层1"❷，在工具箱中选择 ▯ "单列选框工具"❸，在属性栏中单击 ▣ "添加到选区"按钮❹，在画面中依次单击，添加多条垂直的单列选区❺，如图112-6所示。

图112-6 绘制单列选区

（5）描边操作：保持多条单列选区，执行"编辑"→"描边"命令❶，弹出"描边"对话框，设置"宽度"为1px，颜色为白色，"位置"为"内部"❷，单击"确定"按钮❸，如图112-7所示。

图112-7 描边操作

说明： "描边"命令可以对选区或者普通图层进行描边。但不能对背景图层、文字图层进行描边。

（6）调整划痕：按下Ctrl+D键取消选区，照片就出现多条白色划痕。设置"图层2"的"不透明度"为30%❶。选择 ▱ "橡皮擦工具"❷，设置其"不透明度"为50%，调整好合适的画笔大小❸，在制作的"划痕"上进行擦拭❹，让图像更加自然，如图112-8所示。

图112-8 调整划痕

（7）完成操作：这样就完成了怀旧风格的照片效果，如图112-9所示。

图112-9 最终效果图

实例113 制作油画效果

　　"油画"通常是色彩浓厚鲜艳，整体色彩给人舒适、自由的感觉，引领欣赏者切身感受如诗的画面带给人心灵的悸动。

　　本实例将介绍利用Photoshop CS4，将数码照片制作成"油画"效果，以营造出一种诗情画意的意境。照片处理的前后对比，如图113-1所示。

图113-1 制作油画效果的前后对比

操作流程图，如图113-2所示。

图113-2 操作流程图

- 知识重点："干画笔"滤镜、"喷色描边"滤镜、"喷溅"滤镜
- 制作时间：10分钟
- 学习难度：★★

操作步骤

（1）复制图层：打开本书配套光盘提供的"制作油画效果.jpg"照片图像。按下Ctrl+J键新建拷贝的"图层1"图层，接下来的操作在该图层中进行的，如图113-3所示。

图113-3 复制背景层

注意： 在处理图片时，若没有特殊的要求，通常是选用RGB图片模式，否则后面的滤镜将出现无法使用的情况，以致后面的操作无法进行。

（2）初步简化照片：执行"滤镜"→"艺术效果"→"干画笔"命令，在弹出的"干画笔"对话框中，设置"画笔大小"为3、"画笔细节"为7、"纹理"为2❶，将图片简化成为具有"水粉"和"油画"风格的图片，最后单击"确定"按钮❷，如图113-4所示。

图113-4 设置"干画笔"参数

说明： "干画笔"滤镜效果，可以通过画笔大小来简化图像的颜色，使画面产生一种不饱和、不湿润的"油画"效果。

（3）制作颜料喷色效果：执行"滤镜"→"画笔描边"→"喷色描边"命令，在弹出的"喷色描边"对话框中，设置"描边长度"为12、"喷色半径"为4❶，绘制出有颜料喷散上去的感觉，最后单击"确定"按钮❷，如图113-5所示。

图113-5 设置"喷色描边"参数

（4）增强"油画"的质感。执行"滤镜"→"画笔描边"→"喷溅"滤镜，在弹出的"喷溅"对话框中，设置"喷色半径"

为6、"平滑度"为7❶，可让图像呈现"油墨"的粗糙边缘，增强"油画"的质感，最后单击"确定"按钮❷，如图113-6所示。

图113-6 设置"喷溅"参数

提示： "喷色描边"滤镜是使用图像的主导色，用成角的、喷溅的颜色线条重新绘画图像。"喷溅"滤镜，可模拟出喷枪的喷溅效果。

以上各滤镜参数的设置，参数值设置越大，图像表现出来的变化越明显，但有时超大的数值往往会破坏掉画面，所以应仔细调节适合于此图像的数值，并不是越大越好。

（5）完成操作：这样就完成了本实例"油画"效果的制作，最终效果如图113-7所示。

图113-7 最终效果图

实例114　制作水彩画效果

将拍摄的静物照制作成"水彩画"效果，真是别有另外一番趣味。利用Photoshop CS4的"水彩"滤镜，轻松将静物照制作成"水彩画"效果，照片处理的前后对比，如图114-1所示。

操作流程图，如图114-2所示。

图114-2　操作流程图

● 知识重点："去色"命令、"水彩"滤镜、"颜色"图层混合模式
● 制作时间：12分钟
● 学习难度：★★

操作步骤

（1）打开素材照片后，按下Ctrl+J键复制出"图层1"，执行"图像"→"调整"→"去色"命令，去除新图层的颜色。

（2）执行"滤镜"→"杂色"→"中间值"命令，设置"半径"为2像素。执行"滤镜"→"艺术效果"→"水彩"命令，设置参数分别为7、0、2，制作出"水墨笔触"的质感。

（3）设置"背景色"为白色，执行"滤镜"→"扭曲"→"扩散亮光"命令，设置参数分别为2、1、8，达到一种朦胧的亮光效果。

（4）复制出"背景"的副本层，并放置在图层的最上方，执行"高斯模糊"滤镜，设置"半径"为10像素。设置图层"混合模式"为"颜色"，"不透明度"为85%，完成"水彩画"效果的制作。

图114-1　制作水彩画的前后对比

实例115　制作淡彩水墨画

　　本实例介绍利用Photoshop CS4，将"荷花"照片制作成"淡彩水墨画"的效果。在制作水墨画之前，应先要明白水墨画的特点，其中最重要特点之一就是用墨，在画面上要表现出浓淡不同的墨水变化和颜色变化，这样画面才能富有生气和韵味。另外就是在用"线"上，水墨画针对不同内容，应使用不同的线条来渲染线条或块面，这样表现的水墨画效果才会非常强烈。照片处理的前后对比，如图115-1所示。

图115-1　制作水墨画的前后对比

　　操作流程图，如图115-2所示。

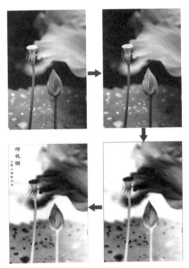

图115-2　操作流程图

● 知识重点："去色"命令、"喷溅"滤镜、"颜色"图层混合模式
● 制作时间：10分钟
● 学习难度：★★

操作步骤

（1）打开"荷花"照片，将"背景"层复制出一个副本层，并对其执行"图像"→"调整"→"去色"命令。按下Ctrl+L键，打开"色阶"对话框，设置输入"色阶"为16、1、202。

（2）执行"图像"→"调整"→"反相"命令，再执行"滤镜"→"模糊"→"高斯模糊"命令，半径为1像素。执行"滤镜"→"画笔描边"→"喷溅"命令，设置参数为3、5，画面就有了"油墨"绘制的感觉。

（3）将"背景"层复制出"背景副本2"，并置于图层最上面。进行"高斯模糊"，半径为15像素；图层混合模式为"颜色"，将色彩作用于下层的黑白图像上了。

（4）新建一个图层，设置图层模式为"颜色"，使用 ✎ "画笔工具"，在"荷花"上涂抹上红色，在"莲蓬"上涂上一层绿色，让画面有了色彩对比。

（5）使用 T. "直排文字工具"，字体为"隶书"，大小为11号，在画面中输入"荷花图"。再输入"时间"文字，大小为6号，完成实例的操作。

实例116　制作浪漫雪花效果

看到漫天飞舞的雪花，就会让人联想到浪漫、神秘。总想着等到雪花纷飞的时候能够留住那一瞬间的美好，但常常拍摄出来的效果却不尽如人意。

本实例通过使用Photoshop CS4的滤镜和工具，在照片中制作出纷飞的"雪花"，让你感受到那一种淡淡的、柔柔的美。照片处理的前后对比，如图116-1所示。

图116-1　制作雪花效果的前后对比

操作流程图，如图116-2所示。

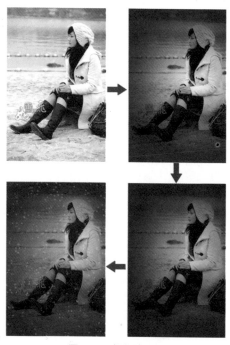

图116-2　操作流程图

● 知识重点："添加杂色"滤镜、"自定"滤镜、"橡皮擦工具"

● 制作时间：18分钟

● 学习难度：★★★

操作步骤

（1）设置"渐变"：打开本书配套光盘中提供的"制作浪漫雪花.jpg"素材照片，将"前景色"和"背景色"设置为默认的黑色和白色❶，单击工具栏中的 ▢ "渐变工具"❷，在属性栏中选择"前景色到透明渐

变"❸，单击▣"径向渐变"按钮❹，并
设置其他的属性项❺，如图116-3所示。

图116-3 设置渐变参数

（2）制作渐变效果：设置好渐变的属性后，在
画面上从人物中央至左上方拖曳进行填
充❶。单击展开"调整"面板❷，单击
▤ "色相/饱和度"按钮❸，如图116-4
所示。

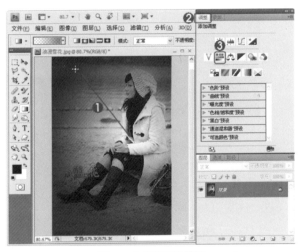

图116-4 制作渐变效果

（3）设置颜色：跳转到"色相/饱和度"面板，
勾选"着色"项❶，并设置"色相"为
226，"饱和度"为35，"明度"为−16❷，
照片呈现蓝色。系统自动添加了"色相/饱
和度"的调整图层❸，如图116-5所示。

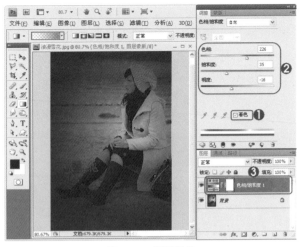

图116-5 设置颜色

（4）涂抹出人物：确定"前景色"为黑色❶，单
击✎ "画笔工具"❷，在属性栏中设置一
种柔和的大笔触，设置"不透明度"为20%
❸，单击选中"色相/饱和度"的蒙版缩略
图❹，并在人物上涂抹，涂抹的地方即可
逐渐恢复人物的色彩❺，如图116-6所示。

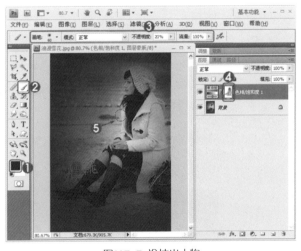

图116-6 涂抹出人物

说明： 对于图层蒙版中的黑白灰，黑色可让图层变
得透明，因此使用黑色画笔涂抹人物后，就显示"背
景"图层的人物。

（5）新建图层并填充：下面开始来制作"雪
花"，先单击"图层"面板底部的 ▢ "创

建新图层"按钮❶，新建"图层1"❷。保持"前景色"为黑色❸，按Alt+Delete键对"图层1"进行填充❹，如图116-7所示。

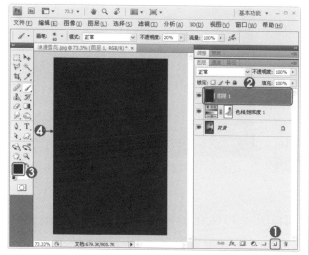

图116-7 新建图层并填充

（6）添加杂色：保持"图层1"的选取，执行"滤镜"→"杂色"→"添加杂色"命令，在弹出的对话框中，按如图116-8所示进行各参数的设置❶，单击"确定"按钮❷，为在照片中制作"雪花"效果做准备。

图116-8 添加杂色

（7）调整"杂点"：执行"滤镜"→"其他"→"自定"命令，在弹出的对话框中，按如图116-9所示进行各参数的设置❶，调整"杂点"的颜色及亮度，单击"确定"按钮❷。

图116-9 使用"自定"滤镜调整杂点

说明：　"自定"滤镜可以根据预定义的数学运算更改图像中每个像素的亮度值，可以模拟出锐化、模糊或浮雕的效果。

　　其中，文本框里的数值控制当前像素的亮度增加的倍数。周围文本框中的数值是控制相邻像素的亮度。

（8）选取并复制部分图像：选择工具箱中的"矩形选框工具"❶，在"图层1"上单击拖动鼠标选取一小块图像❷，接着按Ctrl+J键将选区内的图像复制到新的图层中❸，如图116-10所示。

图116-10 选取并复制部分图像

(9) 调整"图层2"的图像大小：在"图层"面板中，单击"图层1"前"指示图层可视性"的"眼睛"图标，关闭"图层1"的可视性❶。选中"图层2"，按下Ctrl+T键打开变换框，按住Shift键拖动变换框控制点❷，根据照片边缘来调整"图层2"的尺寸，如图116-11所示。

图116-12 修饰雪花

图116-11 调整"图层2"图像大小

(10) 设置"图层2"属性：设置"图层2"的图层混合模式为"滤色"，设置"不透明度"为30%❶，让雪花的效果更加柔和。选择 ✐ "橡皮擦工具"❷，使用一个柔和的画笔，设置"不透明度"为60❸，对落在人物脸上的雪花点上进行擦除❹，如图116-12所示。

(11) 完成操作：这样就完成了本实例照片中"浪漫雪花"的制作，最终效果如图116-13所示。

图116-13 最终效果图

实例117 蒙版——制作照片景深

　　摄影师在拍摄的过程中，常常使用虚化背景的手法来突出主体。但是普通的数码相机和非专业的消费级DC镜头的实际焦距都很短，没有办法很好地使照片实现浅景深虚化背景的效果。

　　本实例使用Photoshop CS4的"镜头模糊"滤镜，使照片达到虚化背景突出主体的效果。照片处理的前后对比，如图117-1所示。

图117-1 制作景深的前后对比

　　操作流程图，如图117-2所示。

图117-2 操作流程图

● 知识重点："以快速蒙版模式编辑"、"渐变工具"、"镜头模糊"滤镜
● 制作时间：10分钟
● 学习难度：★★

操作步骤

（1）打开照片后，使用 ![磁性套索工具] "磁性套索工具"圈选出"茶杯"，选择"选择"→"反向"命令，将背景图像选取。

（2）单击 ![以快速蒙版模式编辑] "以快速蒙版模式编辑"按钮（快捷键为Q），将未选取的区域用蒙版遮罩起来。

（3）按下D键，将"前景色"和"背景色"设置为黑色和白色。使用 ![渐变工具] "渐变工具"，用"前景色到透明"的方式，"模式"为"线性加深"，在照片中由下至上拖出"渐变"效果。

（4）按下Q键退出"蒙版"编辑模式，可得到一个新的选区，执行"滤镜"→"模糊"→"镜头模糊"命令，设置"光圈半径"为32、"叶片弯度"为28、"旋转"为67，虚化背景增加景深。

实例118 径向模糊——模拟快门拍摄

本实例通过Photoshop CS4的"径向模糊"滤镜效果，赋予照片动态的美感，制作出模拟快门速度拍摄的动感画面效果，照片处理的前后对比，如图118-1所示。

图118-1 模拟快门拍摄的前后对比

操作流程图，如图118-2所示。

图118-2 操作流程图

● 知识重点："多边形套索工具"、"径向模糊"滤镜
● 制作时间：10分钟
● 学习难度：★★

操作步骤

（1）打开人物照片，使用 ☝ "多边形套索工具"沿人物的大致边缘圈选出选区。

（2）执行"选择"→"修改"→"羽化"命令，设置"半径"为5像素，使选定区域边缘过渡柔和。执行"选择"→"反向"命令，选取背景。

（3）执行"滤镜"→"模糊"→"径向模糊"命令，设置"数量"为25，"模糊方法"为"缩放"。

（4）按下Ctrl+D键取消选区，完成"动态"照片的制作。

实例119　球面化——制作可爱的大头猫咪

本实例将使用"球面化"滤镜来制作放大图像的效果。照片处理的前后对比，如图119-1所示。

图119-1 制作大头猫咪的前后对比

操作流程图，如图119-2所示。

图119-2 操作流程图

● 知识重点："椭圆选框工具"、"球面化"滤镜
● 制作时间：10分钟
● 学习难度：★★

操作步骤

（1）打开"猫咪"照片，将"放大镜"置入到其中，让"放大镜"的圆圈完整地覆盖在"猫咪"的头部。

（2）使用 "椭圆选框工具"，按住Shift+Alt键，绘出一个正圆形选区，其大小与"放大镜"的圆圈相近。

（3）保持椭圆选区，选择"猫咪"图层为当前图层，执行"滤镜"→"扭曲"→"球面化"命令，设置"数量"为100，"模式"为"正常"，即可放大"猫咪"的头部。

（4）用 "钢笔工具"绘出"放大镜"高光的路径，按下Ctrl+Enter键载入为选区，再使用白色的画笔涂抹，添加了"放大镜"的高光，即可完成实例操作。

实例120 制作美妙的夜晚

本实例通过Photoshop CS4，在一张平淡的建筑照片，添加一轮皎洁的月亮和点点星光，制作成美妙的夜晚效果。照片处理的前后对比，如图120-1所示。

图120-1 制作夜晚的前后对比

操作流程图，如图120-2所示。

图120-2 操作流程图

● 知识重点："色相/饱和度"命令、"外发光"、"内发光"、"光泽"图层样式

● 制作时间：18分钟

● 学习难度：★★★

操作步骤

（1）打开风景照片，新建"星光"图层，设置"前景色"为淡黄色（R：255、G：251、B：179），使用 "画笔工具"，在照片的窗口上涂抹。为图层添加"外发光"样式，设置"大小"为21。

（2）选择"背景"图层，按下Ctrl+U打开"色相/饱和度"对话框，勾选"着色"，设置参数为260、23、－77，呈现夜晚的效果。

（3）选中"星光"为当前图层，使用"画笔工具"，选择一种"星光"的画笔样式，在"夜空"中单击点绘。

（4）新建"月亮"图层，使用 "椭圆选框工具"框出一个正圆形选区，填充为白色，并添加3种图层样式，其中"外发光"的扩展为6，大小为135；"内发光"的大小为40；"光泽"的大小为16，颜色为淡紫色。

（5）将"星光"和"月亮"图层分别复制出副本图层，设置"不透明度"为22%，再进行垂直翻转，放置在"水面"中。

（6）盖印图层，在新图层中圈出湖面选区，执行"滤镜"→"扭曲"→"波纹"命令，设置"数量"为300%，完成"美妙夜晚"效果制作。

实例121 镜头效果——阳光灿烂的日子

拿到一幅户外拍摄的照片，若为其添加镜头效果，会让照片表现效果分外地清新、阳光。

下面通过Photoshop CS4的"镜头效果"滤镜为照片添加一个类似阳光普照的效果，并添加一个装饰的边框图案。照片的处理前后对比，如图121-1所示。

图121-1 制作镜头效果的前后对比

操作流程图，如图121-2所示。

图121-2 操作流程图

● 知识重点："自然饱和度"、"扩散亮光"、"镜头效果"、"自定形状工具"
● 制作时间：10分钟
● 学习难度：★★

操作步骤

（1）打开人物照片后，执行"图像"→"调整"→"自然饱和度"命令，设置"自然饱和度"为90。

（2）执行"图像"→"调整"→"照片滤镜"命令，选择"青"滤镜，"浓度"为30%，勾选"保留明度"。

（3）设置"背景色"为白色，执行"滤镜"→"扭曲"→"扩散亮光"命令，设置参数为0、2、18。

（4）执行"滤镜"→"渲染"→"镜头光晕"命令，设置"亮度"为100%，"类型"为"50～300毫米变焦"，添加了镜头效果。

（5）新建"图层1"，设置图层混合模式为"柔光"。将"前景色"设置为白色，选择 ⬚ "自定形状工具"，单击 ▫ "填充像素"按钮，选择一种带圆孔的边框，不约束比例，绘制一个与画面大小一致的图形，就完成了实例的操作。

实例122 通道提取选区——制作雪景效果

如果大家喜欢大雪纷飞的天气，那么把这些大自然界奇妙的天气效果加到风景照片上，也是别有一种美妙的感觉。下面利用Photoshop CS4中提取通道选区的方法，来为风景照片制作“大雪纷飞”的效果。照片处理的前后对比，如图122-1所示。

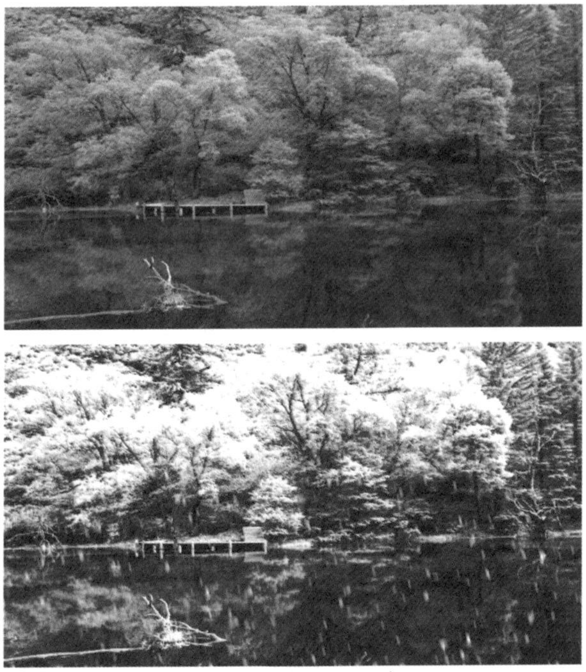

图122-1 最终效果图

操作流程图，如图122-2所示。

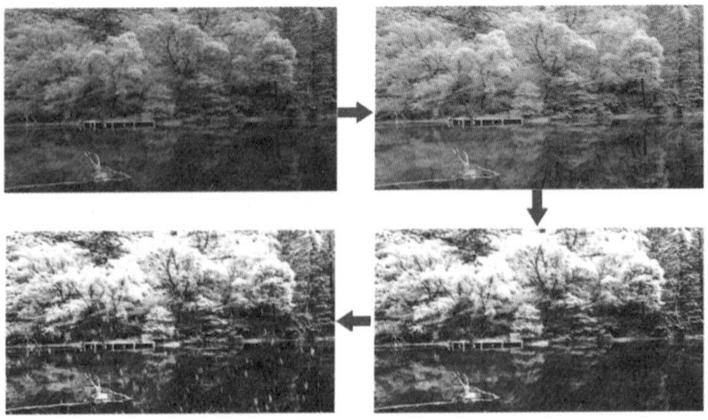

图122-2 操作流程图

- 知识重点：利用通道制作选区、“斜面和浮雕”图层样式、“动感模糊”滤镜
- 制作时间：20分钟
- 学习难度：★★★

操作步骤

(1) 打开风景照片后，打开“通道”面板，选择“绿”通道，拖到“创建新通道”按钮上，复制出“绿 副本”通道。

(2) 执行“图像”→“调整”→“色阶”命令，设置“输入”参数为70、1.34、150。

(3) 将“绿 副本”通道载入选区，选择“RGB”通道，回到“图层”面板，创建新图层“图层1”，并用白色填充选区。

(4) 为“图层1”添加“斜面和浮雕”图层样式，制作出“积雪”的立体感。

(5) 在最上方新建“图层2”，填充为黑色。将“前景色”和“背景色”设置为默认的黑色与白色，执行“滤镜”→“杂色”→“添加杂色”命令，设置“数量”为50。

(6) 为“图层2”添加“高斯模糊”滤镜，设置“半径”为2。执行“图像”→“调整”→“亮度/对比度”命令，勾选“旧版”，设置“亮度”为-24，“对比度”为100。

(7) 执行“滤镜”→“模糊”→“动感模糊”命令，设置“角度”为-80，“距离”为10；将图层模式修改为“线性减淡”，完成了“雪景”的效果。

实例123 电闪雷鸣

本实例来为照片制作出"闪电"效果，增强照片的震撼力。照片处理的前后对比，如图123-1所示。

图123-1 电闪雷鸣的前后对比

操作流程图，如图123-2所示。

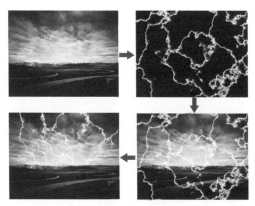

图123-2 操作流程图

● 知识重点："分层云彩"滤镜、"滤色"图层混合模式
● 制作时间：10分钟
● 学习难度：★★

操作步骤

（1）打开天空的照片，设置"前景色"为黑色，"背景色"为白色。新建"图层1"，填充为黑色，执行两次"滤镜"→"渲染"→"分层云彩"命令，再按下Ctrl+I键对颜色进行反相。

（2）按下Ctrl+L，打开"色阶"对话框，设置"输入色阶"参数为238、1、255。再按下Ctrl+U键打开"色相/饱和度"对话框，勾选"着色"，并设置参数为245、50、0，制作"闪电"底图。

（3）将"图层1"的混合模式设置为"滤色"，即可得到"闪电"效果，使用 ▶ "移动工具"将"闪电"向上移动，并按下Ctrl+T键进行扭曲变形，让闪电形状更自然。

实例124 打造油光闪亮肌肤

下面通过使用Photoshop CS4的"塑料包装"滤镜，为照片中的人物制作出"油光闪亮"的皮肤，这种质感也别有一番另类感觉，照片处理的前后对比，如图124-1所示。

图124-1 油光效果的前后对比

操作流程图，如图124-2所示。

图124-2 操作流程图

● 知识重点："去色"命令、"色阶"命令、"曲线"命令、"塑料包装"滤镜
● 制作时间：15分钟
● 学习难度：★★★

操作步骤

（1）打开文件：执行"文件"→"打开"命令，打开配套光盘中的"打造油光闪亮肌肤.jpg"素材图片，如图124-3所示。

图124-3 打开文件

（2）复制图层并去色：按下Ctrl＋J键复制出"图层1"❶。按下Ctrl＋Shift＋U键对图像进行"去色"，便于下一步对照片进行处理，如图124-4所示。

图124-4 复制图层并去色

提示： "去色"命令可以去除图像中的饱和色彩，即将图像中所有颜色的饱和度都变为0，也就是说将图像转变为灰度图像。

（3）"塑料包装"滤镜：执行"滤镜"→"艺术效果"→"塑料包装"命令，在弹出的"塑料包装"对话框中，设置"高光强度"为10，"细节"为1，"平滑度"为15❶，并单击"确定"按钮❷，如图124-5所示。

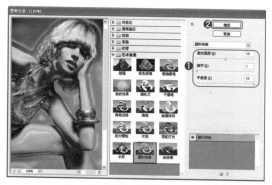

图124-5 调整"塑料包装"滤镜

提示： "塑料包装"滤镜可以将图像处理成看似有"塑料"覆盖在上面的效果。

（4）调整明暗度：执行"图像"→"调整"→"色阶"命令（快捷键为Ctrl＋L），在弹出的"色阶"对话框中，设置"输入色阶"的参数为190、1、211❶，单击"确定"按钮❷，如图124-6所示。

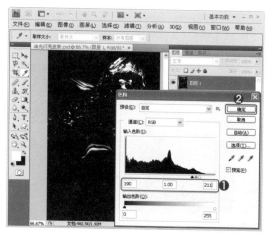

图124-6 调整明暗度

提示： "色阶"命令可以调整图像的明暗度，在这里运用"色阶"命令，可以增强对比度，便于下一步提取高光部分。

（5）提取高光部分选区：按下Ctrl＋Alt＋2键，将"图层1"的高光部分载入选区❶。单击"图层1"左边的"指示图层可见性"的"眼睛"图标，将"图层1"进行隐藏❷，如图124-7所示。

图124-7 提取高光部分

（6）创建"曲线"调整图层：保持选区的选取状态，单击"图层"面板底部的 ⊘ ."创建新的填充或调整图层"按钮，在其中选择"曲线"命令❶，如图124-8所示。

图124-8 创建"曲线"调整图层

（7）调整高光部分：跳转到"曲线"调整面板，在"曲线"上单击拖动鼠标，获得一个控制点❶，设置"输出"为195、"输入"为27❷，使高光部分变亮，如图124-9所示。

图124-9 调整高光部分

提示： 若选择了选区，再添加调整图层，则调整图层只作用于选区内的范围。因此，这里的"曲线"调整图层，只调整了高光部分的亮度。

（8）去除"头发"上的高光：单击选中"曲线"调整图层的"图层蒙版缩览图"❶，按下D键，将"前景色"设置为黑色❷。选择 ✐ "画笔工具"❸，在工具属性栏中设置参数❹，并在人物的"头发"部分进行涂抹，去除"头发"上的高光❺，如图124-10所示。

图124-10 去除头发上的高光

提示： 在图层蒙版中，使用黑色的画笔涂抹，相当于将图层"擦除"。

（9）创建"色相/饱和度"调整图层：单击"图层"面板下方的 ⊘ ."创建新的填充或调整图层"按钮，在其中选择"色相/饱和度"选项❶，如图124-11所示。

图124-11 创建"色相/饱和度"调整图层

（10）调整人物"皮肤"颜色：跳转到"色相/饱和度"面板，选择"红色"**❶**。调整"饱和度"为－30**❷**，降低照片中的红色，如图124-12所示。

（11）完成操作：这样就为人物打造出另类"油光闪亮"的皮肤，最终效果如图124-13所示。

图124-12 降低饱和度

图124-13 最终效果图

实例125 照片转成卡通照

本实例通过运用Photoshop CS4中的多种滤镜、配合"钢笔工具"、"涂抹工具"、"画笔工具"将照片处理为"卡通"风格特效，也另有一种别样的风格，照片处理的前后对比，如图125-1所示。

操作流程图，如图125-2所示。

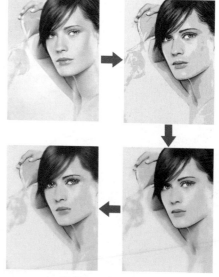

图125-1 制作卡通照的前后对比

图125-2 操作流程图

- 知识重点: "海报边缘"、"木刻"、"表面模糊"滤镜、"钢笔工具"、"涂抹工具"、"画笔工具"
- 制作时间: 25分钟
- 学习难度: ★★★★

操作步骤

(1) 打开人物照片后，执行"滤镜"→"液化"命令，使用 "向前变形工具"将"眼睛"变大，"嘴巴"缩小。执行"滤镜"→"艺术效果"→"海报边缘"命令，分别设置参数为1、1、5，将照片制作成"海报"效果。

(2) 执行"滤镜"→"艺术效果"→"木刻"命令，分别设置参数为8、0、3，制作成"木刻"效果。

(3) 选择"滤镜"→"模糊"→"表面模糊"命令，设置"半径"为10，"阈值"为30。使用 "涂抹工具"，设置"强度"为30%，在眼睛、眉毛、头发、嘴唇、皮肤部位进行涂抹，使各部分颜色过渡柔和。

(4) 新建"图层1"，设置图层模式为"滤色"。设置"前景色"为褐色（R：54、G：33、B：37），选择 "画笔工具"，在属性栏中选择硬边的画笔，画笔的大小为3px。

(5) 使用 "钢笔工具"在"头发"上绘制多条路径作为"发丝"，完毕后单击鼠标右键，选择"描边路径"命令，在弹出的对话框中选择"画笔"选项，并勾选"模拟压力"，对绘制的路径描边，制作出"发丝"。

(6) 绘制"发丝"完毕后，使用 "减淡工具"涂抹出"头发"的高光部分。新建"图层2"，使用 "画笔工具"，用白色点出"眼睛"高光，使用"睫毛"画笔添加"睫毛"，完成实例的制作。

实例126 可选颜色——制作欧美流行色调

下面介绍一种比较流行的Photoshop调色方法，运用"可选颜色"、"色彩平衡"命令简单打造出冷艳、超酷的欧美流行色调。照片处理的前后对比，如图126-1所示。

操作流程图，如图126-2所示。

图126-1 效果图

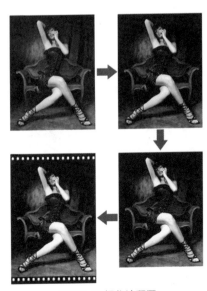

图126-2 操作流程图

● 知识重点："可选颜色"命令、"色彩平衡"命令
● 制作时间：15分钟
● 学习难度：★★

操作步骤

（1）打开人物照片后，执行"滤镜"→"锐化"→"锐化"命令，对照片进行锐化处理。

（2）执行"图像"→"调整"→"可选颜色"命令，在弹出的对话框中，选择颜色为"红色"，设置参数为－39、－16、100、0；选择颜色为"黄色"，设置参数为100、63、0、0；选择颜色为"白色"，设置参数为－100、－43、100、0；选择颜色为"黑色"，设置参数为100、10、0、0；设置方法为"相对"，初步调整照片的颜色。

（3）按下Ctrl+B键打开"色彩平衡"对话框，在色调平衡中点选"中间调"，设置色阶值为"－100、－47、－28、；点选"阴影"，设置色阶值为"－49、－47、－37"；点选"高光"，设置色阶值为"－12、－14、－21"；加强照片的青蓝色彩。

（4）新建"图层1"，设置图层模式为"柔光"，设置"不透明度"为55%，将"前景色"设置土黄色（R：207、G：201、B：153），按下Alt+Delete键进行填充。

（5）使用"图像"→"画布大小"命令增加画布的高度，使用 "圆角矩形工具"绘制白色的小矩形，制作出照片边框，完成实例的制作。

实例127 美女自拍——非主流甜美风格处理

"非主流"是当下年轻人中掀起的一阵热潮，非主流服饰、非主流照片、非主流个性签名等等，都在彰显年轻人的个性和热情。

下面来介绍利用Photoshop CS4，将美女自拍的照片处理成甜美风格的非主流照片。制作完成后，将照片放在自己的网络相册、博客上、论坛头像等，一定让人眼前一亮。照片处理的前后对比，如图127-1所示。

图127-1 效果图

操作流程图，如图127-2所示。

图127-2 操作流程图

● 知识重点：提取通道、"正片叠底"、"颜色"、"柔光"和"叠加"等图层模式
● 制作时间：20分钟
● 学习难度：★★★

操作步骤

（1）打开人物照片后，按下Ctrl+J键，复制出"图层1"，打开"通道"面板，按住Ctrl键不放，同时单击"红"通道，将亮部选中。

（2）单击RGB通道，返回"图层"面板，对选区填充白色，取消选区，设置图层的"不透明度"为80%。

（3）设置"前景色"为黑色，选择 "画笔工具"，设置画笔的"不透明度"为40%，将人物的背景涂黑，使人物更突出。

（4）按下Ctrl+J键复制出"图层1副本"，图层模式改为"正片叠底"，"不透明度"为80%。按下Ctrl+E键，向下合并图层。

（5）新建"图层2"，图层模式改为"颜色"，设置"前景色"为酒红色（R：157、G：14、B：78）。使用 "画笔工具"，在人物"头发"上涂抹，为其"染发"，完毕后按下Ctrl+E键，将"图层2"向下合并。

（6）按下Ctrl+J键复制出"图层1副本"，执行"径向模糊"滤镜，设置"数量"为10。设置图层模式为"柔光"，即可得到一种柔和的效果，再按下Ctrl+E键向下合并。

（7）按下Ctrl+J键复制出"图层1副本"，执行"高斯模糊"滤镜，设置"半径"为3像素。设置图层模式为"叠加"，"不透明度"为30%，得到一种明暗分明、"皮肤"很柔和的效果，按下Ctrl+E键向下合并。

（8）选择"液化"滤镜，在弹出的对话框中使用 "向前变形工具"将"眼睛"变大。新建"图层2"，设置"前景色"为浅粉红色（R：255、G：197、B：208），使用 "画笔工具"，在人物的"脸颊"和"嘴唇"处涂抹，呈现一种淡淡的"腮红"效果。

（9）新建"图层3"，使用 "画笔工具"绘制出"叶片"的图形，这样就完成了非主流甜美风格的照片处理。

实例128　美人鱼的水中倒影

　　如何在照片中制作逼真的"水中倒影"呢？在这个实例中，将运用Photoshop CS4的"画布大小"、"自由变换"命令、外挂滤镜"Flaming Pear"快速制作出水中倒影，照片制作的前后对比，如图128-1所示。

图128-1 制作水中倒影的前后对比

操作流程图，如图128-2所示。

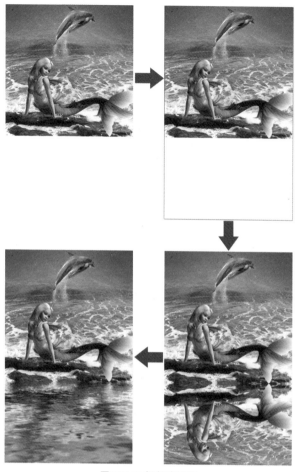

图128-2 操作流程图

- 知识重点："画布大小"、"自由变换"命令、"Flaming Pear"滤镜
- 制作时间：15分钟
- 学习难度：★★★

操作步骤

（1）打开素材照片后，执行"图像"→"画布大小"命令，在弹出的对话框中，定位在"上方"，"高度"为12.84厘米，画布扩展颜色为白色，在图像的下方添加了白色画布。

（2）使用 ▯ "矩形选框工具"，框选整个画面（白色区域除外），按下Ctrl+J键复制出"图层1"。按下Ctrl+T键将其垂直翻转，并将其移至画面的下方，作为"水中倒影"。

（3）按下Ctrl+Shift+Alt+E键"盖印"图层，得到"图层3"。

（4）选择"滤镜"→"Flaming Pear"→"Flood 112"命令，弹出对话框，在"视野"选项中，设置"水平线"为59，"偏移量"为8，"透视系数"为55，"海拔"为18；在"波浪"选项中，设置"波度"为28，"复杂度"为79，"亮度"为73，"模糊"为32；在"波纹"选项中，设置"大小"为38，"高度"为0，"波度"为18，单击"确定"按钮，制作出逼真的"水中倒影"。

提示： Flaming Pear 系列滤镜是Photoshop外挂的滤镜，因此需要手动安装。安装过程中需要先接受软件使用协议，并手工找到Photoshop插件的安装目录，一般默认安装，目录为：C:\Program files\Adobe\Adobe Photoshop CS4\Plug-Ins，按照提示安装即可。

Flood滤镜用于在图片中创建虚拟的水面效果，可设置水的波纹、波纹辐射、透视及水的颜色等。

实例129 制作青黄色非主流

"非主流"照片是近几年来比较流行的一种风格，它不同于主流，主流是大家习惯并认可的，而"非主流"正好与之相反，它是个性时尚的，另类的。

下面将一张街景的照片制作成青黄色的"非主流"效果，照片处理的前后对比，如图129-1所示。

图129-1 制作非主流照片的前后对比

操作流程图，如图129-2所示。

图129-2 操作流程图

● 知识重点：设置图层混合模式、"云彩"滤镜、"曲线"命令、"图层蒙版"

● 制作时间：20分钟

● 学习难度：★★★★

操作步骤

（1）打开"街景"照片后，执行"滤镜"→"其他"→"高反差保留"命令，设置"半径"为92像素。

（2）新建"图层1"，填充为黄色（R：229、G：132、B：6），图层模式为"色相"。

（3）按下Ctrl+Shift+Alt+E键"盖印"图层，得到"图层2"，图层模式为"柔光"执行"高斯模糊"，"半径"为4像素。

（4）新建"图层3"，设置模式为"变暗"，设置"前景色"为黑色，"背景色"为白色，执行"云彩"滤镜，制作"云彩"效果，按下Ctrl+Alt+F键加强云彩效果。执行"添加杂色"滤镜添加少许"杂点"。

（5）为"图层3"添加图层蒙版。设置"前景色"为黑色，使用 ✐ "画笔工具"在蒙版中涂抹，去除图像中间的"烟雾"，使人物部分清晰。

（6）新建"图层4"，设置"不透明度"为60%，按下Ctrl+Alt+2键调出图像中的高光选区，填充白色。新建"图层5"，图层模式为"柔光"，"前景色"为黑色，"背景色"为白色，运用"云彩"滤镜，再次加强图像"云彩"效果。

（7）新建"图层6"，设置混合模式为"颜色加深"，"不透明度"为50%，设置"前景色"为白色，"背景色"为黑色，选择 ■ "渐变工具"，在该图层中由中心至右下方拖动鼠标，填充"径向"渐变色，降低图像亮度。

（8）添加"曲线"调整图层，"红"通道中，添加两个控制点，设置"输出"和"输入"值分别为191、170，以及64、119，使图像呈现红色和青色。

（9）新建"图层7"，按下Ctrl+Alt+2键，调出图像的高光选区，填充为黄色（R：247、G：211、B：124），图层模式为"正片叠底"。

（10）"盖印"图层得到"图层8"，选择"滤镜"→"Topaz Vivacity"→"Topaz Sharpen"命令，弹出对话框，在Main选项中，设置"锐利"为1.9，"边角脆化"为2，"范围"和"噪点密度"的值均为1；在Advanced选项中，设置"线性特色"为0，"模糊"为1，"水平效果"和"垂直

效果削减"均为0，对图像锐化，完成本案例的制作。

> **提示**：Topaz Vivacity滤镜是Photoshop外挂的滤镜，因此需要手动安装。安装方法与上一实例相同。
>
> 这款滤镜具有清理、去除斑纹、降噪、缩放、锐化等功能，算法非常优秀。

实例130 调出精致的浪漫紫色调

"紫色"向来富有神秘感。把照片的色调调成紫色调，增添了浪漫、高雅的气息。

下面将一张人物照片调整成精致的浪漫紫色调，照片处理的前后对比，如图130-1所示。

图130-1 色调调整的前后对比

操作流程图，如图130-2所示。

图130-2 操作流程图

● 知识重点：编辑通道、"色相/饱和度"命令、"图层蒙版"、设置图层混合模式

● 制作时间：15分钟

● 学习难度：★★★

操作步骤

（1）打开人物照片后，选中"绿"通道，按下Ctrl+A键全选"通道"内容，按Ctrl+C键复制，选中"蓝"通道，按下Ctrl+V键进行粘贴，使照片呈现青色调。

（2）返回"图层"面板，添加"色相/饱和度"调整图层，选择"青色"，设置参数为－47、13、0，去除照片的青色。

（3）添加"照片滤镜"调整图层，设置"加温

滤镜（85）"，设置"浓度"为18%。

(4) 按下Ctrl+Shift+Alt +E键"盖印"图层，得到"图层1"，图层模式为"柔光"。执行"高斯模糊"，"半径"为2像素。添加图层蒙版，再使用黑色的画笔，擦出人物"头发"和"皮肤"部分，使其不受影响。

(5) 继续"盖印"图层，得到"图层2"，图层模式为"正片叠底"，压暗图像，添加图层蒙版，用黑色的画笔擦出人物"头发"和"皮肤"部分。

(6) 在"图层2"的上方添加"色相/饱和度"调整图层，选择"绿色"，设置参数为－180、15、0，调出照片的紫色调。

(7) 再添加"曲线"调整图层，在曲线上添加两个控制点，"输出"和"输入"参数分别为155、149，以及71、81，增强照片的层次感。

(8) 再次"盖印"图层，得到"图层3"，执行"滤镜"→"Topaz Vivacity"→"Topaz Sharpen"命令，弹出对话框，在Main选项中，设置"锐利"为1.3，"边角脆化"为2，"范围"为1，"噪点密度"为2.05。在Advanced选项中，设置"线性特色"为0.5，"模糊"为1，水平效果和垂直效果削减均为0，对图像锐化。

(9) 最后，新建"图层4"，使用 ✐ "画笔工具"，选择柔边的笔触，随意点上白色的"点"，为照片增加"星光"特效，完成紫色风格的调整。

实例131 儿童照片涂鸦

本实例利用Photoshop CS4为儿童照片"涂鸦"，随意地添加一些时尚流行的图案、文字，打扮可爱"宝贝"，使照片生动有趣，更富有创意。照片处理的前后对比，如图131-1所示。

操作流程图，如图131-2所示。

图131-1 照片涂鸦的前后对比

图131-2 操作流程图

● 知识重点："钢笔工具"、"画笔工具"、"自定义
　形状工具"
● 制作时间：15分钟
● 学习难度：★★

操作步骤

（1）打开"男孩"照片后，新建"图层1"，
使用 ◊ "钢笔工具"，在照片的下方绘制
路径作为"彩虹"。按下Ctrl+Enter键转
换路径为选区，并对选区填充颜色，使
用相同的方法绘制照片下方的其他"彩

虹"形状。

（2）新建"图层2"，选择 ◈ "自定义形状工
具"，在属性栏中单击 ▫ "填充像素"
按钮，在形状列表中选择"会话气泡"形
状，绘制"会话"形状。

（3）使用 T "横排文字工具"，输入所需文
字，再使用 ✎ "画笔工具"绘制"心"形
和卡通图形。

（4）运用Photoshop CS4中"滤镜"→"Alien
Skin Splat"→"边缘"命令，对照片添加
像素类型的边缘，完成对照片的"涂鸦"。

实例132　制作动感闪图

本实例介绍利用Photoshop CS4，为静态的人
物照片加入一些图形、文字、线条等时尚元素，
制作成动感十足的"闪图"，照片处理的前后对
比，如图132-1所示。

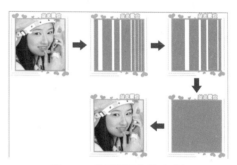

图132-1 动感闪图的前后对比

操作流程图，如图132-2所示。

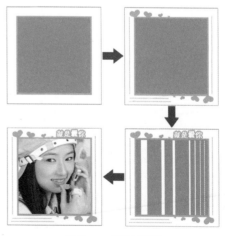

图132-2 操作流程图

- 知识重点："矩形工具"、"画笔工具"、"文字工具"、"贴入"命令、"动画"面板
- 制作时间：15分钟
- 学习难度：★★★

操作步骤

(1) 新建一个文件，命名为"动感闪图"，设置"宽度"为8厘米，"高度"为8.03厘米，"分辨率"为150像素/英寸，颜色模式为RGB，背景内容为"白色"。

(2) 新建了空白文档后，新建"图层1"，设置"前景色"为黄色（R：234、G：157、B：6），使用 "矩形工具"，在属性栏中单击 "填充像素"按钮，绘制黄色矩形。新建"图层2"，再设置"前景色"为深黄色（R：215、G：123、B：3），继续使用 "矩形工具"在黄色矩形的内部，绘制一个小的矩形。

(3) 新建"图层3"，使用 "自定义形状工具"，在矩形的顶部和底部绘制黄色"心形"。选择 "画笔工具"，在"画笔"面板中调整画笔的间距，在矩形外绘制线条。

(4) 新建"图层4"，使用 "矩形工具"绘制白色的矩形条。使用 "文字工具"输入文字"就是爱你"。

(5) 打开"少女.jpg"素材照片，按下Ctrl+A键全选，并按下Ctrl+C键复制图像。打开

"动感闪图"文件，按下Ctrl键单击"图层2"的图层缩览图，得到该图层选区。选择"编辑"→"贴入"命令，自动生成带有图层蒙版的"图层5"，使素材照片放置在选区的内部。

(6) 选择"窗口"→"动画"命令，打开"动画"面板。单击 "复制所选帧"按钮，复制5帧。保持默认第1帧画面，选中第2帧画面，隐藏"图层5"，显示"背景"图层、图层1、图层2、图层3、图层4和"文字"图层。

(7) 单击选中第3帧画面，隐藏图层5，显示"背景"图层、图层1、图层2、图层3、图层4和"文字"图层，并按下Ctrl+T键将"图层4"向右移动。

(8) 单击选中第4帧画面，隐藏图层5和图层4，显示"背景"图层、图层1、图层2、图层3和"文字"图层。

(9) 单击选中第5帧画面，显示所有图层，完成"动感闪图"的制作。单击"选择帧延沿时间"，可选择每帧的时间。

(10) 执行"文件"→"存储为Web和设置所用格式"命令，在弹出的对话框中单击"存储"按钮，再设置文件保存的类型为GIF格式的动画文件，再单击"保存"按钮，将文件输出为gif动画文件。

第8章　照片的实用设计

　　将数码照片进行艺术设计，能让普通的数码照片传递出更多的内涵和情感。有时还能运用于某些实用特殊的制作，例如制作结婚请柬、相册封面、个性名片、证件照片、展览海报、作品集封面、签名图片和添加水印体现版权等等。本章节中将介绍照片的实用设计，赋予照片在生活、工作中有更多的用途。

实例133 为照片添加水印

当把自己得意的摄影作品发布在网上时，很多用户希望在照片的角落打上一个水印，既可以保护作品的版权，又可以彰显作者的个性。下面来介绍在Photoshop CS4中如何为照片添加水印，照片处理的前后对比，如图133-1所示。

图133-1 添加水印的前后对比

操作流程图，如图133-2所示。

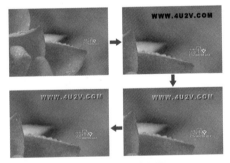

图133-2 操作流程图

- 知识重点："浮雕效果"滤镜、"强光"混合模式、新建动作、"批处理"操作
- 制作时间：15分钟
- 学习难度：★★★

操作步骤

（1）打开照片：按下Ctrl+O键，打开本书配套光盘提供的"添加照片水印.jpg"照片，如图133-3所示。

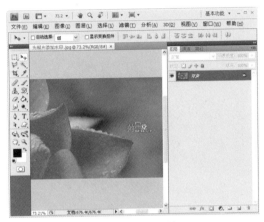

图133-3 打开照片

（2）输入文字：单击工具栏中的 T. "横排文字工具" ❶，设置"颜色"为黑色❷，在照片的右上方单击，出现闪动的光标后，输入"水印"文字，本例输入WWW.4U2V.COM，用光标选中文字❸，在属性栏中单击 🗐 "切换字符和段落面板"按钮❹，在打开的"字符"面板中设置文字的"字体"、"字号"等参数❺，如图133-4所示。

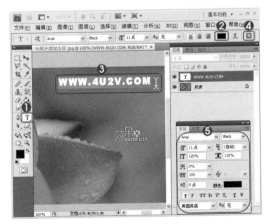

图133-4 输入文字

提示: 用于制作"水印"的文字,其字体要设置粗一些,做成"水印"的效果才会比较好。

（3）栅格化文字：设置文字的属性后,在"图层"面板中的"文字"图层上右击,在弹出的菜单中选择"栅格化文字"选项,将"文字"图层变成普通的图层,以便接下来的滤镜操作,如图133-5所示。

图133-5 栅格化文字

（4）制作"浮雕"效果：执行"滤镜"→"风格化"→"浮雕效果"命令❶,弹出"浮雕效果"对话框,使用默认的135度,"高度"为5,"数量"为100%❷,单击"确定"按钮❸,如图133-6所示。

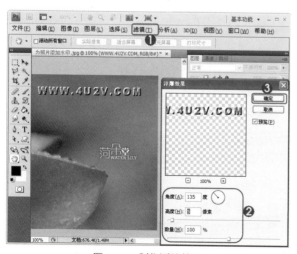

图133-6 制作浮雕效果

（5）模糊操作：为了使"水印"符号的边缘变得平滑,在"图层"面板中单击❷"锁定透明像素"按钮❶。执行"滤镜"→"模糊"→"高斯模糊"命令❷,在弹出的对话框中,设置"半径"为0.8像素❸,单击"确定"按钮❹,如图133-7所示。

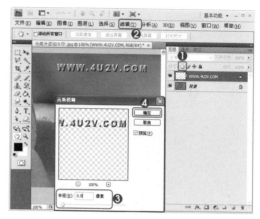

图133-7 模糊操作

（6）完成单张照片"水印"：将"水印"图层的混合模式设置为"强光"❶,使得水印变得透明❷,完成单张照片的"水印"添加,如图133-8所示。然后将图层合并,并进行保存。

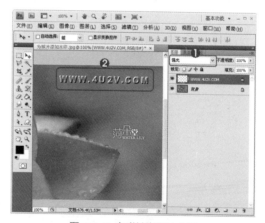

图133-8 完成单张照片水印

提示: 如果需要对多张照片添加"水印",可将制作"水印"的步骤记录成"动作",这样可对多张照片,或者是整个文件夹中的照片自动进行处理,下面进行记录"动作"的介绍。

（7）新建动作：首先打开一张数码照片，在"动作"面板中单击底部的  "创建新动作"按钮❶，在弹出的"新建动作"对话框中，设置"名称"为"添加水印"，"功能键"为F6❷，单击"记录"按钮❸，如图133-9所示。

图133-9 新建动作

提示：功能键的设置，用户可以自定义任意组合，不与已经设定的功能键重复即可。

（8）记录动作：重复刚才所执行的为单张照片添加"水印"的操作，从第一步开始，系统将记录所有步骤，完成"水印"的添加操作后，单击"动作"面板底部的 ■ "停止"按钮，如图133-10所示。

图133-10 记录动作

（9）批量处理设置：如果要把该动作应用到整个文件夹中所有图片，可执行"文件"→"自动"→"批处理"命令，弹出了"批处理"对话框，在"动作"的下拉列表中选择"添加水印"❶，单击"源"下方的"选择"按钮。在弹出的对话框中导航到要进行批处理的文件夹❷，在"目标"的下拉列表中选择"文件夹"选项，单击下方的"选择"按钮，导航到要保存到的另一个文件夹中❸，最后单击"确定"按钮❹，如图133-11所示。

图133-11 批量处理设置

（10）自动化处理：这样经过一段时间的系统处理，就可以自动为一整个文件夹中的所有照片批量进行添加"水印"。

实例134 制作个性头标

本实例介绍在Photoshop CS4中，将照片多次运用"线性减淡"的图层混合模式进行提亮处理，擦拭背景调出"五官"，再配合独有的签名制作个性图标，彰显个性。照片处理的前后对比，如图134-1所示。

图134-1 制作头标的前后对比

操作流程图，如图134-2所示。

图134-2 操作流程图

● 知识重点："线性减淡"图层混合模式、"橡皮擦工具"
● 制作时间：10分钟
● 学习难度：★★

操作步骤

（1）打开人物照片，按下Ctrl+J键复制一个图层，并将图层模式设置为"线性减淡"，将图像提亮。

（2）将新图层再次进行复制，同样将图层模式设置为"线性减淡"，"不透明度"为60%。

（3）按下Ctrl+Shift+E键，将所有可见图层合并为"背景"层。设置"背景色"为白色，再使用 ✎ "橡皮擦工具"，在图像中的背景区域进行擦拭，只保留人物的"五官"部分（"耳朵"不保留）。

（4）将"签名.psd"文件置入当前文件中，并调整大小和角度。

（5）使用 ✄ "裁剪工具"，在照片中拖动出需要保留的图像区域，将空白区域裁切掉，完成实例操作。

实例135 制作QQ、博客头像

时下，制作自己的个性头像，上传到QQ、博客等网络上，是众多网友们十分热衷的。

下面来介绍将个人的照片进行简单地处理，即可制作成自己独一无二的个性头像，照片处理的前后对比，如图135-1所示。

图135-1 制作头标的前后对比

操作流程图，如图135-2所示。

图135-2 操作流程图

● 知识重点："半调图案"滤镜、"色相/饱和度"命令
● 制作时间：8分钟
● 学习难度：★★

操作步骤

（1）打开人物照片，使用 "裁剪工具"，按住Shift键，裁切为一个正方形图像。

（2）按下Ctrl+J键复制出新图层，执行"滤镜"→"素描"→"半调图案"命令，设置"大小"为1，"对比度"为5。

（3）在"调整"图层中，单击 "色相/饱和度"按钮，在相应的面板中，勾选"着色"选项，设置参数分别为226、25、20，调整成蓝色调。

（4）合并全部图层，再保存为JPG或BMP格式。

实例136 论坛唯美签名图片

发现没有？在网络上安家的网友们，发表文章后，通常喜欢用一张图片作为"签名档"，展现自己的个性，也让人对他发表的文章印象更加深刻。

本实例通过Photoshop CS4的数码设计，将普通的数码照片制作成唯美风格的"签名"图片，照片设计的前后对比，如图136-1所示。

图136-1 唯美签名图片的前后对比

操作流程图，如图136-2所示。

图136-2 操作流程图

● 知识重点："扩散亮光"滤镜、"动感模糊"滤镜、"晶格化"滤镜、"喷溅"滤镜、"横排文字工具"、蒙版编辑模式、"斜面和浮雕"图层样式
● 制作时间：20分钟
● 学习难度：★★★★

操作步骤

(1) 复制图层：按下Ctrl+O键，打开本书配套光盘的"唯美签名图片.jpg"素材照片。按下Ctrl+J键复制出"图层1"，接下来的操作是在该图层中进行的，如图136-3所示。

图136-3　复制图层

(2) "扩散亮光"滤镜：设置"背景色"为白色，执行"滤镜"→"扭曲"→"扩散亮光"命令，在弹出的"扩散亮光"对话框中设置参数分别为0、2、15❶，让画面有局部"发亮"效果，单击"确定"按钮❷，如图136-4所示。

图136-4　"扩散亮光"滤镜

(3) 模糊照片：返回到"图层"面板中，按下Ctrl+J键复制出"图层1副本"❶。执行"滤镜"→"模糊"→"动感模糊"命令

❷，在弹出的对话框中，设置"角度"为0，"距离"为40像素❸，制作出一种动感的效果，单击"确定"按钮❹，如图136-5所示。

图136-5　"动感模糊"滤镜

(4) 擦出人物：将"图层1副本"的"不透明度"设置为70%❶，单击工具箱中的 "橡皮擦工具"❷，选择一个柔和的笔触，降低其"不透明度"❸，并擦出"人物"❹，如图136-6所示。

图136-6　擦出清晰人物

(5) 输入主题文字：单击工具箱中的"横排文字工具"❶，在属性栏中选择"字体"，设置"大小"为22点❷，设置"颜色"为浅蓝色（R：133、G：163、B：190）❸，并

225

在人物的左侧输入主题文字"等待"❹，如图136-7所示。

图136-7 输入主题文字

(6) 输入其他文字：单击 ➤ "移动工具"或其他任意一个工具，退出上一步骤的文字输入❶，再次单击 T "横排文字工具"❷，在属性栏中保持上一次的设置，只修改"字号"为12点❸。在图像中拖出一个输入框，输入文字"在时间的旷野中，期待一场美丽的邂逅。"❹，如图136-8所示。完成文字的输入。

图136-8 输入其他文字

提示： 使用"横排文字工具"输入文字后，若想在其他地方输入文字，则需要先切换到其他工具，再重新选择"横排文字工具"进行输入。

(7) 绘制矩形选框：下面要来制作边框，首先单击"图层"面板中的 ➤ "创建新图层"按钮❶，新建一个空白图层"图层2"❷。选择"矩形选框工具"❸，设置"羽化"为0px，在页面中绘制一个比图像边缘较小的矩形选框❹，如图136-9所示。

图136-9 绘制矩形选框

(8) "晶格化"滤镜：单击 ◻ "以快速蒙版模式编辑"按钮（快捷键为Q），进入"快速蒙版"编辑模式❶。执行"滤镜"→"像素化"→"晶格化"命令❷，在弹出的对话框中设置"单元格大小"为15❸，单击"确定"按钮，如图136-10所示。

图136-10 "晶格化"滤镜

说明： "晶格化"滤镜，将相近的有色像素集中到一个单元格中，形成由多个多边形组成的图像效果。

（9）"喷溅"滤镜：执行"滤镜"→"画笔描边"→"喷溅"命令，在弹出的"喷溅"对话框中，设置"喷色半径"为12，"平滑度"为7❶，让"相框"呈现不规则的边缘，单击"确定"按钮❷，如图136-11所示。

图136-11 "喷溅"滤镜

说明："喷溅"滤镜，可以产生如同在画面上喷洒水后形成的效果，或有一种被"雨水"打湿的视觉效果。

（10）退出蒙版状态：单击 [图标] "以标准模式编辑"按钮（快捷键为Q），退出"快速蒙版"编辑模式❶，从而得到照片相框内部的选区。按下Ctrl+Shift+I键，对选区进行反选，得到四周相框选区。单击工具箱中的 [图标] "吸管工具"❷，在图像上吸取一种桔黄色❸，如图136-12所示。

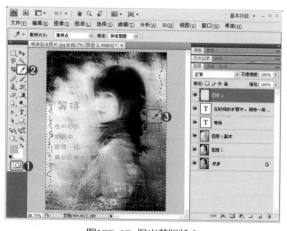

图136-12 退出蒙版状态

（11）填充边框：保持上一步骤的选区，按下Alt+Delete键，将选区填充为桔黄色❶，将该图层的混合模式设置为"明度"，"不透明度"为75%❷，让边框呈现一种淡雅的颜色，如图136-13所示。

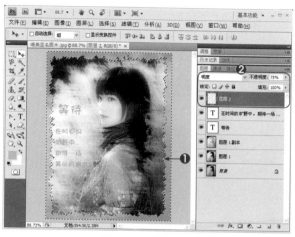

图136-13 填充颜色

（12）添加"浮雕"效果：双击"图层"面板中的边框图层"图层2"，弹出了"图层样式"对话框，勾选"斜面和浮雕"选项❶，并设置其参数，为相框添加"浮雕"效果❷，单击"确定"按钮❸，如图136-14所示。

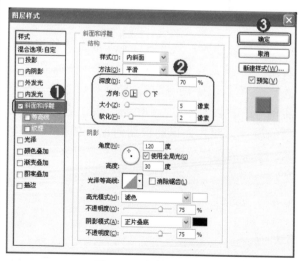

图136-14 添加浮雕效果

（13）制作"点点星光"：新建一个空白的图层

"图层3"❶，将"前景色"设置为白色❷，单击 ✎ "画笔工具"❸，在属性栏中选择一种类似"星光"的笔尖类型❹，在图像上点绘，点绘时可适当调整画笔的大小，绘制出"点点星光"的效果❺，如图136-15所示。

图136-15 制作点点星光

（14）完成操作：这样就完成了将数码照片制作成唯美的签名图片，合并全部图层，保存为JPG格式的图片，效果如图136-16所示。

图136-16 唯美的签名图片效果图

说明： 本实例中的照片尺寸较大，是为了图书印刷时的需要，读者在实际的制作过程中，可以根据要求适当将照片的尺寸调小，一般只要本实例图片的1/4即可。

实例137 照片相册封面设计

将喜爱的照片亲手设计制作成精美的相册，那是一件多么有意义的事情！常见的相册尺寸为5寸、7寸、10寸、12寸、16寸和18寸等。在本实例中，将以制作5寸小相册为例，进行相册封面的设计。照片处理的前后对比，如图137-1所示。参考的立体效果图，如图137-2所示。

图137-1 相册封面设计的前后对比

图137-2 相册立体图

操作流程图，如图137-3所示。

图137-3 操作流程图

● 知识重点：蒙版编辑模式、"挤压"滤镜、"旋转扭曲"滤镜、"描边"命令、图层对齐

● 制作时间：20分钟

● 学习难度：★★★★

操作步骤

（1）新建文件：选择"文件"→"新建"命令，在弹出的"新建"对话框中，设置文件名称为"相册封面"。以制作5寸相册为例，因此设置"相册"的封面"宽度"为8.9厘米，"高度"为12.7厘米，"分辨率"为150像素/英寸❶，单击"确定"按钮❷，如图137-4所示。

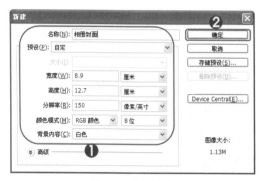

图137-4 新建文件

说明： 对于运用于冲印等输出的照片，分辨率至少需要150像素/英寸以上，方能得到较好的冲印效果，最佳则为300像素/英寸。

（2）设置参考线：按下快捷键Ctrl+R在窗口中显示"标尺"，选择工具箱中的 ▸ "移动工具"❶，在标尺上单击并拖动，分别在页面中的水平和垂直的中心位置添加参考线❷，方便后面制作封面底纹，如图137-5所示。

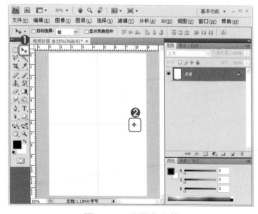

图137-5 设置参考线

（3）绘制黄色底纹：设置"前景色"为黄色（R：225、G：207、B：145）❶，选择"矩形选框工具"❷，在属性栏中单击 □"新选区"按钮，"羽化"为0px❸，沿页边和参考线绘制矩形选框。按Alt+Delete键对选区进行"前景色"填充❹，如图137-6所示。

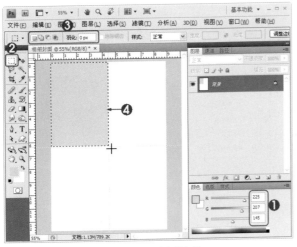

图137-6 绘制底纹色块

（4）绘制紫色色块：此时可按Ctrl+R将窗口中的"标尺"隐藏，再将"前景色"设置为紫色（R：172、G：113、B：161）❶，依照相同的方法，在黄色块的右侧绘制紫色的矩形色块❷，如图137-7所示。

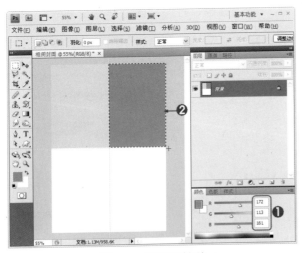

图137-7 继续绘制色块

（5）完成底纹的制作：接着绘制蓝色（R：76、G：153、B：159）的色块❶，以及绿色（R：163、G：183、B：96）的色块❷，绘制后按Ctrl+D键取消选区，完成了封面的底纹，如图137-8所示。

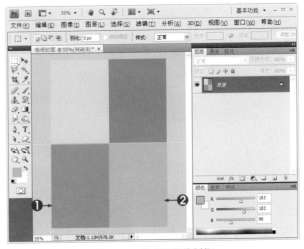

图137-8 完成底纹的制作

（6）制作照片像框：将"封面"文件最小化以备用，执行"文件"→"打开"命令，打开本书配套光盘中提供的"封面人物.jpg"照片文件❶，使用"矩形选框工具"❷，绘制一个比照片边框稍小的矩形选区，再按下Q键进入"快速蒙版"编辑模式❸，如图137-9所示。

图137-9 制作照片像框

（7）"晶格化"边框：执行"滤镜"→"像素化"→"晶格化"命令，在弹出的对话框中设置"单元格大小"为15❶，单击"确定"按钮❷，如图137-10所示。

图137-10　晶格化边框

说明： "晶格化"滤镜，将相近的有色像素集中到一个单元格中，形成由多个多边形组成的图像效果。

（8）"碎化"边框：执行"滤镜"→"像素化"→"碎片"命令，碎化边框，如图137-11所示。

图137-11　碎化边框

说明： "碎片"滤镜，将图像创建四个相互偏移的副本，产生类似"重影"的效果。

（9）制作边框"喷溅"效果：执行"滤镜"→"画笔描边"→"喷溅"命令，在弹出的"喷溅"对话框中，设置"喷色半径"为25，"平滑度"为7❶，单击"确定"按钮❷，如图137-12所示。

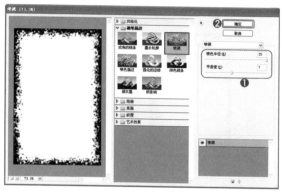

图137-12　制作边框喷溅效果

说明： "喷溅"滤镜，可以产生如同在画面上喷洒水后形成的效果，或有一种被雨水打湿的视觉效果。

（10）挤压边框：执行"滤镜"→"扭曲"→"挤压"命令，在弹出的对话框中，设置"数量"为100%❶，单击"确定"按钮❷，如图137-13所示。

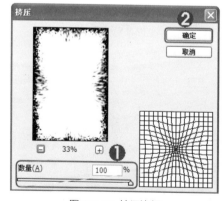

图137-13　挤压边框

说明： "挤压"滤镜，可以使图像的中心产生凸起或凹陷的效果，使图像产生向内或向外"挤压"的效果。

(11) 设置"扭曲"参数：执行"滤镜"→"扭曲"→"旋转扭曲"命令，在弹出的对话框中，设置"角度"为800度❶，为像框添加扭曲变形效果，单击"确定"按钮❷，如图137-14所示。

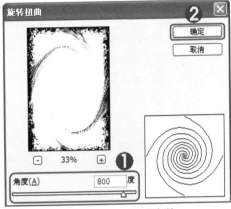

图137-14 设置扭曲参数

说明： "旋转扭曲"滤镜，可以将图像中心产生旋转效果。

(12) 清除选区：单击工具箱中的"以标准模式编辑"按钮（快捷键为Q），退出"蒙版"❶。执行"选择"→"反向"命令❷，得到边框选区。将"背景色"设置为白色，然后按下"Delete"键清除选区内的图像❸，如图137-15所示。

图137-15 清除选区

(13) 描边相框：保持选区的选取状态，将"前景色"设置为绿色（R：102、G：157、B：53）❶。执行"编辑"→"描边"命令❷，在弹出的对话框中，设置"宽度"为2px，颜色默认为"前景色"，"位置"为"内部"❸，单击"确定"按钮❹，即可为边框的选区描边，如图137-16所示。

图137-16 描边相框

(14) 将照片移入"底纹"文件中：按Ctrl+D键取消选区，单击▦▾"文档排列"→"全部垂直拼贴"按钮❶。使用▸⊹"移动工具"❷，单击人物照片并拖动，将其移动复制到"封面设计"文件中，如图137-17所示。

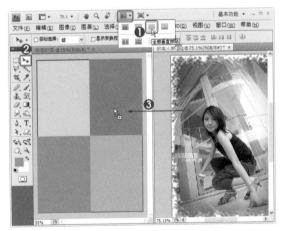

图137-17 将照片移入底纹文件中

(15) 调整照片大小和位置：拖入的"人物"照片在文件中显示为独立的"图层1"，按下

Ctrl+T键出现变换框，适当调整其大小，按下Enter键结束变换。按住Ctrl键同时选中“图层1”和“背景”层❶，单击属性栏中的“垂直居中对齐”❷和“水平居中对齐”按钮❸，使照片在“底纹”中居中，如图137-18所示。

图137-18 调整照片位置

（16）完成封面设计：这样就完成了相册的封面设计，最终效果如图137-19所示。

图137-19 最终效果图

实例138 相册内页设计

设计好了相册的封面，相册的内页也进行一定的美化设计，增强相册的观赏性。照片处理的前后对比，如图138-1所示。

图138-1 内页设计的前后对比

操作流程图，如图138-2所示。

图138-2 操作流程图

● 知识重点："置入"命令、"椭圆选框工具"、"描边"和"外发光"图层样式
● 制作时间：15分钟
● 学习难度：★★★

操作步骤

（1）新建文件：选择"文件"→"新建"命令，在弹出的"新建"对话框中，设置文件名称为"相册内页"。设置"宽度"为17.8厘米，"高度"为12.7厘米，"分辨率"为150像素/英寸❶，单击"确定"按钮❷，如图138-3所示。

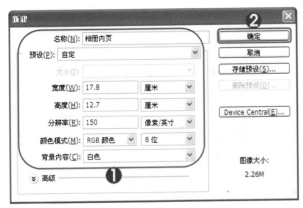

图138-3 新建文件

（2）置入底图：新建了一个白色背景的文件后，执行"文件"→"置入"命令，弹出

"置入"对话框，选择本实例提供的"背景.jpg"文件❶，单击"置入"按钮❷，如图138-4所示。

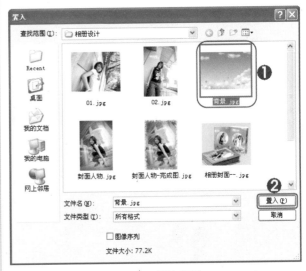

图138-4 置入底图

（3）调整底图：置入的背景图像会自动添加为一个图层❶，并自动出现变换框，拖动控制点，让图像大小与画布大小相一致❷，如图138-5所示，按下Enter键关闭变换框。

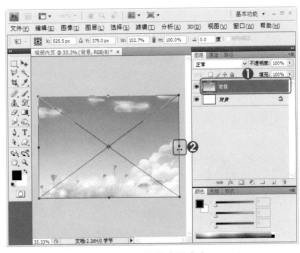

图138-5 调整底图大小

（4）制作圆形人物图像：打开本实例提供的"01.jpg"素材照片❶，选择 "椭圆选框工具"❷，设置"羽化"为0px❸，按住Shift+Alt键不放，在人物的中央处单击

并拖出一个正圆形的选框❹，如图138-6所示。

图138-6 绘制圆形选区

说明： 使用"椭圆选框工具"绘制选区时，若同时按住Shift键，则绘制正圆形选区；按住Alt键，则以光标单击处为中心，开始绘制选区。按住Shift+Alt键，则是以光标单击处为中心，绘制正圆形选区。

（5）移动复制圆形人物：使用 "移动工具"❶，将圆形选框中的人物拖动复制到"相册内页"图像文件中❷，将该图层的名称修改为"人物1"❸。再用同样的方法，将"02.jpg"照片圈出圆形人物后复制到当前文件中❹，如图138-7所示。

图138-7 移动复制圆形人物

（6）调整人物位置：按下Ctrl+R键在窗口中显示标尺，选择 "移动工具"❶，在标尺上单击拖动，在页面中添加两条水平的参考线，并添加中垂线❷，再将两个圆形人物的大小和位置进行调整，如图138-8所示。

图138-8 调整人物位置

（7）添加图层样式：单击选中最上方的人物图层，按下Ctrl+E键进行向下合并，合并为"人物1"，双击"人物1"图层右侧的空白处，来设置其图层样式，如图138-9所示。

图138-9 双击图层

（8）设置描边样式：在弹出的"图层样式"对话框中，勾选"描边"样式❶，跳转到相应的面板，在其中设置其参数，其中颜色可拾取淡红色❷，如图138-10所示。

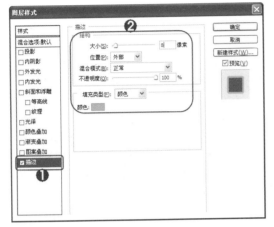

图138-10 设置描边颜色

（9）设置外发光样式：在对话框中，勾选"外发光"样式❶，跳转到相应的面板中设置其参数❷，为圆形人物制作出描边发光的效果，单击"确定"按钮关闭对话框❸，如图138-11所示。

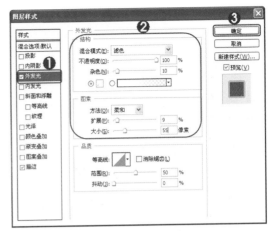

图138-11 设置外发光样式

（10）完成操作：这样就完成了相册内页的设计，效果如图138-12所示。

图138-12 最终效果图

实例139 制作个人名片

由于工作、交际需要，我们常常需要制作名片。如何在众多的名片中突出个性，给人留下深刻印象呢？

下面利用Photoshop CS4，将个人肖像进行素描处理，添加到名片上，再加上几个清雅的色块和漂亮的装饰花纹，足够让你的名片脱颖而出。照片设计的前后对比，如图139-1所示。

图139-1 名片设计的前后对比

操作流程图，如图139-2所示。

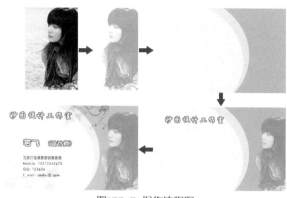

图139-2　操作流程图

- 知识重点："快速选择工具"、"绘画笔"滤镜、"描边"图层样式、"横排文字工具"
- 制作时间：15分钟
- 学习难度：★★★

操作步骤

（1）打开人物照片，用 ＼ "快速选择工具"圈出背景选区，反向选中人物，复制出2个图层，设置"不透明度"均为50%，对处于上方的图层执行"滤镜"→"素描"→"绘画笔"命令，设置参数为15、65。制作好人物的效果，合并图层备用。

（2）新建一个文档，尺寸为94mm×58mm（其中包括"出血"各2mm），CMYK模式、300dpi。填充为绿色（C：43、M：5、Y：91、K：0）。

（3）使用 ○ "椭圆选框工具"，制作两个色块，分别为淡绿色（C：15、M：3、Y：51、K：0）和淡黄色（C：7、M：5、Y：21、K：0）。

（4）将刚才制作好的人物移动复制到名片中，放置在右侧。

（5）使用 T "横排文字工具"，设置"字体"为"华文行楷"，"大小"为12点，输入"工作室"名称，再添加"描边"图层样式，颜色为暗红色（C：40、M：77、Y：62、K：1）。

（6）用同样的方法制作设计师名字，再输入个人的联系信息。最后将花纹复制到名片中，将图层模式修改为"叠加"，最后摆放好位置，完成名片的设计。

实例140　制作情人贺卡

为恋人的照片设计一些艺术效果，将其制作成精美的"情人"卡片，以传达彼此的情意，也是一件十分浪漫的事。照片设计的前后对比，如图140-1所示。

图140-1　照片设计前后效果对比

操作流程图，如图140-2所示。

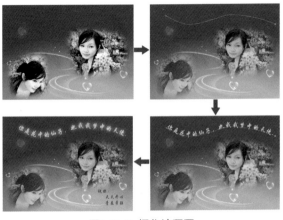

图140-2 操作流程图

● 知识重点：“橡皮擦工具”、“钢笔工具”、“横排文字工具”
● 制作时间：10分钟
● 学习难度：★★

操作步骤

（1）打开底图文件，再将两张“人物”照片移动复制到底图文件中，使用 ✎“橡皮擦工具”，擦除掉人物图像锐利的边角。

（2）将“人物照片”图层的“不透明度”设置为66%和50%。

（3）使用 ✎“钢笔工具”，在图像上方绘制一条曲线路径，使用 T“横排文字工具”，在路径的开头处单击，输入主题文字，让文字顺着路径的走向。

（4）设置“字体”为“华文行楷”，“大小”为16点，“颜色”为粉红色（R：255、G：206、B：245），再添加“外发光”图层样式。

（5）在图像的右下方输入祝福的文字，华文行楷、11点，颜色为暗紫色（可使用“吸管工具”在画面的上方吸取），完成情人贺卡的制作。

实例141 制作结婚请柬

自己亲手制作结婚典礼的“请柬”，通知亲朋好友，一定会很有意义，也让自己的“结婚请柬”与众不同。照片设计的前后对比，如图141-1所示。

图141-1 结婚请柬设计的前后对比

操作流程图，如图141-2所示。

图141-2 操作流程图

● 知识重点："自定形状工具"、"贴入"命令、设置蒙版属性
● 制作时间：18分钟
● 学习难度：★★★

操作步骤

（1）绘制心形路径：打开光盘提供的"底图.jpg"图像文件，选择 ⬚"自定形状工具"❶，在属性栏中单击 ⬚"路径"按钮❷，单击"形状"按钮，在下拉列表中，选择一种"心形"图案❸，并在图像的左侧绘制一个"心型"路径❹，如图141-3所示。

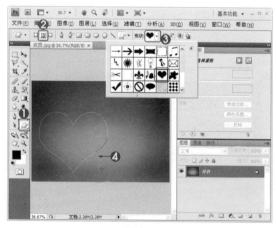

图141-3 绘制心形路径

（2）复制人物照片：按下Ctrl+Enter键载入"心形"选区❶，打开本实例的"婚纱照.jpg"

照片❷，按下快捷键Ctrl+A全选图像。按下Ctrl+C进行复制，如图141-4所示。

图141-4 复制人物照片

（3）调整照片大小：返回到"底图"文件，执行"编辑"→"贴入"命令❶，将照片贴入到心形区域中，按下Ctrl+T键打开变换框，按住Shift键不放，拖动控制点来调整照片的大小，让人物完整显示在心形区域中❷，如图141-5所示，最后按下Enter键关闭变换框。

图141-5 调整照片大小

说明： 使用"贴入"粘贴图像后，会产生一个新图层，并用蒙版的方式将选取范围以外（即"心形"选区以外）的区域盖住，但并非将选取范围之外的区域删除，因此可以调整照片的位置和大小。

(4) 设置"蒙版"属性：在"图层"面板中，在"图层1"两个缩略图之间单击，使其链接起来，再单击选中"蒙版"缩略图❶，打开"蒙版"面板❷，设置"羽化"为7px❸，让"心形"的边缘柔和。接着双击"图层1"名称的空白处❹，来添加图层样式，如图141-6所示。

图141-6 设置蒙版属性

说明： 将图层和蒙版缩略图链接起来，则在对图层或蒙版进行移动或缩放时，两者是同时操作的。

(5) 设置"外发光"样式：打开"图层样式"对话框，勾选"外发光"样式❶，并设置其参数❷，如图141-7所示。

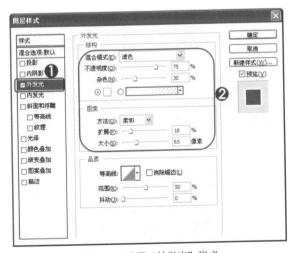

图141-7 设置"外发光"样式

(6) 设置"描边"样式：勾选"描边"样式❶，并设置其参数，其中设置颜色时，可使用"吸管工具"在底图上单击吸取一个红色❷，为心形添加描边和发光的效果，设置好后单击"确定"按钮❸，如图141-8所示。

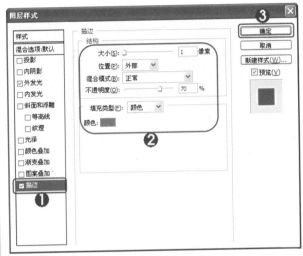

图141-8 设置"描边"样式

(7) 输入文字：单击 T."横排文字工具"❶，在属性栏中设置"字体"为"文鼎特圆简"，"大小"为11点❷，颜色可使用"吸管工具"吸取一个黄色❸，在图像中拖出一个文字框，再输入时间、地点等文字内容❹，如图141-9所示。

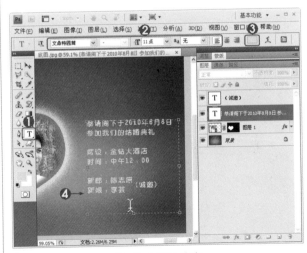

图141-9 输入文字

（8）制作标题文字：先单击"移动工具"，再次单击 T "横排文字工具"❶，设置"字体"为"隶书"，"大小"为40点❷，颜色拾取一个红色❸。在图像中输入"请柬"文字，并为其添加"描边"图层样式，颜色拾取黄色❹，如图141-10所示。

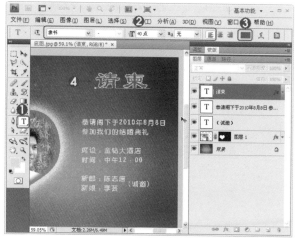

图141-10 制作标题文字

（9）绘制一排"心形"：创建一个新图层，命名为"装饰心形"设置图层混合模式为"柔光"❶，设置"前景色"为白色❷，单击 "自定形状工具"❸，在属性栏中单击 "填充像素"按钮❹，选择形状为一种"心形"图案❺。在文字的下方绘制一排"心形"图案❻，如图141-11所示。

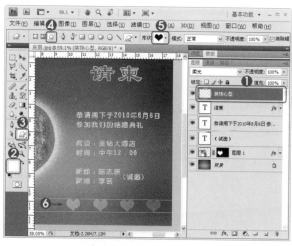

图141-11 绘制一排心形

（10）去除白色背景：将装饰心形复制到新的图层中，使用 "移动工具"移动到正文的上方❶。打开本实例的"双喜.jpg"文件❷，使用 "魔术橡皮擦工具"❸，设置其参数❹，在"双喜"的背景上单击，去除白色的背景❺，如图141-12所示。

图141-12 去除白色背景

（11）调整"双喜"图层：使用 "移动工具"，将"双喜"移动复制到当前文件中❶，并设置图层混合模式为"叠加"，"不透明度"为50%❷，将"双喜"缩小，放置于图像的下方❸，如图141-13所示。

图141-13 调整双喜图层

（12）完成操作：复制出另外的两个"双喜"图层，分别进行缩放，并放置在合适的位置上，这样就完成了"结婚请柬"的设计，效果如图141-14所示。

图141-14 最终效果图

实例142 制作古典型相框

庄重、古典的像框配上怀旧色调的照片，可以使照片更具高贵、神秘。本实例通过Photoshop CS4的图层样式和"纹理滤镜"，制作立体像框，照片处理的前后对比，如图142-1所示。

图142-1 制作古典相框的前后对比

操作流程图，如图142-2所示。

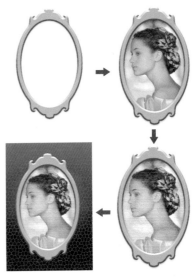

图142-2 操作流程图

● 知识重点："自定形状工具"、"斜面和浮雕"图层样式、"纹理化"滤镜、"染色玻璃"滤镜
● 制作时间：20分钟
● 学习难度：★★★

操作步骤

（1）运行Photoshop CS4，新建一个文档，"宽度"为12、"高度"为17，"分辨率"为150。

（2）新建"图层1"，将"前景色"设置为桔黄色（R：210、G：168、B：87），选择 "自定形状工具"，单击 "填充像素" 按钮，追加一种 "画框" 形状，在画面绘制一个画框。

（3）为 "图层1" 添加 "投影" 和 "斜面和浮雕" 图层样式，增加画框的立体感。

（4）将 "人物" 照片移动复制到 "相框" 文件中，置于 "画框" 之下，并调整其大小。再使用 "魔棒工具"，单击画框椭圆选区，反向选择，再选中人物图层，删去画框外的照片图像。

（5）选中人物图层，按下Ctrl+U打开 "色相/饱和度" 对话框，勾选 "着色"，设置参数为36、25、0。再执行 "滤镜" → "纹理" → "纹理化" 命令，选择 "粗麻布"，制作出纹理效果。

（6）设置 "前景色" 为土黄色（R：145、G：89、B：4），"背景色" 为黑色，使用 "渐变工具"，为 "背景" 图层填充渐变颜色。执行 "滤镜" → "纹理" → "染色玻璃" 命令，设置参数为11、2、4，制作出纹理效果，完成实例操作。

实例143 摄影展海报的设计

"海报" 具有广告宣传的作用，多用于展览、电影、比赛、文艺演出等活动的宣传。"海报" 中通常要写清楚活动的性质，活动的主办单位、时间、地点等内容。"海报" 的语言要求简明扼要，形式要做到新颖美观，以吸引更多的人加入活动。

下面通过Photoshop CS4来设计 "牧狼羊" 摄影师的摄影展海报，"海报" 设计的前后对比，如图143-1所示。

图143-1 海报设计的前后对比

操作流程图，如图143-2所示。

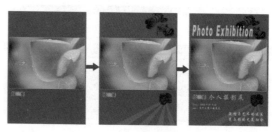

图143-2 操作流程图

● 知识重点："正片叠底"图层混合模式、"多边形套索工具"、"横排文字工具"

● 制作时间：15分钟

● 学习难度：★★

操作步骤

(1) 新建一个文档，尺寸为260mm×184mm，分辨率为72（若要打印输出的，则需要150-300dpi）。将"背景层"填充为深灰色（R：81、G：79、B：80）。

(2) 打开"荷花"照片，框选出"荷花"图像，移动复制到当前文件中。再框选出"个性签名"，移动复制到当前文件中，并适当放大。

(3) 将两张"照相机"的照片移动复制到当前文件，图层模式为"正片叠底"，"不透明度"为75%。

(4) 新建一个图层，使用 "多边形套索工具"，在相机的"镜头"处绘制4个多边形选区，填充为白色，再设置其"不透明度"为35%，"填充"为25%，形成"光芒四射"的效果。

(5) 使用 "横排文字工具"，设置为"华文行楷"，"大小"为33点，颜色吸取为桔黄色，输入主题文字"个人摄影展"。

(6) 将颜色设置为灰色（R：184、G：184、B：184），"大小"为12点，输入"时间"、"地址"等信息。输入"导语"，"大小"为22点。输入PhotoExhibition，"大小"为70点，完成了摄影展的设计。

实例144　作品的菲林效果

对自己满意的设计作品，用"菲林"元素进行装裱，会更加有展示效果。照片设计的效果，如图144-1所示。

图144-1　设计作品的菲林展示效果

操作流程图，如图144-2所示。

图144-2　操作流程图

● 知识重点："定义画笔预设"命令、设置"画笔预设"、"置入"命令

● 制作时间：15分钟

● 学习难度：★★★

操作步骤

(1) 新建一个文档，尺寸为184mm×33mm，分辨率为150。新建"图层1"，使用 "矩形选框工具"，在上方框选一条长条矩形选区，填充为黑色。

(2) 按住Shift键，在空白处绘制一个小正方形选区，填充为黑色。执行"编辑"→"定义画笔预设"命令，定义为"画笔样式"。

(3) 设置"前景色"为灰色（R：104、G：104、B：104），使用 "画笔工具"，选择刚才定义的小正方形画笔样式，"不透明度"为100%。按下F5键打开"画笔预设"面板，设置"间距"为150%，按住

Shift键同时拖动光标，在长条黑色底上绘制一排"菲林"格子。

（4）将"图层1"进行复制，执行"编辑"→"变换"→"垂直翻转"命令，再放置在画面下方，合并两个图层。

（5）将"背景"图层填充为黑色，执行"文件"→"置入"命令，将一张作品图像置入到当前文件中，并调整大小。用同样的方法依次置入其他作品图像，完成"菲林"效果的制作。

实例145　制作作品集封面效果

将自己得意的作品装订成册，当然少不了要制作一个精美的封面。下面来设计一个作品集的封面，以墨绿色的色调为底，标题文字制作成立体的视觉效果，让效果更突出。整体呈现出大方、高雅的风格。封面设计的效果，如图145-1所示。

图145-1 作品集的封面效果

操作流程图，如图145-2所示。

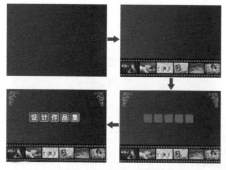

图145-2 操作流程图

● 知识重点："渐变工具"、"圆角矩形工具"、"描边"和"内阴影"图层样式
● 制作时间：12分钟
● 学习难度：★★

操作步骤

（1）新建一个文档，尺寸为184mm×130mm，分辨率为150。使用 ▣ "渐变工具"，设置颜色从墨绿色（R：47、G：77、B：52）到深绿色（R：26、G：37、B：37）。

（2）将上一实例中制作的"菲林"效果图像移动复制到当前文件中，放置在图像的下方。

（3）将"装饰花纹"复制到当前文件，放置在左上角，"不透明度"为60%，再复制出一个图层，进行翻转放置到右上角。

（4）设置"前景色"为灰色（R：104、G：104、B：104），使用 ▣ "圆角矩形工具"，在属性栏中单击 ▣ "形状图层"按钮，绘制一个圆角矩形，得到一个新图层，再复制出4个图层。选中5个矩形图层，单击 ▣ "水平居中分布"按钮，再合并为"形状"图层。

（5）为"形状"图层添加"描边"图层样式，"颜色"为土黄色（R：213、G：197、B：127），"大小"为5；再添加"内阴影"样式，"角度"为120，"距离"为6，"大小"为4。

（6）使用 Ｔ "横排文字工具"，设置"字体"为"文鼎特圆简"，"大小"为24，"颜色"为白色，输入"设计作品集"字符，完成实例操作。

实例146 照片制作日历

将自己喜欢的照片制作成"日历",这样既实用,又能大大满足自己的创作欲望。本实例就来介绍照片设计成"日历",照片设计的前后对比,如图146-1所示。

图146-1 日历设计的前后对比

操作流程图,如图146-2所示。

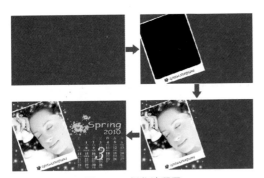

图146-2 操作流程图

- 知识重点:"水平居中"命令、"贴入"命令、"投影"和"渐变叠加"图层样式
- 制作时间:20分钟
- 学习难度:★★★★

操作步骤

(1) 新建文档:按下Ctrl+N键,弹出"新建"对话框,输入"名称"为"照片制作日历"❶,设置"宽度"为15厘米,"高度"为8.9厘米,"分辨率"为150像素/英寸,"颜色模式"为RGB颜色,"背景内容"为白色❷,单击"确定"按钮❸,如图146-3所示。

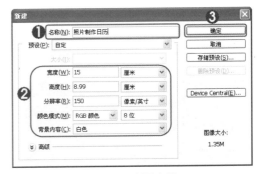

图146-3 新建文档

(2) 填充红色:设置"前景色"为红色(R:112、G:0、B:14)❶,按下Alt+Delete键填充"背景"图层为红色❷,如图146-4所示。

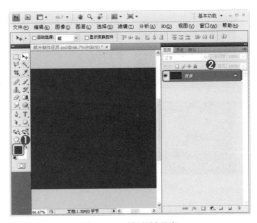

图146-4 填充前景色

(3) 置入底纹素材:执行"文件"→"置入"命令,在弹出的"置入"对话框中,选择

本实例提供的"底纹.psd"素材图像置入到文件中，并调整其大小，按下Enter键结束调整，自动生成"底纹"图层❶，设置该图层的混合模式为"叠加"❷，使底纹与背景色溶合，如图146-5所示。

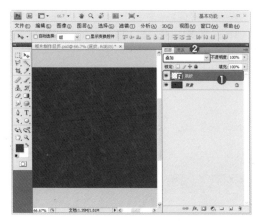

图146-5 置入底纹素材

提示： "叠加"图层混合模式，可以加强原图像的高亮区和阴影区，同时将上层的颜色叠加到原图像上。

（4）绘制白色矩形：在"图层"面板中，单击 "创建新图层"按钮❶，新建"图层1"❷，设置"前景色"为白色❸，选择 "矩形工具"❹，在属性栏中单击 "填充像素"按钮❺，单击拖动绘制出白色的矩形❻，如图146-6所示。

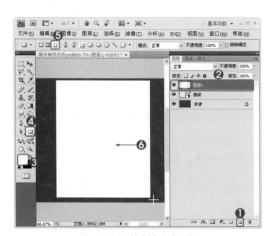

图146-6 绘制白色矩形

（5）绘制黑色圆角矩形：在"图层1"的上方新建"图层2"❶，设置"前景色"为黑色❷，选择 "圆角矩形工具"❸，在属性栏中单击 "填充像素"按钮❹，设置圆角"半径"为0.3厘米❺。在白色矩形的内部绘制黑色的圆角矩形❻，如图146-7所示。

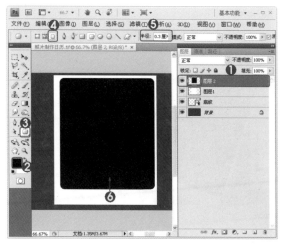

图146-7 绘制黑色圆角矩形

（6）对齐图层：按住Ctrl键，单击选中图层1和图层2，执行"图层"→"对齐"→"水平居中"命令，使这两个图层对齐。按下Ctrl+E键合并这两个图层，得到"图层1"❶，完毕后按下Ctrl+T键，对其旋转一定角度❷，如图146-8所示。

图146-8 对齐图层

（7）复制人物素材图像：选择 🪄 "魔术棒工具" ❶，在属性栏中设置参数❷，在"图层1"中黑色区域内单击，创建选区❸。打开本实例提供的"人物素材.jpg"图像❹，按下Ctrl＋A键选中人物图像，按下Ctrl＋C键复制，如图146-9所示，完毕后关闭该文件。

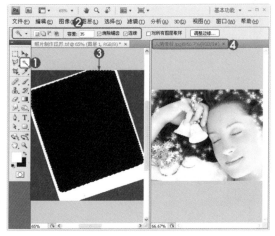

图146-9 复制人物素材图像

（8）执行命令：返回到"照片制作日历.jpg"图像文件，执行"编辑"→"贴入"命令❶，如图146-10所示。

图146-10 执行"贴入"命令

> 提示：在使用"贴入"命令之前，必须先选取一个范围，当执行该命令后，粘贴的图像只能显示在选取范围之内。

（9）调整人物素材：执行"贴入"命令后，自动生成带有图层蒙版的"图层2"，单击选中图层缩览图❶，按下Ctrl＋T键调整人物素材照片的大小和角度，使其放置在选区的内部❷，如图146-11所示。

图146-11 调整人物素材

> 提示：使用"贴入"命令粘贴图像后，会产生一个新图层，并用蒙版的方式将选取范围以外的区域盖住，但并非将选取范围之外的区域删除。

（10）置入标签：执行"文件"→"置入"命令，在弹出的"置入"对话框中，选择本实例提供的"标签.psd"图像置入到文件中，并调整素材的大小和角度❶，按下Enter键结束素材的调整后。新建"图层3"❷，选择 ✏ "画笔工具"❸，使用一个柔和的笔触，在照片的周围绘制白色的圆点❹，如图146-12所示。

图146-12 置入标签素材

（11）置入"日历"：执行"文件"→"置入"命令，将本实例提供的"日历.png"素材图片置入到文件的右下角，如图146-13所示。

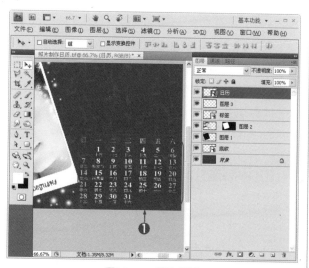

图146-13 置入日历

提示："日历"文件可利用一些制作"日历"的软件来制作，例如"光影魔术手"、"友峰图像处理系统"等软件。此外，本书的配套光盘中也提供了2010年的"日历"文件，本实例中以2010年3月的"日历"为例来制作的。

（12）输入年份：选择 T."横排文字工具"❶，在属性栏中设置"字体"，"大小"为30点，"颜色"为绿色（R：153、G：204、B：0）❷，在"日历"的上方输入文字Spring2010，输入后拖动鼠标刷取文字2010❸，设置"大小"为20点，如图146-14所示。

图146-14 输入年份

（13）添加文字"投影"样式：双击"文字"图层的右侧，弹出"图层样式"对话框，勾选"投影"选项❶，在其中设置参数❷，完毕后单击"确定"按钮❸，如图146-15所示。

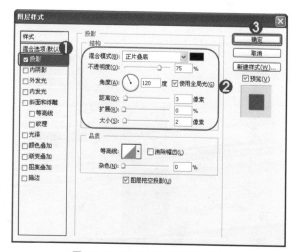

图146-15 设置文字"投影"样式

（14）复制文字图层并修改：按下Ctrl＋J键，将文字图层Spring2010复制出一个图层，使用"横排文字工具"选中文字，修改成需要的文字3，修改"颜色"为白色，再调整好文字的位置，如图146-16所示。

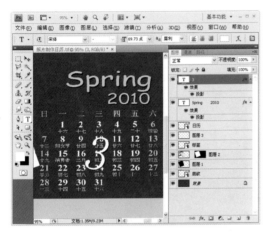

图146-16 复制文字图层并修改

（15）绘制装饰图案：在"图层"面板中新建"图层4"❶，选择 ✎ "画笔工具"❷，按下F5键打开"画笔"面板，在面板菜单中选择"载入画笔"命令，将本实例提供的"桃心2.abr"画笔文件载入到"画笔"面板中。在面板中选择140号画笔❸，关闭"画笔"面板。在属性栏中设置画笔的大小为175px，"不透明度"和"流量"均为100%❹。在画面中绘制"桃心"形状❺，如图146-17所示。

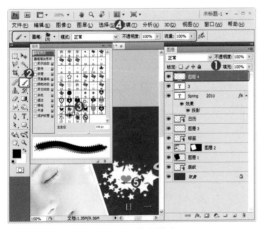

图146-17 绘制桃心

（16）添加"投影"样式：双击"图层4"名称的右侧，弹出"图层样式"对话框，勾选"投影"选项❶，在其中设置参数❷，如图146-18所示。

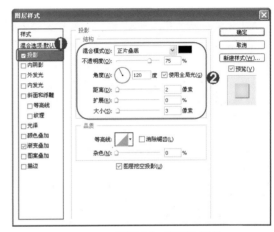

图146-18 设置桃心"投影"样式

提示： 在这里对"桃心"设置"投影"样式，会使图形产生立体感。

（17）添加"渐变叠加"样式。在对话框中，勾选"渐变叠加"选项❶，跳转到相应的面板，在其中设置"渐变"颜色为桔黄色（R：246、G：151、B：24）到黄色（R：253、G：214、B：63），并设置其他参数❷，单击"确定"按钮❸，如图146-19所示。

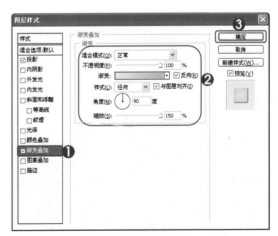

图146-19 设置桃心"渐变叠加"样式

提示：设置"渐变叠加"样式，可以在图层内容上填充一种渐变颜色。

提示：复制图层时，会将原图层中的图层样式也一并复制，若需要修改新图层的样式，则重新打开"图层样式"对话框，在其中编辑即可。

（18）图案的效果：对"桃心"设置完"投影"、"渐变叠加"图层样式后，此时"桃心"呈现出的效果，如图146-20所示。

图146-20 "桃心"效果

（19）修改"渐变叠加"样式：复制出另一个"桃心"图层，双击新图层名右侧的"效果"符号，重新打开"图层样式"对话框，单击"渐变叠加"选项❶，重新设置"渐变"颜色为深绿色（R：147、G：196、B：12）到浅绿色（R：214、G：249、B：69），其他参数保持不变❷，单击"确定"按钮❸，如图146-21所示。

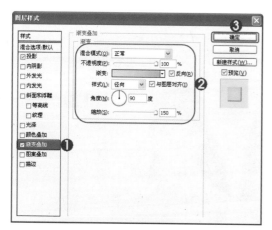

图146-21 修改"渐变叠加"样式

（20）缩小图案：按下Ctrl＋T键，将新图层的"桃心"图案缩小，效果如图146-22所示。

图146-22 设置"小桃心"效果

（21）完成操作：这样就完成了日历的设计，最终效果如图146-23所示。

图146-23 最终效果图

实例147 自制证件照片

"证件"照片是我们日常生活中经常需要使用的，如身份证、上岗证、驾驶证等等，还有参加某个培训或者活动，无论网上报名或是实地报名，大多需要上交照片。由此看来，需要使用证件照片的地方是无处不在。

首先，来了解证件照片的基本要求，图像清晰、层次丰富、无明显畸变。此外，最好穿深色、有领的衣服。头部占照片尺寸的2/3，人像在相片矩形框内水平居中，照片下边缘以刚露出锁骨或衬衣领尖为准。神态自然，肤色准确。要洗净脸上的汗渍、油污，严禁化浓妆，不能佩带任何影响拍摄效果的饰品。

了解了证件照的基本要求后，下面通过Photoshop CS4软件，将日常拍摄的数码照片制作成专业的1寸证件照片。照片处理前后的对比，如图147-1所示。冲印排版的效果，如图147-2所示。

图147-1 证件照的前后对比

图147-2 证件冲印排版

操作流程图，如图147-3所示。

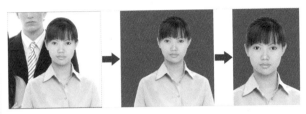

图147-3 操作流程图

- 知识重点："钢笔工具"、"直接选择工具"、"裁剪工具"、"定义图案"
- 制作时间：30分钟
- 学习难度：★★★

操作步骤

（1）打开照片并"勾勒"人物：按下Ctrl+O键，打开本书配套光盘中提供的"制作证件照片.jpg"数码照片。单击工具箱中的 ❶ "钢笔工具" ❶，将人物的轮廓进行"勾勒"，形成闭合的路径 ❷，如图147-4所示。

图147-4 勾勒人物路径

（2）调整路径："勾勒"出人物的路径后，若对路径不满意，可单击 "直接选择工具"❶对路径进行调整，调整的方法是：单击选中路径后，对需要调节的锚点再次单击，移动瞄点，或拖动锚点的控制柄，让路径更加贴合人物轮廓❷，如图147-5所示。

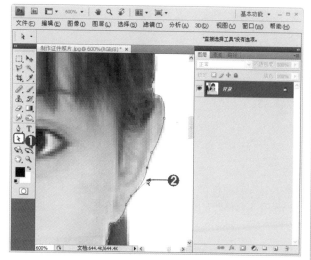

图147-5 调整路径

（3）路径转为选区：打开"路径"面板，按住Ctrl键同时单击刚才建立的"工作路径"❶，将路径转化为选区❷。返回到"图层"面板中，按下Ctrl+J键，将选区复制到新的图层中❸，如图147-6所示。

图147-6 路径转为选区

（4）填充红色背景：将"前景色"设置为红色（R：185、G：43、B：43）❶，单击"背景"图层为当前图层❷，按下Alt+Delete键填充为红色，如图147-7所示。

图147-7 填充红色背景

提示： 证件照片的底色主要有红、白、蓝三种。根据不同的用途使用不同的底色，如身份证、驾驶证要求是白底；出境某些国家的护照要求是蓝底，并要求表情严肃；上岗证、报名表等没有特殊要求的都可用红底。具体的底色规定依照国家规定为标准。

（5）设置裁剪参数：单击 "裁剪工具"❶，在属性栏中设置"宽度"为2.5厘米，"高度"为3.5厘米，"分辨率"为300像素/英寸❷，如图147-8所示。

图147-8 设置裁剪参数

（6）裁剪照片：设置好裁剪的参数后，在图像上拖出一个裁剪框❶，移动裁剪框至于人物的正中央，在属性栏中选择"隐藏"选项❷，如图147-9所示。

图147-9 裁剪照片

提示： 各种证件尺寸各不相同，具体的尺寸如下：

1英寸(25mm×35mm)、2英寸(35mm×49mm)、3英寸(35mm×52mm)、第二代身份证(26mm×32mm)、港澳通行证(33mm×48mm)、赴美签证(50mm×50mm)、日本签证(45mm×45mm)、护照(33mm×48mm)、毕业生照(33mm×48mm)、驾照(21mm×26mm)、车照(60mm×91mm)。

（7）完成单张证件照：设置好裁剪框后，按下Enter键对图像进行裁剪。然后将图层进行合并，完成了单张证件照片的制作。按下Ctrl+S键进行保存，如图147-10所示。

图147-10 完成单张证件照

提示： 到此，单张的证件照片制作完毕，将其保存起来，以备冲印或网上传输使用。下面介绍如何制作成证件照片的排列，可供冲印。

（8）对证件照增加白边：要对证件进行排列冲印，先要对证件加上白边，方便排版。确定"背景色"为白色❶，执行"图像"→"画布大小"命令❷，在弹出的对话框中，设置"定位"为中央，为"宽度"和"高度"增加120%❸，单击"确定"按钮❹，如图147-11所示。

图147-11 增加画布

(9) 将人物定义为图案：增加了白边后❶，执行"编辑"→"定义图案"命令❷，弹出"图案定义"对话框，在对话框左侧出现照片的缩略图，"名称"为"制作证件照片.jpg"❸，单击"确定"按钮❹，如图147-12所示。

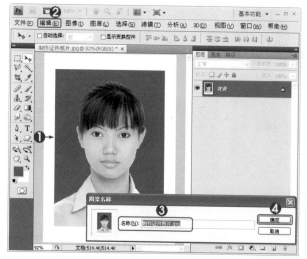

图147-12 将人物定义为图案

提示：使用自定的方法，将自己制作的图像保存起来，可极大地提高工作效率。在"编辑"菜单中，除了可以"定义图案"，还有"定义画笔预设"和"定义自定形状"命令，其方法与"定义图案"相似。

(10) 新建空白文档：按下Ctrl+N键新建文件，在弹出的"新建"对话框中设置"名称"为"证件排列"❶，"宽度"为12.7厘米，"高度"为8.9厘米，"分辨率"为300像素/英寸，"颜色模式"为RGB，"背景内容"为"白色"❷，单击"确定"按钮❸，如图147-13所示。

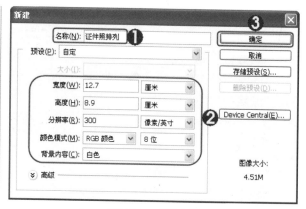

图147-13 新建文档

提示：标准的冲印照片，具体尺寸为：5寸(12.7cm× 8.9cm)、6寸(15.2cm×10.2cm)等，本实例采用5寸照片的大小。

(11) 填充图案：新建了空白文档后，单击工具栏中的"油漆桶工具"❶，在属性栏中设置"填充源"为"图案"，打开图案下拉列表，选择步骤9中定义的"证件照"图案❷，在文件画面中单击❸，即可将"证件照片"填充到空白的文件中，如图147-14所示。

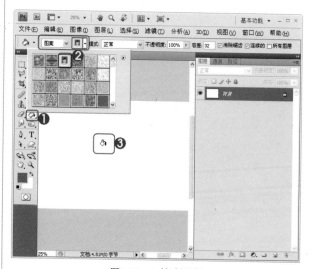

图147-14 填充图案

（12）删除不完整的照片：填充了证件照片后，使用 ▢ "矩形选框工具" ❶，选择 "添加到选区" 选项 ❷，将最下面一排以及右侧的不完整的照片框选 ❸，按下 "Delete" 键删除，如图147-15所示。

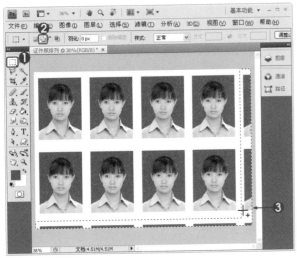

图147-15 删除不完整照片

（13）完成操作：可适当往下移动上面两排照片的位置，让照片处于画面的中央，完成证件照片的排列。按下Ctrl+S键对文件进行保存，若要冲印即可使用该文件，如图147-16所示。

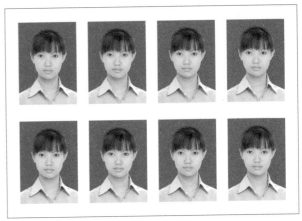

图147-16 完成冲印排版

第9章 时尚写真与婚纱艺术设计

在影楼里，设计师精湛的技术，设计出来的写真照、婚纱照都将美的时尚体现得淋漓尽致，或典雅高贵，或人物柔美细腻，或个性彰显，或创意非凡……面对如此漂亮、时尚的设计作品，往往令人爱不释手。

在本章中将介绍运用Photoshop CS4对人物写真照片、婚纱照片进行后期的艺术设计，制作出风格独特，精彩绝伦的艺术照片效果。揭开这些影楼照片设计的神秘面纱，让读者学到照片处理的高级技巧。

实例148 通道提取选区——柔光艺术照

本实例通过Photoshop CS4的通道提取技巧，把一张人物的照片，处理成童话般的梦幻效果，更具浪漫色彩。照片处理的前后对比，如图148-1所示。

图148-1 柔光照的前后对比

操作流程图，如图148-2所示。

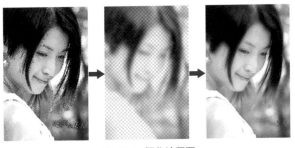

图148-2 操作流程图

● 知识重点：提取通道、"高斯模糊"滤镜、"橡皮擦工具"

● 制作时间：10分钟

● 学习难度：★★

操作步骤

（1）选中"蓝"色通道：在Photoshop CS4中，按下Ctrl+O键，打开本书配套光盘提供的"柔光艺术照.jpg"素材照片。打开"通道"面板，查看每个通道的信息❶。可看

到"蓝"通道的信息最完整，按住Ctrl键并单击"蓝"通道的缩略图❷，将其转换为选区，如图148-3所示。

图148-3 选中"蓝"色通道

> **提示：** 在各个通道中，色调较亮的区域可提取出来作为选区。利用这一点，可以轻松将该照片中的皮肤、背景亮部提取出来作为选区。

（2）反向选择：选择"RGB"通道，返回到彩色的状态❶。按下快捷键Ctrl+Shift+I执行"反向"命令，对选区进行反选，如图148-4所示。

图148-4 反向选择

（3）复制到新图层：返回"图层"面板❶，按下快捷键Ctrl+J把选区提出来成为独立的"图层1"❷，如图148-5所示。

图148-5 复制到新图层

（4）模糊柔化图像：确定"图层1"为当前的图层❶，执行"滤镜"→"模糊"→"高斯模糊"命令，弹出"高斯模糊"对话框，设置"半径"为6像素❷，对图像进行柔化处理，单击"确定"按钮❸，如图148-6所示。

图148-6 模糊柔化图像

（5）增亮图像：按下Ctrl+M键，打开"曲线"对话框，拖动控制点，适当增亮图像❶，单击"确定"按钮❷，如图148-7所示。

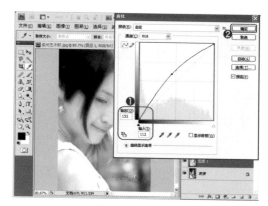

图148-7 增亮图像

（6）擦除"五官"部位：单击工具箱中的 ![erase]"橡皮擦工具"❶，在属性栏中设置其属性❷，在"图层1"中❸，对"眼睛"、"嘴唇"等地方进行擦除，使"眼睛"明亮❹，如图148-8所示。

图148-8 擦除五官部位

（7）完成操作：这样就完成了"柔光艺术照"的制作，最终的效果如图148-9所示。

图148-9 最终效果图

实例149 个人时尚写真设计

随着数码修图的技术日益成熟，人们的个性化要求也越来越显著。下面介绍个人写真照片的设计，照片设计的前后对比，如图149-1所示。

图149-1 写真设计的前后对比

操作流程图，如图149-2所示。

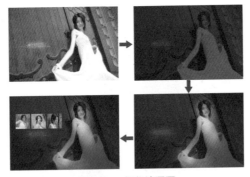

图149-2 操作流程图

- 知识重点："颜色减淡"模式、图层对齐、"色彩平衡"命令
- 制作时间：12分钟
- 学习难度：★★

操作步骤

（1）复制图层：在Photoshop CS4中，按下Ctrl+O键，打开本书配套光盘中"写真照片.jpg"素材照片，按下Ctrl+J键复制出"图层1"❶，接下来的操作是在该图层中进行的，如图149-3所示。

图149-3 复制图层

（2）调整颜色：执行"图像"→"调整"→"色相/饱和度"命令❶，弹出"色相/饱和度"对话框，设置"明度"为−65❷，单击"确定"按钮❸，如图149-4所示。

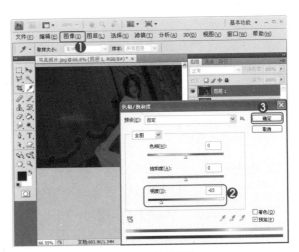

图149-4 调整颜色

（3）局部增亮：将"前景色"设置为淡黄色
（R：255、G：249、B：171）❶，单击
✐"画笔工具"❷，在属性栏中选择一种
柔和的笔触，"模式"为"颜色减淡"，
"不透明度"为15%❸，在人物的脸部
和手部涂刷，涂刷的地方即可呈现淡黄
色❹，如图149-5所示。

图149-5 局部增亮

> **说明：** 在"画笔工具"属性栏中，将"模式"设置为
> "颜色减淡"，得到的效果是用"前景色"加亮原图
> 像颜色。

（4）导入3张图片：打开本书配套光盘中的"写
真1.jpg"、"写真2.jpg"和"写真3jpg"
照片，使用✥"移动工具"❶，分别将它
们拖到写真照片文件中生成图层2、图层3
和图层4❷，如图149-6所示。

图149-6 导入3张照片

（5）调整图片间距：使用Ctrl+T键分别调整照
片，使其大小相一致。按住Ctrl键，单击
图层2、图层3和图层4，同时将3个图层选
中❶，选择了✥"移动工具"，单击属性
栏上的▥"顶对齐"按钮❷及▥"水平居
中分布"按钮❸，使这3个图层水平居中分
布，间距均等，如图149-7所示。

图149-7 调整图片间距

> **提示：** 在调整3张照片大小时，可以按下Ctrl+R打开
> "标尺"，从"尺标"中按住鼠标拉下参考线，可帮
> 助定位。

（6）合并图层：选中最上层的图层4，按下Ctrl+E
键向下合并图层，再次按下Ctrl+E键，再
向下合并为"图层2"，如图149-8所示。

图149-8 合并图层

(7) 调整小照片的颜色：确定选中"图层2"为当前图层❶，执行"图像"→"调整"→"色彩平衡"命令，弹出"色彩平衡"对话框，参数设置为0、0、−58❷，统一小照片的色调，单击"确定"按钮❸，如图149-9所示。

(8) 完成操作：这样就完成了写真照片的制作，效果如图149-10所示。

图149-10 最终效果图

图149-9 调整小照片的颜色

实例150 装裱出精美的照片

对照片进行边框、底纹的装裱是一种很常见的装饰手法，既能突出照片，又很好地美化了效果。

下面将一张人物照片进行"装裱"，让照片顷刻精美呈现。照片处理的前后对比，如图150-1所示。

图150-1 装裱照片的前后对比

操作流程图，如图150-2所示。

图150-2 操作流程图

● 知识重点："动感模糊"滤镜、"描边"和"外发光"图层样式、加载外部画笔

● 制作时间：15分钟

● 学习难度：★★★

操作步骤

（1）制作模糊背景：打开本书配套光盘提供的"装裱照片-背景.jpg"图像文件。执行"滤镜"→"模糊"→"动感模糊"命令❶，在弹出的"动感模糊"对话框中，设置"角度"为40、"距离"为40❷，单击"确定"按钮❸，如图150-3所示。使图形呈现动态的效果，作为照片的背景。

图150-3 制作模糊背景

（2）移动复制人物图像：打开本实例提供的"人物.jpg"素材照片❶，使用 ✣ "移动工具"❷，将人物图像拖动复制到"装裱照片-背景.jpg"图像中❸，如图150-4所示。

图150-4 移动复制人物图像

（3）缩小人物图像：将人物图像复制到背景图像后，自动增加了一个"图层1"❶。按下Ctrl+T键，弹出变换框，旋转控制点来旋转图像❷，调整的效果可参考属性栏的数值❸，如图150-5所示。

图150-5 缩小人物图像

（4）设置图层样式：在"图层"面板中双击"图层1"的空白处，来设置其图层样式，如图150-6所示。

图150-6 双击图层

（5）设置"描边"样式：在弹出"图层样式"对话框中，勾选"描边"样式❶，跳转到相应的面板中设置其参数，其中"颜色"为白色❷，如图150-7所示。

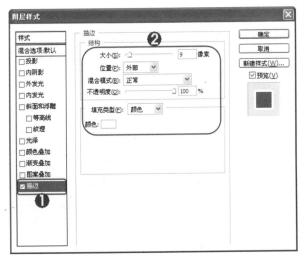

图150-7 设置"描边"样式

（6）设置"外发光"样式：在"图层样式"对话框中，勾选"外发光"样式❶，跳转到相应的面板中设置其参数，其中"颜色"为紫色❷，单击"确定"按钮❸，如图150-8所示。

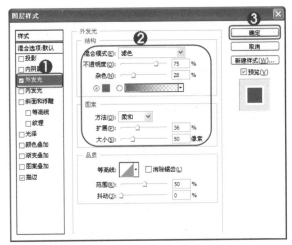

图150-8 设置"外发光"样式

（7）完成图层样式效果：这样就为人物图层设置了"描边"和"发光"效果，效果如图150-9所示。

图150-9 照片的图层效果

说明： Photoshop中的图层样式，效果非常丰富，可以轻松地制作出图层的各种效果，如投影、外发光、内发光、浮雕、描边等，是大家制作图片效果的重要手段之一。

（8）加载外部画笔：单击工具栏中的 ✐ "画笔工具"❶，在属性栏中单击"画笔类型"的小三角形按钮❷，弹出"画笔"预设面板，单击小三角形按钮❸，在弹出的菜单中选择"预设管理器"选项❹，如图150-10所示。

"图层2"❹，如图150-12所示。

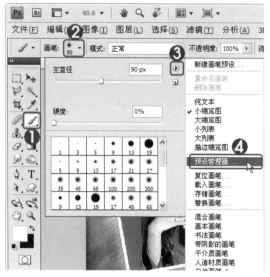

图150-10　加载外部画笔

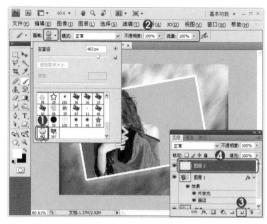

图150-12　设置画笔属性

(9)　加载"笔刷"文件：随后弹出了"预设管理器"对话框，单击"载入"按钮❶，在系统弹出的"载入"对话框中选择配套光盘"源文件"提供的"梦幻.abr"笔刷，即可将笔刷加载到软件中❷，单击"完成"按钮❸，如图150-11所示。

> **提示：** 画笔样式中，系统默认提供了一些基础的样式。但有时为了创作设计需要，可以加载一些外部的笔刷文件。笔刷文件的格式为.abr。
>
> 加载笔刷文件，除了可在"预设管理器"对话框中载入之外，也可以在运行Photoshop软件的状态下，在"我的电脑"存放笔刷的路径中，双击"笔刷"文件，也可载入到Photoshop中。
>
> 若要恢复到原来系统默认的画笔，则是在"画笔"预设面板的菜单中选择"复位画笔"选项。

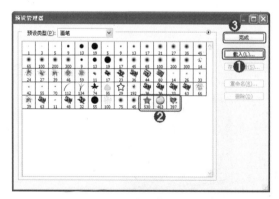

图150-11　加载笔刷文件

(10)　设置画笔属性：保持选中的"画笔工具"，在属性栏中选择画笔样式为刚才加载的463号"泡泡"❶，"不透明度"和"流量"均为100%❷。在"图层"面板中单击 ▣ "创建新图层"按钮❸，新建

(11)　绘制"泡泡"：将"前景色"设置为白色❶，使用"画笔工具"在图像上随意单击，即可点绘出"泡泡"图形❷，点绘时可适当调整画笔的大小，如图150-13所示。

图150-13　绘制泡泡

提示: 在点绘时,可按下键盘的大括号键[、]来调整画笔的大小,但要注意,必须在英文输入法下调整才有效。

(12) 完成操作:这样就完成了"装裱"照片的操作,效果如图150-14所示。

图150-14 最终效果图

实例151 打造七彩梦幻少女

　　每个爱美的少女心中,都有一个美丽的梦想,编织着七彩的梦。下面把自己的照片处理得生动美丽,将这种纯美的梦想表达出来。照片处理的前后对比,如图151-1所示。

图151-1 七彩照片的前后对比

　　操作流程图,如图151-2所示。

图151-2 操作流程图

● 知识重点:"色阶"、"颜色"和"明度"图层混合模式、"画笔工具"

● 制作时间:15分钟

● 学习难度: ★★

操作步骤

(1) 复制两个图层:打开本书配套光盘提供的"七彩梦幻少女.jpg"素材照片。连续按下两次Ctrl+J键,复制了两个"背景"图层,如图151-3所示。

图151-3 复制两个图层

(2) 对中间的图层进行"高斯模糊":选中中间的图层❶,执行"滤镜"→"模糊"→"高斯模糊"命令❷,弹出"高斯模糊"

对话框，设置模糊"半径"为4.0❸，单击"确定"按钮❹，如图151-4所示。

图151-4 模糊中间图层

（3）设置图层模式：选中最上方的图层，将其图层混合模式设置为"深色"❶，这样图片就有了柔美的艺术效果。打开"调整"面板❷，单击 ᴧ "色阶"按钮❸，如图151-5所示。

图151-5 设置图层模式

说明： "深色"图层混合模式，根据上方图层图像的饱和度，用上方图层颜色直接覆盖下方图层中的暗调区域颜色。

（4）增亮图像：跳转到"色阶"面板，设置输入"色阶"的中间调为1.28，"输出色阶"为10、255，使图像增亮❶，系统自动增加了一个"色阶1"蒙版图层❷，如图151-6所示。

图151-6 增亮图像

（5）绘制颜色：在"图层"面板中单击 ⬛ "创建新图层"按钮❶，创建"图层2"，并将其模式修改为"颜色"❷。单击 ⏷ "画笔工具"❸，在属性栏中选择一种柔和的大笔触，适当降低不透明度❹。在"色板"面板中选取颜色❺，在图像上涂绘，呈现一种"多彩"的效果❻，如图151-7所示。

图151-7 绘制颜色

提示： 在使用"画笔工具"涂绘时，若不小心绘制到人物上，可使用"橡皮擦工具"进行擦除。

（6）绘制"星星"：再新建一个图层，命名为"星星"，将图层混合模式修改为"明度"，"不透明度"为50%❶。将"前景色"设置为白色❷，使用 ⏷ "画笔工具"❸，在属性栏中选择一种255号的"星星"

画笔样式，并调节画笔的大小❹，设置"不透明"为100%❺，在图像上点绘，如图151-8所示。

图151-8 绘制星星

说明： 255号的"星星"画笔样式是外部加载的笔刷br11.abr，在本书配套光盘中"源文件"中提供，可根据前面介绍的加载笔刷的方法，进行加载。

（7）完成操作：这样就完成了"七彩梦幻少女"的制作，效果如图151-9所示。

图151-9 最终效果图

实例152 宝宝照片制作封面

本实例通过使用Photoshop CS4的"文字工具"、"画笔工具"、"描边"和"投影"图层样式，将"宝宝"照片制作成可爱有趣的杂志封面，照片处理的前后对比，如图152-1所示。

操作流程图，如图152-2所示。

图152-1 封面效果的前后对比

图152-2 操作流程图

● 知识重点："横排文字工具"、"画笔工具"、"描边"和"投影"图层样式

● 制作时间：20分钟

● 学习难度：★★★

操作步骤

（1）输入"杂志"名称：按下Ctrl＋O键，打开本书配套光盘中的"宝宝照片.jpg"，选择 T."横排文字工具"❶，在属性栏中设置"字体"为"华康海报体"，"大小"为38点，"颜色"为粉红色（R：232、G：147、B：215）❷，在照片的顶部输入"杂志"名称："可爱baby"❸，如图152-3所示。

图152-3 输入杂志名称

（2）设置文字"描边"样式：使用"移动工具"，在"图层"面板的底部单击 fx."添加图层样式"按钮，选择"描边"样式，弹出"图层样式"对话框，勾选"描边"选项❶，在其中设置参数❷，单击"确定"按钮❸，如图152-4所示。

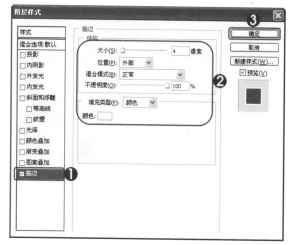

图152-4 设置文字"描边"样式

"提示"：设置图层的"描边"样式，给图层中的内容边缘产生一种描边的效果。

对文字进行"描边"处理是常见的手法，可以使文字更突出，使杂志封面效果更加生动、引人注目。

（3）输入"导语"文字：使用 T."横排文字工具"❶，在属性栏中设置"字体"为"华康海报体"，"大小"为5.66点，"颜色"为蓝色（R：3、G：159、B：216）❷，在"可爱baby"文字的左上方输入文字"宝宝成长过程中必不可少的好伙伴"❸，如图152-5所示。

图152-5 输入导语文字

(4) 输入"刊号"文字：继续使用"文字"工具❶，在照片的右侧输入3行文字2010 JULY NO.040，完毕后选中文字❷，设置"字体"为Arial，"大小"为4.8点，"颜色"为黑色❸，单击圖"切换字符和段落面板"按钮❹，打开"字符"面板，设置"行间距"为4.8点❺，如图152-6所示。继续使用"横排文字工具"，在旁边输入月份7，并设置好参数。

图152-6 输入刊号文字

(5) 绘制"花瓣"形状：创建一个新图层"图层1"❶，设置"前景色"为黄色（R：251、G：174、B：8）❷，选择"画笔工具"❸，按下F5键打开"画笔"面板，将本实例提供的"花瓣.abr"画笔文件加载进来。在"画笔"面板中选择sak41号画笔❹，关闭"画笔"面板，在属性栏中设置画笔的"不透明度"和"流量"为100%❺，接着在"刊号"文字的下方单击，绘制了一个"花瓣"形状❻，如图152-7所示。

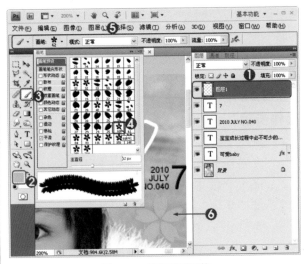

图152-7 绘制花瓣形状

(6) 绘制白色圆形：确定"图层1"为当前图层❶，使用"椭圆选框工具"❷，按住Alt＋Shift键不放，在"花瓣"的中心处绘制一个圆形选区，并填充白色❸，如图152-8所示，完毕后按下Ctrl＋D键取消选区。

图152-8 绘制白色圆形

(7) 输入右侧文字：使用"横排文字工具"❶，在白色圆形的上方输入文字"我家宝宝"。在封面的右侧输入其他的文字❷，并在属性栏中设置好文字的参数。并新建一个图层，使用"画笔工具"❸，绘制一个"小花瓣"形状❹，如图152-9所示。

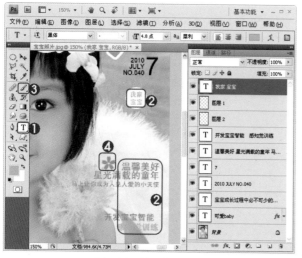

图152-9 输入右侧文字

（8）输入左侧文字：依然使用 T."横排文字工具"❶，在照片的左侧输入一些标题文字❷，在属性栏中设置好文字的参数，并对部分标题文字添加"描边"样式，如图152-10所示。

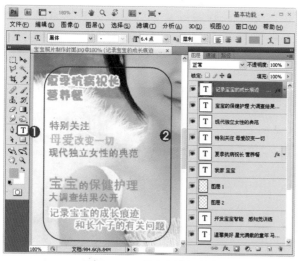

图152-10 输入左侧文字

（9）置入"趣味"字：执行"文件"→"置入"命令，将本实例提供的"趣味字.psd"图像置入到文件中，调整好素材

的大小❶，按下"Enter"键结束调整，自动生成"趣味字"图层❷，如图152-11所示。

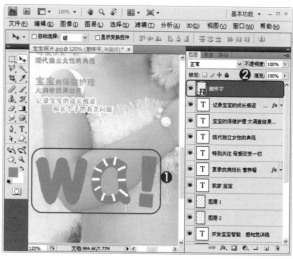

图152-11 置入趣味字

（10）输入文字：选择 T."横排文字工具"❶，在属性栏中设置"字体"为"华康布丁体"，"大小"为9.6点，"颜色"为红色（R：232、G：147、B：215）❷，在画面的右下侧输入文字"戴上遮阳帽"，按下Ctrl＋T键调整文字的角度❸，如图152-12所示。

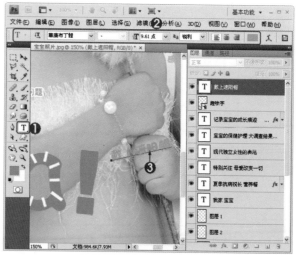

图152-12 输入文字

（11）设置文字"投影"样式：单击 **fx.** "添加图层样式"按钮，弹出"图层样式"对话框，勾选"投影"选项❶，在其中设置参数❷，如图152-13所示。

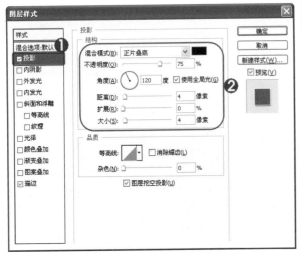

图152-13 设置文字"投影"样式

（12）设置文字"描边"样式：继续在"图层样式"对话框左侧选择"描边"复选框❶，跳转到相应的面板，在其中设置参数❷，单击"确定"按钮❸，如图152-14所示。

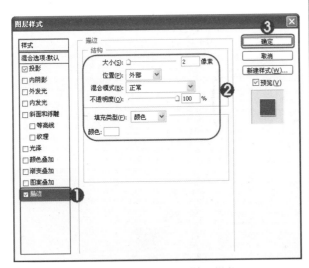

图152-14 设置文字"描边"样式

（13）复制并调整文字：按下Ctrl＋J键，将文字图层"戴上遮阳帽"复制出两个图层，并移动放置好位置。接着使用"横排文字工具"选中文字，修改成需要的文字以及颜色，按下Ctrl＋T键调整文字的角度和位置，效果如图152-15所示。

图152-15 复制并调整文字

（14）输入文字完成操作：使用 **T.** "横排文字工具"，在照片底部输入"缤纷夏日戏水去"，设置好文字的参数，对其添加"投影"图层样式。这样就将"宝宝"照片制作成了封面，最终效果如图152-16所示。

图152-16 最终效果图

实例153 写真设计——花瓣女孩

本实例将运用Photoshop CS4中的"曲线"和"色相/饱和度"命令，对女孩照片进行调整，然后将其放置在温馨浪漫的粉色背景中，使人物在粉色色调的装点下，显得更可爱，照片处理的前后对比，如图153-1所示。

操作流程图，如图153-2所示。

图153-2 操作流程图

● 知识重点："曲线"、"色相/饱和度"命令、"图层蒙版"、"矩形选框工具"
● 制作时间：15分钟
● 学习难度：★★★

操作步骤

（1）打开"可爱女孩.jpg"照片，按下Ctrl+M键，打开"曲线"对话框，选择"红"通道，添加一个控制点，设置"输出"为139、"输入"为122；在"蓝"通道中添加一个控制点，设置"输出"为162、"输入"为94，调整照片为红紫色。

（2）按下Ctrl+U键，弹出"色相/饱和度"对话框，选择"黄色"，设置"饱和度"为－80，降低照片中的黄色。

（3）打开"粉红记忆.jpg"底纹图像，将调整好的"女孩照"拖动复制到其中，生成"图层1"，按下Ctrl+T键调整"女孩照"的尺寸，放置于底纹的中央。

（4）对"女孩照""图层1"添加图层蒙版，使用 ✐ "画笔工具"，用黑色的柔和大笔

图153-1 写真设计的前后对比

触，在人物的周围涂抹，擦除图像边缘。

(5) 在"可爱女孩.jpg"素材照片中，框出矩形选区，将人物拖动复制到"粉色记忆.jpg"文件中，自动生成"图层2"，缩小照片，再添加粉红色的"描边"样式。

(6) 按下Ctrl+J键复制"图层2"，得到"图层2副本"，放置在画面的右下方。

(7) 执行"文件"→"置入"命令，置入"花朵.jpg"素材图片，设置图层混合模式为"正片叠底"，完成了写真的设计。

实例154 写真设计——蓝色畅想

将美女照片放置到蓝色意境的背景中，即可产生无限的回忆与遐想。照片处理的前后对比，如图154-1所示。

图154-1 写真设计的前后对比

操作流程图，如图154-2所示。

图154-2 操作流程图

● 知识重点："矩形选框工具"、"椭圆选框工具"、"图层蒙版"、"正片叠底"图层混合模式
● 制作时间：15分钟
● 学习难度：★★★

操作步骤

(1) 打开"女孩.jpg"素材照片，使用 □ 框出人物的上半部分作为选区，并羽化5像素。使用 ► "移动工具"将人物选区的图像两次移至"蓝色畅想.jpg"图像中，放置在左侧。

(2) 使用相同的方法，使用 ○ "椭圆选框工具"，在人物照片中绘制椭圆选区，羽化5像素，并移动复制到"蓝色畅想.jpg"图像中。

（3）将"女孩.jpg"照片移动复制到"蓝色畅想.jpg"图像中，放置在图像的右侧，并将新图层的混合模式修改为"正片叠底"，添加 ■ "图层蒙版"，使用黑色的画笔在蒙版中涂抹人物的四周，显现出若隐若现的人物效果。

（4）在最上方新建一个图层，设置图层混合模式为"柔光"，选择 ＼ "直线工具"，单击 □ "填充像素"按钮，绘制直线作为装饰线。

（5）使用 ✐ "画笔工具"，使用加载的"花边"画笔，为照片添加花边。最后使用 T. "横排文字工具"在右下方输入文字，完成实例的制作。

实例155 打造蓝色梦幻天使

对一些构图或其他方面不够满意的照片，只要进行一些艺术化的处理，同样也可以变废为宝。

在本实例中，来介绍运用Photoshop CS4 "通道混和器"、"色彩平衡"、"图层蒙版"等命令，将一张效果普通的照片打造出迷人的蓝色梦幻天使。照片处理的前后对比，如图155-1所示。

图155-1 打造蓝色天使的前后对比

操作流程图，如图155-2所示。

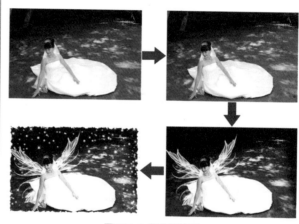

图155-2 操作流程图

- 知识重点："通道混和器"、"色彩平衡"命令、设置图层混合模式、"图层蒙版"
- 制作时间：20分钟
- 学习难度：★★★★

操作步骤

（1）打开人物照片后，执行"图像"→"模式"→"CMYK颜色"命令，转换为CMYK颜色模式。执行"图像"→"调整"→"通道混和器"命令，弹出对话框，设置"输出通道"为"黄色"，设置黄色通道的值为0%，使图像呈现蓝色调，完毕后再次转换为RGB颜色模式。

（2）执行"图像"→"调整"→"色彩平

衡"命令,设置"色阶"的数值为+45、+10、-45。

(3) 新建"图层1",图层混合模式改为"正片叠底",选择 ■ "渐变工具",制作径向黑白渐变效果,压暗图像。

(4) 单击 ◙ 按钮,对"图层1"添加"图层蒙版",用黑色画笔涂抹,清晰人物部分。

(5) 添加"曲线"调整图层,在曲线上添加3个控制点,设置"输出"和"输入"的值分别为219、208,131、129以及43、49,增强照片的层次感。

(6) 新建"图层2",选择 ✎ "画笔工具",加载"翅膀"画笔,设置"前景色"为白色,为人物添加"翅膀"。完毕后添加"图层蒙版",在蒙版中使用黑色的画笔涂抹,去除"翅膀"多余的部分。

(7) 按下Ctrl+Shift+Alt+E键"盖印"图层,

得到"图层3",设置图层模式为"叠加","不透明度"为80%,增强照片的对比度。

(8) 再次"盖印"图层,得到"图层4",运用"锐化"滤镜对照片锐化。执行"滤镜"→"Alien Skin Splat"→"边缘"命令,对照片添加"撕裂"的边缘效果。

(9) 新建"图层5",设置"前景色"为白色,使用柔边的画笔,给图像增加一些"星光"特效,并添加"外发光"图层样式,完成实例的制作。

提示: 在运用编辑通道的方法调整照片的色调过程中,需要注意的是选择编辑不同的通道,得到的图像色调也是各不相同。因此将照片转化为CMYK颜色模式后,方能调整"黄色"通道。

实例156 儿童模板——漂亮宝贝

在美化儿童照片时,直接套用模板是十分常见的手法,其操作即简单又容易出效果。

本实例中,通过使用Photoshop CS4的"魔术棒工具"、"贴入"、"自由变换"命令将"宝宝"照片放置在有趣的模板中,照片处理的前后对比,如图156-1所示。

图156-1 儿童照片设计的前后对比

操作流程图，如图156-2所示。

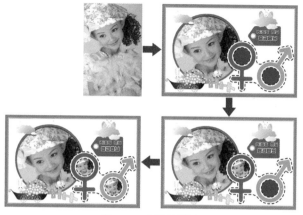

图156-2 操作流程图

● 知识重点："魔棒工具"、"贴入"命令、"自由变换"命令

● 制作时间：8分钟

● 学习难度：★★

操作步骤

（1）打开"漂亮宝贝.jpg"素材图像，按下

Ctrl＋A键全选人物图像，再按下Ctrl＋C键复制。

（2）打开"漂亮宝贝模板.jpg"图像文件，选择 "魔棒工具"，在大的蓝色区域内单击，创建选区。

（3）执行"编辑"→"贴入"命令后，将人物图像粘贴到选区范围内，自动生成带有图层蒙版的"图层1"，使用 "移动工具"调整人物图像的位置。对"图层1"设置"内阴影"样式。

（4）返回"背景"图层中，使用 "魔棒工具"在小的蓝色圆形内单击，创建选区，同样使用"贴入"命令，将人物粘贴到选区范围之内，自动生成带有图层蒙版的"图层2"，按下Ctrl＋T键调整人物的大小。

（5）使用相同的方法，将宝宝照片放置在另一个蓝色圆形的内部，完成实例的制作。

实例157 儿童照设计——快乐小天使

可爱的小宝宝是家里的"小天使"。下面利用Photoshop CS4来为"宝宝"照片进行数码设计，制作出快乐小天使的照片，将美好的童年收藏。照片处理的前后对比，如图157-1所示。

图157-1 宝宝照设计的前后对比

操作流程图，如图157-2所示。

图157-2 操作流程图

- 知识重点："通道混和器"、盖印图层、"图层蒙版"、"文字工具"
- 制作时间：30分钟
- 学习难度：★★★

操作步骤

（1）打开"宝宝1.jpg"和"儿童模板.tif"图像文件，使用 ⊕ "移动工具"将"宝宝"照片移动复制到"儿童模板.tif"图像文件中，再添加 ◙ "图层蒙版"，用柔和的黑色画笔涂抹，让"宝宝"照片的轮廓变得柔和。

（2）打开"宝宝2.jpg"照片，使用 ○ "椭圆选框工具"，按住Shift+Alt键不放，在照片中拖出一个圆形选区，框选中"宝宝"的头部。

（3）使用 ⊕ "移动工具"将圆形选区内的"宝宝"照片移动复制到"儿童模板.tif"图像

文件中，缩小放置在"白花"边框内。使用同样的处理方法，将"宝宝3.jpg"照片框出圆形选区后，复制到"白花边"框内。

（4）单击 T "横排文字工具"，输入"快乐小天使"文字，设置"字体"为"迷你简娃娃篆"，"大小"为30点，消除锯齿方法为"浑厚"，单击 T "仿粗体"和 T "下划线"按钮。并为"文字"图层添加"描边"样式，"颜色"为白色，"大小"为6像素。

（5）新建图层，定义"前景色"为白色。单击 ✎ "画笔工具"，选择外部加载的"花边"画笔样式，在图像的对角绘制"花边"图案。

（6）新建图层，选择"雪花"画笔样式，并在图像上点绘，绘出大小不一的"雪花"，完成实例。

实例158 为新娘数码化妆

人物没有化妆拍下的照片总让人感觉少了鲜活的气息。不过，可以通过后期处理，为人物进行数码化妆，如添加"眼影"赋予眼部立体感、添加"唇彩"和"腮红"、点出眼睛高光等，让整个脸庞迷媚动人。

下面来介绍运用Photoshop CS4后期为婚纱照中的"新娘"化妆，为人物补上完美的妆容。照片处理的前后对比，如图158-1所示。

图158-1 数码化妆的前后对比

操作流程图，如图158-2所示。

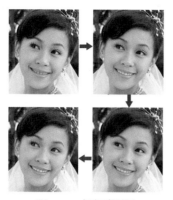

图158-2 操作流程图

● 知识要点："钢笔工具"、"羽化"命令、"色相
/饱和度"命令、"画笔工具"

● 制作时间：18分钟

● 学习难度：★★★

操作步骤

（1）增白牙齿：打开本书配套光盘提供的"数
　　码化妆.jpg"素材图片。单击工具箱中
　　"减淡工具"❶，选择一个柔和的画笔，
　　设置"曝光度"为85%，不勾选"保护色
　　调"选项❷，并在人物的"牙齿"上涂
　　抹，增白"牙齿"❸，如图158-3所示。

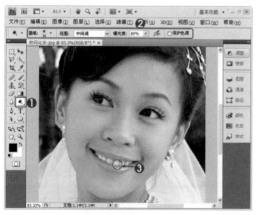

图158-3 增白牙齿

> **提示**：在调整时，若需要放大照片显示，可按住
> Alt键，滚动鼠标滚轮，即可缩放照片的显示，方
> 便查看。

（2）勾勒"眼影"区域路径：单击工具栏中的
　　"钢笔工具"❶，在属性栏选中 "路
　　径"选项❷，在照片中勾勒出人物"眼
　　影"区域的路径❸，如图158-4所示。

图158-4 勾出眼影区域路径

（3）保存路径并羽化选区：勾勒好路径后，在
　　"路径"面板中双击勾勒的路径，将其保
　　存为"路径1"❶。再按下Ctrl+Enter键，
　　将路径转为选区，接着执行"选择"→
　　"修改"→"羽化"命令，弹出"羽化选
　　区"对话框，设置"羽化半径"为5像素，
　　单击"确定"按钮❷，如图158-5所示。

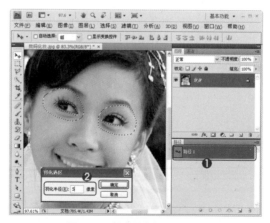

图158-5 保存路径并羽化选区

> **提示**：勾勒好路径后，需要在"路径"面板中双击路
> 径，才能保存路径。否则下次勾选新的路径，该路径
> 就会自动消失。

（4）调整"眼影"颜色：保持上一步骤的选区，按下Ctrl+U键，弹出"色相/饱和度"对话框，设置"色相"值为－43，"饱和度"为－35，"明度"为6❶，为人物添加紫红色的"眼影"，最后单击"确定"按钮❷，如图158-6所示。最后按下Ctrl+D键取消选区。

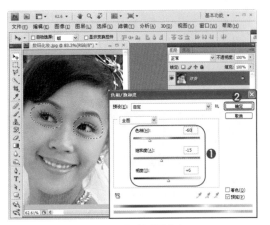

图158-6 调整眼影颜色

提示： 对眼睛添加"眼影"后，可以再使用"加深工具"，设置"曝光度"为10%，在人物眼睛的"双眼皮"进行喷绘加深"眼影"，使"眼影"更有层次变化。

（5）勾勒唇部轮廓路径：下面来添加"唇彩"，先选择工具栏中的"钢笔工具"❶，在照片中勾勒出人物唇部的轮廓路径❷，并在"路径"面板中双击路径，将勾勒的路径保存为"路径2"❸，如图158-7所示。

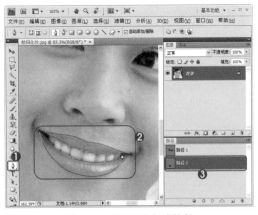

图158-7 勾勒唇部轮廓路径

（6）转路径为选区并进行羽化：按下Ctrl+Enter键，将勾勒的唇部路径转为选区，再按下Shift+F6键，打开"羽化"对话框，设置"羽化半径"为1像素，单击"确定"按钮❶，如图158-8所示。

图158-8 羽化唇部选区

（7）调整唇部颜色：保持上一步骤中"嘴唇"的选区，按下Ctrl+J键将"嘴唇"选区复制到新图层"图层1"中❶。再按下Ctrl+U键，弹出"色相/饱和度"对话框，设置参数为－25、25、0❷，将唇部调整成桃红色，单击"确定"按钮❸，如图158-9所示。

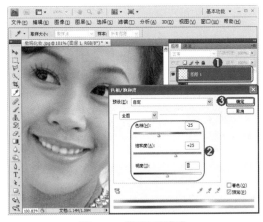

图158-9 调整唇部颜色

（8）添加"唇彩"：保持"图层1"的选取，执行"滤镜"→"杂色"→"添加杂色"命令，弹出"添加杂色"对话框，对各参数进行设置❶，使其唇部呈现闪亮的"唇

彩"效果,单击"确定"按钮❷,如图
158-10所示。

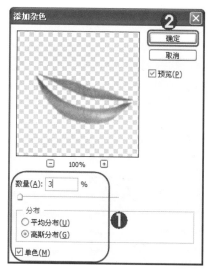

图158-10 添加唇彩

(9) 添加"腮红":单击 ⬚ "创建新图层"按
钮❶,新建一个图层,双击图层名,为其
命名为"腮红"❷,将"前景色"设置为桃
红色(R:255、G:160、B:229)❸。选
择 ✎ "画笔工具"❹,选择一个柔和的画
笔,设置"不透明度"为10%❺,在人物
的面颊处进行喷绘,为人物添加"腮红"
❻,如图158-11所示。

图158-11 添加腮红

(10) 点出眼睛高光:新建一个图层,命名为
"眼睛高光"❶,将"前景色"设置为白
色❷,使用"画笔工具"❸,设置"不透
明度"为80%,使用较小的画笔直径❹,
在眼睛的黑眼球中点出白色高光,让眼神
更加明媚动人❺,如图158-12所示。

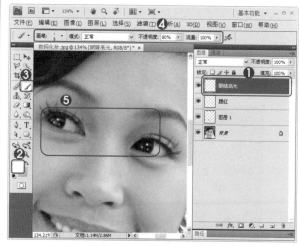

图158-12 点出眼睛高光

(11) 完成操作:这样就完成了数码化妆的操
作,最终效果如图158-13所示。

图158-13 最终效果图

实例159 唯美婚纱照设计——浪漫荧光

对于拍摄出来的婚纱照片，一般都要进行一定的后期处理，如调整肤色、装饰画面、套用模板等等。

在本实例中，将为一张常见的婚纱照片进行色调处理，再添加一些音乐元素和星光，制作成唯美浪漫的效果，让"新娘"的照片美轮美奂。照片设计的前后对比，如图159-1所示。

图159-1 婚纱照设计的前后对比

操作流程图，如图159-2所示。

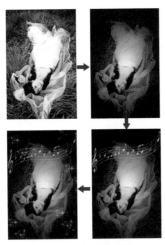

图159-2 操作流程图

- 知识重点："直线工具"、"自定形状工具"、"变形"命令、加载形状、加载画笔
- 制作时间：20分钟
- 学习难度：★★★★

操作步骤

(1) 复制图层：打开本书配套光盘提供的"浪漫荧光.jpg"图像文件，按下Ctrl+J键复制出新图层❶，如图159-3所示。

图159-3 复制图层

(2) 制作暗角效果：将"前景色"设置为黑色❶，单击 "渐变工具"❷，选择"前景色到透明"的样式，设置"类型"为 "径向渐变"❸，勾选"反向"并设置其他的参数❹。从图像的中心向右上角拖曳鼠标，形成四周压暗的效果❺，如图159-4所示。

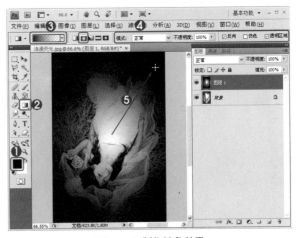

图159-4 制作暗角效果

（3）调整不透明度：将"图层1"的"不透明度"设置为72%❶，在"调整"面板中❷，单击 ▦ "色相/饱和度"按钮❸，如图159-5所示。

图159-5 调整不透明度

（4）设置色调：跳转到"色相/饱和度"面板，在其中勾选"着色"项❶，并设置"色相"为187，"饱和度"为50，"明度"为−50❷，系统自动添加了"色相/饱和度"的调整图层❸，如图159-6所示。

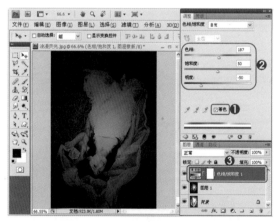

图159-6 设置色调

（5）刷出人物色彩：确定选中"色相/饱和度"的蒙版缩略图❶，保持"前景色"为黑色❷，单击 ✎ "画笔工具"❸，在属性栏中设置一种柔和的大画笔，"不透明度"为30%❹。在人物上涂抹，涂抹的地方即可逐渐恢复人物的色彩❺，如图159-7所示。

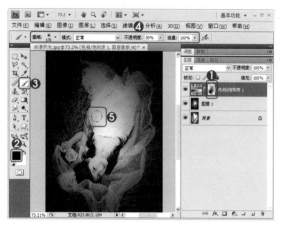

图159-7 刷出人物色彩

提示： "色相/饱和度"调整图层，自动添加"图层蒙版"。在图层蒙版中，黑色使得该图层呈透明效果。

（6）绘制5条直线：在"图层"面板中，新建一个图层，命名为"五线谱"❶，将"前景色"设置为黄色（R：255、G：248、B：141）❷，单击 ╲ "直线工具"❸，在属性栏中单击 ▫ "填充像素"按钮❹，设置"粗细"为1px及其他参数❺。按住Shift键，在画面中绘制5条间距相等的水平线段❻，如图159-8所示。

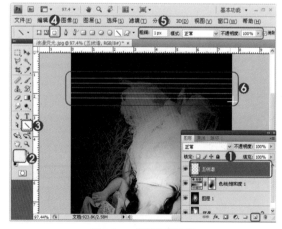

图159-8 绘制五条直线

提示： 在绘制直线时，同时按住Shift键，可使直线呈水平或垂直的走向。

(7) 选择"音乐"形状：在属性栏中单击"自
定形状工具"，并在其下拉列表中选择
"定义的比例"❶。单击"形状"项❷，
在下拉列表中，单击▶黑色小三角形❸，
在弹出的菜单中选择"音乐"选项❹，追
加到面板中。在"形状"下拉列表中选择
"音乐符号"形状❺，如图159-9所示。

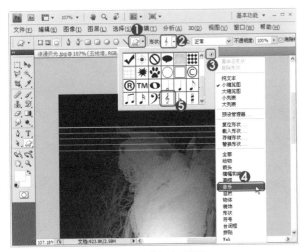

图159-9 选择音乐形状

(8) 绘制"音乐"图案：选用加载的"音乐"
形状❶，在"五线谱"图层中，绘出"音
乐"符号，形成完整的"五线谱"效果
❷，如图159-10所示。

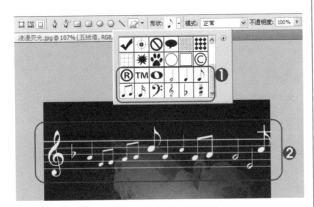

图159-10 绘制音乐图案

(9) 选择变形命令：绘制完后，按下Ctrl+T键打
开变换框，右击鼠标，在右键菜单中选择
"变形"命令，如图159-11所示。

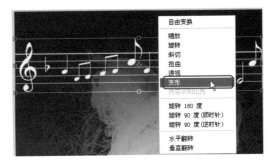

图159-11 选择变形命令

(10) 调整"五线谱"造型：选择"变形"命
令后，随即出现多个变形的控制线和控制
点，拖动控制点，调整成"波浪"的外形
效果，如图159-12所示。

图159-12 调整五线谱造型

(11) 设置图层属性：调整"五线谱"的波浪造
型达到满意的效果后，按下Enter键关闭变
换框。将"五线谱"图层的"不透明度"
设置为60%❶，如图159-13所示。

图159-13 设置图层属性

（12）设置画笔属性：新建一个空白图层，命名为"荧光"❶，使用 ✐"画笔工具"❷，在属性栏中选择440号"星光"画笔样式❸，设置"不透明度"为50%❹，如图159-14所示。

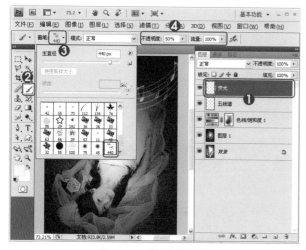

图159-14　设置画笔属性

说明：　440号的"星光"画笔样式是外部加载的笔刷"荧光.abr"，在本书配套光盘的"源文件"中有提供，可根据前面介绍的加载笔刷的方法，进行加载。

（13）添加"星光"效果：保持"前景色"为黄色❶，调节画笔的大小，在图像上点绘，添加几处"星光"效果❷，如图159-15所示。

图159-15　添加星光效果

（14）完成操作：这样就完成了唯美婚纱照的设计，效果如图159-16所示。

图159-16　最终效果图

实例160　影楼替换背景术——水晶之恋

在影楼拍摄婚纱照片时，有些室内照是采用单色的背景拍摄的，这是为了后期美化照片时，方便抠取人物轮廓。对于婚纱照的人物抠图，其中最重要的一点，就是要把透明婚纱的半透明质感也保留下来，这样"抠图"后的设计才是自然完美的。

下面介绍在Photoshop CS4中，如何将室内单色婚纱照中的人物完整地抠取出来，替换为浪漫的背景。照片处理的前后对比，如图160-1所示。

图160-1 换背景的前后对比

操作流程图，如图160-2所示。

图160-2 操作流程图

● 知识重点："通道"抠图、半透明婚纱的抠图方法、"高斯模糊"滤镜、"喷色描边"滤镜
● 制作时间：30分钟
● 学习难度：★★★★★

操作步骤

（1）复制"绿"通道：打开本书配套光盘提供的"透明婚纱.jpg"图像文件。打开"通道"面板查看各个通道的信息，发现"绿"通道人物的轮廓最明显，因此将"绿"通道拖到"创建新通道" ⬚ 按钮❶，新建一个"绿副本"通道❷，如图160-3所示。

图160-3 复制"绿"通道

（2）选取红色背景：返回到"RGB"通道❶，单击 ⬚ "魔棒工具"❷，在属性栏中设置 ⬚ "添加到选区"及其他属性❸，在图像中的红色背景上单击，将红色的背景选中❹，如图160-4所示。

图160-4 选取红色背景

> **提示：** 背景为单色的婚纱照，若背景和人物的颜色反差较大时，可使用"魔棒工具"或"快速选择工具"来选择背景。若颜色反差不大时，则需要使用"多边形套索工具"或"钢笔工具"等将人物选取。

（3）填充背景为黑色：保持背景的选区，在"通道"面板中，单击选中"绿副本"通道❶，将"前景色"设置为黑色❷，按下Alt+Delete键将选区填充黑色❸，如图160-5所示。

图160-5 填充背景为黑色

（4）"刷白"人物区域：下面对人物进行处理，按下Ctrl+Shift+I键对选区进行反选。单击 ✎"画笔工具"❶，将"前景色"设置为白色❷，在属性栏中选择一种中等硬度的笔刷❸。在人物上不透明的地方涂抹（这里要避开半透明的"婚纱"）❹，如图160-6所示。

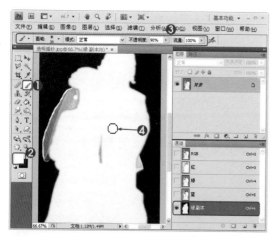

图160-6 刷白人物区域

提示：通道可以存储颜色信息，还有保存选区的作用。在通道中，白色可提取为选区，黑色则表示选择之外，灰色则是半透明选择。因此将人物涂抹成白色，而"婚纱"本身是灰色，就不用涂抹。

（5）载入选区：涂抹完后，按下Ctrl+D键取消选区。单击返回到"RGB"通道❶，按住Ctrl键同时单击"绿副本"通道，载入选区❷，如图160-7所示。

图160-7 载入选区

（6）完成人物抠取：返回到"图层"面板中，按下Ctrl+J键将选区复制到新的图层中❶，关闭"背景"图层的可视性，来观察"抠图"的效果。此时半透明的"婚纱"有一点偏红色，可使用 ●"海绵工具"❷，设置其属性❸，并在婚纱上涂抹去色❹，如图160-8所示，这样就完成了人物的抠取。

图160-8 完成人物抠取

提示：若涂抹去色后，"婚纱"颜色变黑，可使用 ●"减淡工具"涂抹变白。

（7）复制人物图层：处理完人物"抠图"后，打开本实例提供的"背景.jpg"图像文件❶，使用 ➤ "移动工具"❷，将抠取出来的人物图层移动复制到"背景.jpg"图像文件中❸，如图160-9所示。

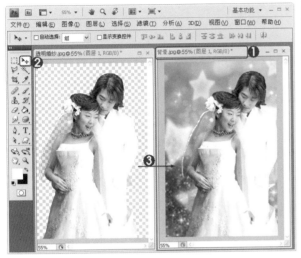

图160-9 复制人物图层

（8）复制背景图层：单击选中"背景"图层，按下Ctrl+J键，复制"背景"图层得到"背景副本"图层❶，设置混合模式为"正片叠底"❷，压暗背景，如图160-10所示。

图160-10 复制"背景"图层

（9）模糊背景：按下Ctrl+E键，将"背景副本"图层向下合并到"背景"图层❶，执行"滤镜"→"模糊"→"高斯模糊"命令，弹出"高斯模糊"对话框，设置"半径"为8像素❷，让背景呈模糊状态，单击"确定"按钮❸，如图160-11所示。

图160-11 模糊背景

（10）制作"朦胧斜纹"效果：执行"滤镜"→"画笔描边"→"喷色描边"命令，弹出"喷色描边"对话框，设置"描边长度"为13，"喷色半径"为15，"描边方向"为"右对角线"❶，让背景图层呈现一种朦胧斜纹的效果，单击"确定"按钮❷，如图160-12所示。

图160-12 设置"喷溅"滤镜

（11）添加文字：选择 T "横排文字工具"❶，在图像左下方单击，输入文字"你的拥抱……"，选中文字❷，在属性栏中设置

"字体"为"黑体"，"大小"为8点，"颜色"为白色❸，单击 圖 "切换字符和段落面板"按钮❹，打开"字符"面板，设置"行间距"为12点❺，如图160-13所示。

图160-13　添加文字

（12）置入艺术字：执行"文件"→"置入"命令，将本实例提供的"艺术字.psd"素材图片置入到文件中，自动生成"智能对象"图层❶，如图160-14所示。

图160-14　置入艺术字

（13）设置艺术字的"投影"样式：双击"水晶之恋"图层名称右侧的空白处，弹出"图

层样式"对话框，勾选"投影"样式❶，跳转到相应的面板，在其中设置参数❷，如图160-15所示。

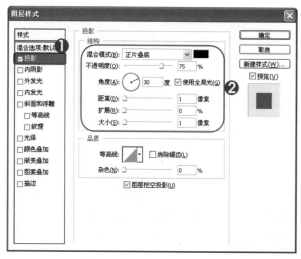

图160-15　设置"投影"样式

提示：置入"艺术字"素材，会增加背景的浪漫气氛。而对艺术字设置投影样式，是为了加强艺术字的立体感。

（14）设置"外发光"样式：在"图层样式"对话框中，勾选"外发光"选项❶，跳转到其面板中，在其中设置参数❷，如图160-16所示。

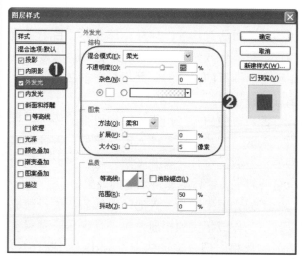

图160-16　设置"外发光"样式

(15) 设置"渐变叠加"样式：在"图层样式"对话框中，勾选"渐变叠加"样式❶，跳转到其面板中，在其中设置渐变颜色为蓝色（R：6、G：81、B：182）到白色，设置其他参数❷，完成"水晶之恋"文字的效果制作，单击"确定"按钮❸，如图160-17所示。

(16) 完成操作：新建一个图层，选择"画笔工具"，在"画笔"面板中加载本实例提供的"不同形体的蝶.abr"画笔文件，选择一种"蝴蝶"图案，在"水晶之恋"文字的旁边绘制白色的蝴蝶。这样就完成了将人物抠取替换背景，制作成浪漫的"婚纱照"，效果如图160-18所示。

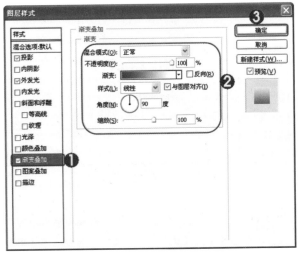

图160-17 设置"渐变叠加"样式

图160-18 最终效果图

实例161 入册婚纱照设计——春天的恋情

拍摄婚纱照后，影楼通常要为客户制作婚纱照相册，相册有12寸、14寸、18寸等。目前主流的是"一体化成型"相册，即是把相片直接做在相册里，厚厚的硬硬的，而不是一本白相册贴上洗好的照片。

客户选中的那些用于放在相册中的照片，称为"入册"照片。对于"入册"照片，设计师通常要经过数码设计，将几张照片与一些好看的模板结合起来，制作成非常漂亮的效果。

下面介绍用两张"入册"婚纱照，进行数码设计，制作成精美的相册效果，呈现出一种绿色清新的风格，照片设计的前后对比，如图161-1所示。

图161-1 婚纱照设计的前后对比

操作流程图，如图161-2所示。

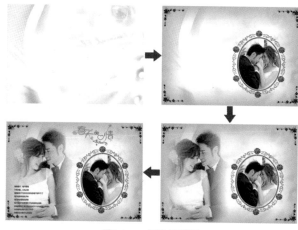

图161-2 操作流程图

● 知识重点："置入"命令、设置画笔属性、描边
　路径、"图层蒙版"
● 制作时间：30分钟
● 学习难度：★★★★★

操作步骤

（1）绘制选区并羽化：打开本书配套光盘提供
　　　的"白色背景.jpg"图像文件，单击 ▣
　　　"创建新图层"按钮❶，新建"图层1"❷，
　　　使用"矩形选框工具"❸，在图像内部绘
　　　制一个矩形选区❹，按下Shift+F6键，弹
　　　出"羽化选区"对话框，设置"羽化半
　　　径"为50像素❺，单击"确定"按钮❻，

如图161-3所示。

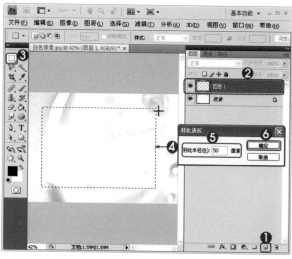

图161-3 绘制选区并羽化

（2）填充选区：保持选区的选取状态，按下
　　　Ctrl+Shift+I键反向选区，设置前景色为绿
　　　色（R：152、G：198、B：136），按下
　　　Alt+Delete键填充选区为绿色❶，完毕后按
　　　下Ctrl+D键取消选区，如图161-4所示。

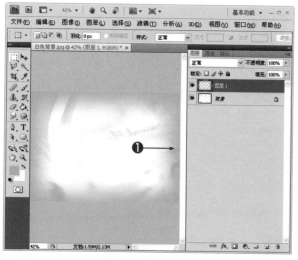

图161-4 填充选区

（3）置入花边素材：执行"文件"→"置入"
　　　命令，将本实例提供的"花边.psd"图像
　　　文件置入到文件中，自动生成"花边"图
　　　层❶，并设置该图层的混合模式为"正片

叠底" ❷，使其与背景更好地溶合，如图161-5所示。

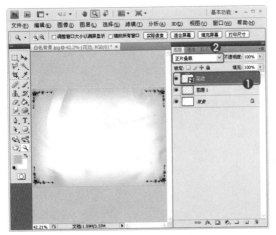

图161-5 置入花边素材

提示： "正片叠底"图层混合模式，将下层颜色与上层颜色复合，得到的结果颜色总是较暗的颜色。任何颜色与黑色复合产生黑色，任何颜色与白色复合保持不变。

（4）绘制椭圆形路径：选择 ⊙ "椭圆工具" ❶，在属性栏中单击 ❷ "路径"按钮❷，按住并拖曳鼠标，在画面的右侧绘制一个椭圆形路径❸，如图161-6所示。

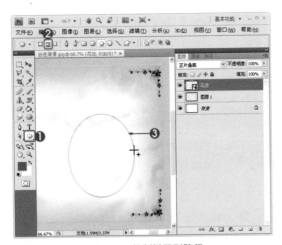

图161-6 绘制椭圆形路径

（5）设置画笔属性：选择 ✎ "画笔工具" ❶，设置"不透明度"和"流量"均为100%❷，

按下"F5"键打开"画笔"面板，单击选中"画笔笔尖形状"选项❸，在其参数栏中，设置画笔的"直径"为8px，"角度"为－90度，"圆度"为68%，画笔的"硬度"为100%，"间距"为141%❹，如图161-7所示。

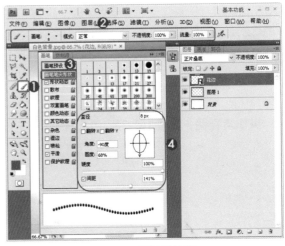

图161-7 设置画笔属性

（6）描边路径：设置完画笔的参数后，关闭"画笔"面板，在"图层"面板中新建"图层2"❶，设置"前景色"为深绿色（R：57，G:94，B:45）❷，按下Enter键对圆形路径进行描边❸，如图161-8所示。完毕后再按下Ctrl+Shift+H键隐藏路径。

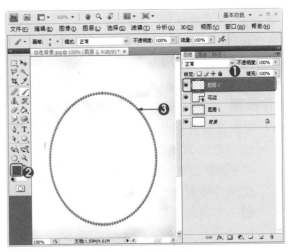

图161-8 描边路径

（7）置入装饰边框：执行"文件"→"置入"命令，将本实例提供的"边框.jpg"图像文件置入到文件中，自动生成"边框"图层❶，并设置该图层的混合模式为"正片叠底"❷，使其与背景更好地溶合，如图161-9所示。

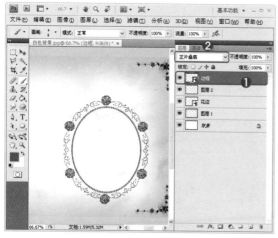

图161-9 置入装饰边框

（8）制作椭圆形人物图像：打开本实例提供的"清新婚纱照1.jpg"照片❶，选择 "椭圆选框工具"❷，在人物的中央处绘制一个椭圆形的选区❸。使用 "移动工具"❹，将选区中的人物拖动复制到"白色背景.jpg"文件中，按下Ctrl+T键调整素材的大小和位置❺，如图161-10所示。

图161-10 制作椭圆形人物图像

提示： 在"清新婚纱照1.jpg"框选出的椭圆形选区形状，要尽量与"白色背景.jpg"图像文件中的椭圆形相接近，以免调整时产生太大的变形。

（9）复制另一张照片：再打开本实例提供的"清新婚纱照2.jpg"照片❶，使用 "移动工具"❷，将"婚纱照"图像拖动复制到"白色背景.jpg"文件中❸，如图161-11所示。

图161-11 移动复制图像

（10）添加"图层蒙版"：将"婚纱照"复制过来后，自动生成"图层4"，设置该图层的混合模式为"正片叠底"❶，并适当调整其位置和大小，单击"图层"面板底部的 "添加图层蒙版"按钮❷，对"图层4"添加"图层蒙版"❸，如图161-12所示。

图161-12 添加"图层蒙版"

(11) 设置渐变色：选择 ▣ "渐变工具" ❶，在属性栏中单击 ▣ "线性渐变" 按钮❷。单击 "编辑渐变条" 按钮❸，在弹出的 "渐变编辑器" 对话框中，设置渐变的起始颜色、结束颜色为黑色，中间颜色为白色❹，单击 "确定" 按钮❺，如图161-13所示。

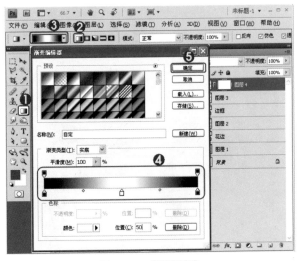

图161-13 设置渐变色

(12) 填充渐变色：使用 ▣ "渐变工具" ❶，确定选中了 "图层蒙版" 缩览图❷，在人物图像上从左到右拖动鼠标，填充线性渐变色，即可得到人物左右边缘透明的效果❸，如图161-14所示。

图161-14 填充渐变色

提示：关于图层蒙版中的黑、白、灰，简单地说，就是黑色为透明，白色为不透明，灰色为半透明。这里填充蒙版为黑—白—黑渐变颜色，就是让图层呈现透明—不透明—透明的效果。

(13) 继续擦除边缘：保持 "图层蒙版" 缩览图为选中状态❶，选择 ✎ "画笔工具" ❷，设置 "前景色" 为黑色❸，在属性栏中设置属性❹，在人物的顶部与底部涂抹，使涂抹处透明，融入背景图像中❺，如图161-15所示。

图161-15 继续擦除边缘

提示：在蒙版的作用下，用黑色涂刷，效果是让蒙版效果呈透明的。

(14) 添加一段文字：选择 T "横排文字工具" ❶，在图像左下方单击，输入一段文字 "你的拥抱……"，选中文字❷，在属性栏中设置 "字体" 为 "微软雅黑"，"大小" 为5点，"颜色" 为绿色（R：16、G：57、B：1）❸，单击 ▤ "切换字符和段落面板" 按钮❹，打开 "字符"

面板，设置"行间距"为5点❺，如图161-16所示。

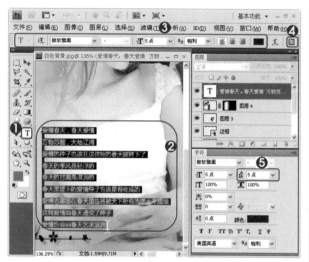

图161-16 添加文字

（15）完成操作：执行"文件"→"置入"命令，将本实例提供的"艺术字.psd"素材图片置入到文件中，并调整好位置。这样就完成了"入册"婚纱照的设计，最终效果如图161-17所示。

图161-17 最终效果图

实例162 入册婚纱照设计——一世情缘

在本实例中，运用Photoshop CS4将几张"入册"婚纱照进行精心设计，制作成精美的相册效果，呈现出一种淡雅柔美的风格，照片处理的前后对比，如图162-1所示。

图162-1 婚纱照设计的前后对比

操作流程图，如图162-2所示。

图162-2 操作流程图

● 知识重点："矩形选框工具"、"图层蒙版"、"描边"和"投影"图层样式

● 制作时间：18分钟

● 学习难度：★★★

操作步骤

（1）打开"梦幻树林.jpg"图像文件，新建"图层1"，使用 ⚡ "多边形套索工具"在图像内部绘制选区，并羽化50像素，再按下Ctrl+Shift+I键反向选区，并对选区填充白色。

（2）打开"照片素材1.jpg"图像文件，将其拖动复制到"梦幻树林.jpg"文件中，自动生成"图层2"，并调整其大小，添加 ◙ "图层蒙版"，使用黑色的画笔擦除掉人物的周围图像。

（3）打开"照片素材2.jpg"图像文件，用同样的方法，拖动复制到"梦幻树林.jpg"文件中，添加"图层蒙版"，使用黑色的画笔涂抹，擦除掉人物的周围图像。

（4）打开"照片素材3.jpg"图像文件，在人物脸部绘制矩形选区，拖动复制到"梦幻树林.jpg"文件中，调整大小和位置。添加"投影"和"描边"样式。

（5）用同样的方法将"照片素材4.jpg"图像文件复制到"梦幻树林.jpg"文件中。

（6）使用 T "横排文字工具"，在图像上输入文字。设置"外发光"样式。最后置入"艺术字.psd"素材图片，并设置"外发光"、"描边"样式，完成实例的制作。

实例163　创意婚纱照——我们的故事

对于婚纱照片，不套用模板，而进行一些创意的设计，同样可以制作出出众的效果。

本实例中，用文字"爱"排列成一条"晾衣绳"，把一幅幅"爱"的照片串成一段故事，这样的婚纱照设计更让人感觉甜蜜。照片设计的前后对比，如图163-1所示。

图163-1　创意婚纱设计的前后对比

操作流程图，如图163-2所示。

图163-2　操作流程图

- 知识重点："钢笔工具"、"横排文字工具"、"投影"图层样式
- 制作时间：18分钟
- 学习难度：★★★

操作步骤

（1）新建文件：执行"文件"→"新建"命令，弹出"新建"对话框，输入名称为"婚纱照-我们的故事"❶，再设置"宽度"、"高度"等参数❷，单击"确定"按钮❸，如图163-3所示。

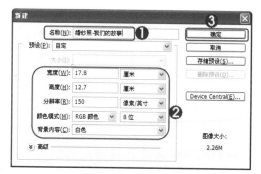

图163-3 新建文件

（2）置入底纹：创建一个新文档后，执行"文件"→"置入"命令❶，将本实例提供的"底纹.jpg"文件置入到当前文件中，拖动控制点，让底纹的大小与图像相一致❷，如图163-4所示。

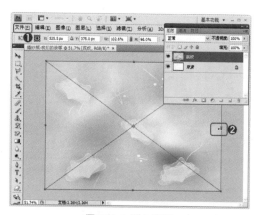

图163-4 置入底纹

（3）绘制路径：使用 "钢笔工具"❶，在属性栏中单击 "路径"按钮❷，在画面中单击鼠标，绘制一条类似"晾衣线"的路径❸，如图163-5所示。

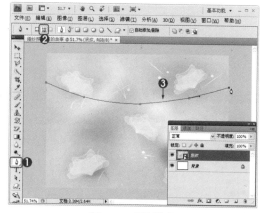

图163-5 绘制路径

（4）输入文字：单击 T "横排文字工具"❶，在属性栏中单击 "切换字符和段落面板"❷，打开"字符"面板，设置"字体"为"华文行楷"，"大小"为7点，"颜色"为深蓝色（R：48、G：109、B：217）❸。将光标置于路径的起点处，光标呈 状态时单击，出现闪动的光标，再输入一段文字"从今往后……"❹，文字会自动顺着路径的走向排列，如图163-6所示。

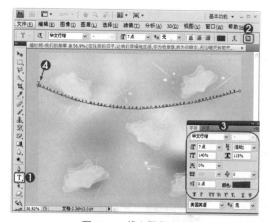

图163-6 输入路径文字

提示： 除了常规的排列方式之外，文字还可以依照路径来排列。"路径文字"的一个特点就是它都是以路径作为基线的。注意在文字的起点处有一个"小叉"标记，而路径的末端有一个"小圆圈"标记。

（5）为文字添加投影：在"图层"面板中，双击文字图层，弹出"图层样式"对话框，勾选"投影"样式❶，设置"颜色"为黑色，"角度"为120度，"距离"为9，"扩展"为0，"大小"为13❷，单击"确定"按钮❸，如图163-7所示。

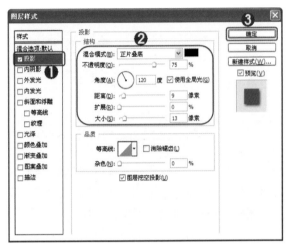

图163-7 为文字添加投影

（6）制作第一张照片：执行"文件"→"置入"命令，将"婚纱照1.jpg"文件置入到当前文件中，并调整其大小❶，在"婚纱照1"的图层下方新建一个图层❷，使用 "矩形选框工具"❸，框出一个矩形选区，填充为白色，作为照片的白色边框❹，如图163-8所示。

图163-8 制作第一张照片

（7）为照片添加投影：将照片和白色边框合并为一个图层，为其添加"投影"图层样式❶，设置其参数❷，单击"确定"按钮❸，如图163-9所示。

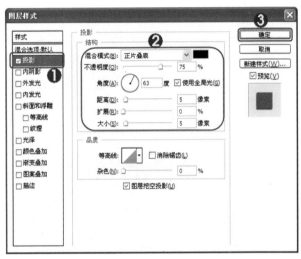

图163-9 为照片添加投影

（8）复制出两张照片：将照片图层"图层1"复制出两个图层❶，使用 "移动工具"❷，分别将照片放置于左右两侧，如图163-10所示。

图163-10 制出两张照片

（9）调整另外的两张照片：执行"文件"→"置入"命令，将"婚纱照2"❶和"婚纱照3"❷分别置入到当前文件中，分别放置于两个白色边框之上，并分别与白色边框进行合并操作，再进行旋转，如图163-11所示。

图163-11　调整另外的两张照片

（10）复制"夹子"图像：打开"夹子.jpg"图像文件❶，使用🔘"魔术橡皮擦工具"❷去除"夹子"的白色背景，使用➕"移动工具"❸，将"夹子"移动复制到当前文件中，复制出3个夹子，并分别调整位置，做成用"夹子"夹住照片的效果❹，如图163-12所示。

图163-12　复制夹子图像

（11）制作"主题"文字：使用 T."横排文字工具"❶，设置"文体"为"华康少女文字"，"大小"为18点，颜色依然为蓝色❷，在画面中输入文字"我们的故事"❸，并为其添加"投影"的图层样式❹，如图163-13所示。

图163-13　制作主题文字

（12）完成操作：再输入Our Story，放置在标题的下方，这样就完成了婚纱照片的设计，如图163-14所示。

图163-14　最终效果图

实例164 抽出滤镜——精确抠取头发

对婚纱照的"抠图",除了抠取半透明的婚纱是一个难点外,还有抠取人物的头发,也是抠取的难点之一。

下面来介绍利用Photoshop CS4的"抽出"滤镜,抠取"新娘"的头发。完整地抠取人物,为下一个实例的婚纱照设计做准备。照片处理的前后对比,如图164-1所示。

图164-1 抠取人物的前后对比

● 知识重点:"钢笔工具"、"抽出"滤镜抠取头发
● 制作时间:20分钟
● 学习难度:★★★

操作步骤

(1) 勾出人物:按下Ctrl+O键,打开本书配套光盘提供的"室内婚纱照1.jpg"图像文件。单击 🖊 "钢笔工具"❶,在属性栏中选中 ▨ "路径"选项❷,将人物的

轮廓进行勾勒,形成闭合的路径❸,如图164-2所示。

图164-2 勾出人物

提示: 勾勒出人物的路径后,若对路径不满意,可单击"直接选择工具"对路径进行调整。调整的方法为:单击选中路径后,对需要调节的节点再次单击,移动锚点,或者拖动锚点的控制柄,让路径更加贴合人物轮廓。

(2) 勾出人物的效果:打开"路径"面板,按住Ctrl键同时单击刚才建立的"工作路径"❶,将路径转化为选区。返回到"图层"面板中,按下Ctrl+J键,将选区复制到新的图层中❷,关闭"背景"图层的可视性来查看效果❸,如图164-3所示。

图164-3 勾出人物的效果

提示： 使用"路径"抠图的方式，抠取的"头发"太平整了，显得不太自然，还需要再对头发重新抠取。使用Photoshop的"抽出"滤镜，即可方便地对"毛躁"的边缘进行抠取。在Photoshop CS4版本中，没有自动安装"抽出"滤镜，需要后期加载。

加载的方法是：找到其他版本中的"抽出"滤镜文件"ExtractPlus.8BF"（本书的配套光盘也提供了该文件）。在关闭Photoshop CS4的状态下，将"ExtractPlus.8BF"文件复制到Photoshop CS4安装目录的"滤镜"文件夹下，路径通常为"系统盘:\Program Files\Adobe\Adobe Photoshop CS4\Plug-Ins\Filters\文件夹"下。

（3） 执行"抽出"滤镜：单击"背景"图层为当前图层❶，按下Ctrl+J键复制新图层"背景副本"图层。加载"抽出"滤镜，执行"滤镜"→"抽出"命令❷，如图164-4所示。

图164-4 执行"抽出"滤镜

提示： 加载"抽出"滤镜的操作，可以在本实例开始之前就先加载好。若在做图的过程中加载，则需要将当前的文件保存为psd格式（不合并图层），然后退出Photoshop CS4程序，加载"抽出"滤镜后，重新启动Photoshop CS4程序。

（4） "抽出"对话框：执行"抽出"滤镜后，系统弹出"抽出"对话框，使用 🔍 "缩放工具"和 ✋ "抓手工具"将图像放大到合适的状态❶，在"工具选项"中设置画笔的大小❷，使用 ✐ "边缘高光器工具"❸，将人物"头发"的边缘绘制一个绿色的封闭区域❹。再使用 ◇ "填充工具"，在封闭区域内单击，对区域进行填充❺，最后单击"确定"按钮❻，如图164-5所示。

图164-5 设置"抽出"滤镜

（5） 抠取"头发"的效果：执行完"抽出"滤镜后，返回到界面，即可将刚才绘制的封闭区域抠取出来❶，关闭其他图层的可视性来查看效果，如图164-6所示。

图164-6 抠取头发的效果

(6) 处理头发边缘：恢复"图层1"的可视性，单击"图层1"为当前的图层❶。使用"橡皮擦工具"❷，在属性栏中设置"不透明度"为30%❸，在"图层1"中擦除人物生硬的头发边缘❹，让抽出滤镜抠取的"头发"显示出来，如图164-7所示。

> **提示:** 使用"橡皮擦工具"擦除头发边缘时，若擦除的效果不佳，可在"历史记录"面板中随时返回上一步，再重新擦除，以达到满意的效果。

图164-7 处理头发边缘

(7) 完成人物抠取：将两次抠取的人物和"头发"图层进行合并，为"背景副本"图层，完成人物的抠取，如图164-8所示。

图164-8 处理头发边缘

实例165 婚纱照设计——夕阳物语

下面将上一实例中抠取的人物进行数码设计，为人物替换为"海边"的背景，制作成精美的跨页相册效果，呈现出一种"浪漫夕阳"的风格。照片设计的前后对比，如图165-1所示。

图165-1 婚纱照设计的前后对比

操作流程图，如图165-2所示。

图165-2 操作流程图

● 知识重点："匹配颜色"命令、"描边"命令、
"横排文字工具"

● 制作时间：25分钟

● 学习难度：★★★★

操作步骤

（1）移动复制人物：将两次抠取的"人物"和
"头发"图层进行合并，为"背景副本"
图层❶。再打开本实例提供的"海边.jpg"
图像文件❷，使用 ┗┿ "移动工具"❸，将
抠取的人物移动复制到"海边.jpg"图像
文件中❹，调整人物的大小和位置，如图
165-3所示。

图165-3 移动复制人物

提示： 将人物复制到"海边.jpg"图像文件后，接
下来的操作都是在"海边.jpg"图像文件中进行的。

（2）匹配人物与背景的颜色：在"海边.jpg"
图像文件中，保持人物图层为当前图层，
执行"图像"→"调整"→"匹配颜色"
命令，弹出"匹配颜色"对话框，选择
"源"为"海边.jpg"，"图层"为"背
景"❶，设置"渐隐"为75❷，让人物的色
彩与海边背景自然融合，单击"确定"按
钮❸，如图165-4所示。

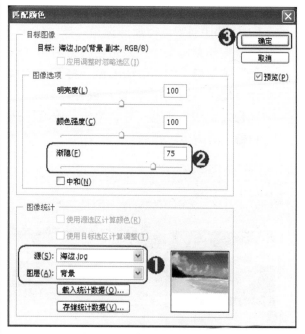

图165-4 匹配人物与背景的颜色

说明： "匹配颜色"命令可以匹配不同图像之间、
多个图层之间或多个颜色选区之间的颜色。"匹配颜
色"命令仅适用于RGB模式。

（3）定义矩形选框：返回到"图层"面板中，
按下Ctrl+Shift+Alt+E键进行"盖印"图
层，得到图层"图层1"❶，使用"矩形选
框工具"❷，在"图层1"中拖出一个比边
界小的选框❸，如图165-5所示。

图165-5 拖出矩形选框

图165-7 为边框描白边

（4）制作压暗边框：保持矩形的选区，按下Ctrl+Shift+I键进行反向选择，按下Ctrl+J键复制到新图层中，双击名称命名为"边框"图层❶。按下Ctrl+U键，打开"色相/饱和度"对话框，设置参数为0、10、－30❷，让边框压暗一些，单击"确定"按钮❸，如图165-6所示。

（6）添加其他照片：打开本实例提供的"纸张.jpg"和"室内婚纱照.jpg"图像文件，将两个图像都移动复制到当前图层，调整好大小和位置，并将两个图层设置为"链接图层"❶，按下Ctrl+T键打开变换框❷，在属性栏中设置旋转角度为－6度❸，让照片适当倾斜，达到自然随意的效果，如图165-8所示。

图165-6 压暗边框

图165-8 添加其他照片

（5）为边框描白边：执行"编辑"→"描边"命令，弹出"描边"对话框，设置"宽度"为2px，颜色为白色，"位置"为"居外"❶，单击"确定"按钮❷，为边框描上一圈白色，美化边框❸，如图165-7所示。

（7）添加主题文字：使用 T.「横排文字工具"❶，在画面左侧输入主题文字"夕阳物语"❷，选中文字，单击 ▤"切换字符和段落面板"按钮❸，打开"字符"面板，设置文字的"字体"、"大小"、颜色为粉红色（R：222、G：110、B：133）以及其他的属性④。为"夕阳物语"图层添加"投影"图层样式并设置其属性，其中颜色为暗红色（R：93、G：18、B：17）⑤，完成主题文字的添加，如图165-9所示。

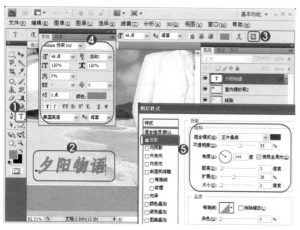

图165-9 添加主题文字

（8）制作花纹1：打开本实例提供的"花纹1.jpg"图像文件，使用 "魔术橡皮擦工具"将白色背景去除①，将"花纹"移动复制到当前的文件中，载入选区并填充为白色②，将该图层的"不透明度"设置为68%③，如图165-10所示。

图165-10 制作花纹1

（9）制作花纹2：用同样的方法，将本实例提供的"花纹2.jpg"图像复制到当前文件中，填充为白色，设置"不透明度"为80%①。将本实例提供的"彩虹.tif"图像文件移动复制到当前文件中，并适当调整其大小②，如图165-11所示。

图165-11 制作花纹2

（10）装饰点绘：新建一个图层，命名为"装饰星星"，设置"不透明度"为40%①，使用 "矩形选框工具"在边框绘制折弯的边角，填充为白色。再使用加载的br11.abr笔刷中的200号画笔，绘制一个装饰"星星"②，如图165-12所示。

图165-12 装饰点绘

（11）完成操作：再新建一个图层，命名为"装饰亮光"，使用系统自带的混合画笔中的亮光画笔，进行点绘，美化版面的效果。这样就完成了婚纱照的设计，效果如图165-13所示。

图165-13 最终效果图

第10章 "光影魔术手"神奇修图

　　"光影魔术手"，这款纯国产软件，相对于Photoshop等专业图像软件而言，显得十分小巧易用。"光影魔术手"以其简单便捷的使用方法、丰富多彩的边框类型，受到了广大数码爱好者的青睐，也非常适合普通的家庭用户和青少年用户使用。

　　本章节主要介绍"光影魔术手"软件的使用，带领大家领略它的神奇修图魅力，制作出各种精美相框、艺术照、专业胶片效果等，轻松打造梦幻般的数码生活。

实例166 "光影魔术手"软件的介绍

"光影魔术手"软件是近年来非常流行的照片处理软件，其简单易用，不需要任何专业的图像技术，就可以制作出类似专业胶片摄影的色彩效果。

"光影魔术手"主要可以实现照片缩放、裁剪、色阶等基本图像操作，可以模拟反转片、反转片负冲、负片、黑白片等多种"胶卷"效果。还有独特功能可以轻松制作多种相片边框，证件照片排版以及强大的批处理功能。

"光影魔术手"的桌面快捷图标，如图166-1所示；软件界面，如图166-2所示。

图166-1 "光影魔术手"快捷图标   图166-2 "光影魔术手"的界面

"光影魔术手"的重要特点有：

（1）照片基本调整：

　　"光影魔术手"主要可以轻松地实现对照片的曝光、噪点、色阶、图像缩放、裁剪等基本操作。可以在"基本调整"和"便捷工具"选项板中选择相应的命令。

（2）轻松制作专业相片效果：

　　"光影魔术手"可以轻松制作出专业的胶片摄影的色彩效果，以及时下非常流行的各种风格效果，如反转片效果、影楼风格、人像美容、柔光镜、LOMO风格、阿宝色调等。这些操作可在"数码暗房"选项板中选择相应命令。

（3）轻松制作多种边框、涂鸦、大头贴：

　　"光影魔术手"能轻松制作添加多种相片边框、水印、涂鸦、日历等，还能利用摄像头自制"大头贴"。可在"边框图层"选项板中选择相应命令。

实例167 另类边框效果

使用"光影魔术手"的"花样边框"命令，可以轻松地制作出另类的边框效果，让你的照片与众不同，照片处理的前后对比，如图167-1所示。

图167-1 制作边框的前后对比

● 知识重点："严重白平衡校正"命令、"柔光镜"命令、添加"花样边框"
● 制作时间：8分钟
● 学习难度：★★

操作步骤

（1）向导中心：运行"光影魔术手"软件，会出现"向导中心"，可以在其中选择某一项命令后，在提示下打开照片。也可以关闭"向导中心"，直接进入"光影魔术手"界面。

（2）打开照片：在界面中，单击工具栏中的"打开"按钮❶，在随后弹出的"打开"对话框中，打开本书配套光盘提供的

"另类边框效果.jpg"数码照片，如图167-2所示。

图167-2 打开照片

提示：为了方便打开素材图片，可先将配套光盘中的Source（源文件）文件夹复制到计算机上。该文件夹包含了本书需要的所有素材图片和效果图。

在之后的实例操作中，在相应的实例名文件夹中打开素材即可。

（3）调整白平衡：在"基本调整"选项卡中❶，单击"严重白平衡校正"命令❷，即可立即校正白平衡，如图167-3所示。

图167-3 调整白平衡

说明： "白平衡"是"光影魔术手"独创的特色功能。可以智能地评估偏色程度，并且自动校正，有限地追补一些已经丢失的细节。

（4）柔化照片：单击"数码暗房"选项卡中的"柔光镜"命令❶，也可以在工具栏中单击"柔光镜"按钮❷，都可以弹出"柔光镜"对话框，设置"柔化程度"为40，"高光柔化"为55❸，单击"确定"按钮❹，如图167-4所示。

图167-4 柔化照片

提示： "柔光镜"命令，很适合制作浪漫风格的人像、雨雾濛濛的风景，操作后都能得到良好的柔化效果，还可以对明暗部进行参数调整，十分智能化。

（5）添加"花样"边框：在"边框图层"选项卡中❶，单击"花样边框"选项❷，弹出"花样边框"对话框，在"我的最爱"类别中❸，其中选择一种模板❹，单击"确

定"按钮❺，如图167-5所示。

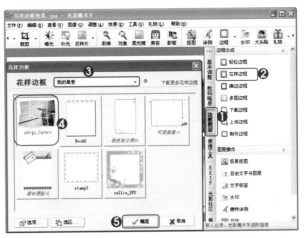

图167-5 添加花样边框

（6）完成操作：返回到界面中，可以看到照片自动套用了边框模板，单击工具栏中的"另存为"按钮，将效果进行保存，最终效果如图167-6所示。

图167-6 最终效果图

实例168 Lomo风格加胶片效果

　　Lomo是上个世纪50年代俄罗斯一家专门生产军事光学镜片的工厂的缩写，Lomo相机的特色是镜头宽(32mm)、速度快、色彩强烈、没有闪光灯，在灯光越暗的情况下照出来效果越好。它还有一种

特殊的"隧道效果"（照片的四周会显得比中间暗很多）。

而现在Lomo有了新含义，让我们的生活开放、有魔力。Lomo摄影追求简单、随意、自由的态度，这正符合年轻人的心态，所以得到越来越多年轻人的喜爱。

通过"光影魔术手"的简易操作，就能轻松地将照片制作成Lomo风格，之后还为照片添加边框，增加照片的个性和时尚感，照片处理前后的对比，如图168-1所示。

图168-1 照片处理的前后对比

- 知识重点："Lomo风格"命令、添加"轻松边框"
- 制作时间：5分钟
- 学习难度：★

操作步骤

（1）打开照片：运行"光影魔术手"软件，打开本书配套光盘提供的"Lomo风格加轻松边框.jpg"数码照片，如图168-2所示。

图168-2 打开照片

（2）制作Lomo风格：在"数码暗房"选项卡中❶，单击"Lomo风格"选项❷，弹出"Lomo"对话框，设置暗角范围等参数❸，单击"确定"按钮❹，如图168-3所示。

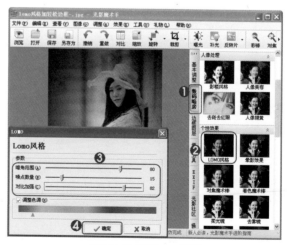

图168-3 制作Lomo风格

（3）选择边框命令：打开"边框图层"选项卡
❶，单击"轻松边框"选项❷，如图168-4
所示。

图168-4 选择边框命令

（4）添加边框：在弹出的"边框"对话框中，
选择一个样式，如"胶片边框"❶，单击
"确定"按钮❷，如图168-5所示。

图168-5 添加边框

（5）完成操作：返回到界面中，照片就自动添
加好了边框，最后对照片进行另存。效果
如图168-6所示。

图168-6 最终效果图

实例169　铅笔素描人像效果

　　在"光影魔术手"中，可以轻松地将照片转
化为"铅笔素描"的效果。照片处理的前后对
比，如图169-1所示。

图169-1 照片处理的前后对比

● 知识重点："铅笔素描"命令、添加"轻松边框"
● 制作时间：5分钟
● 学习难度：★

操作步骤

（1）打开照片：打开本书配套光盘提供的"铅笔素描人像.jpg"数码照片，打开"数码暗房"选项卡❶，单击"铅笔素描"选项❷，如图169-2所示。

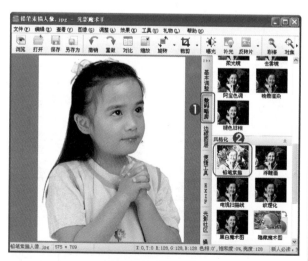

图169-2 打开照片

（2）设置参数：在弹出的"铅笔素描"对话框中，设置各个参数❶，使照片变成素描的效果，单击"确定"按钮❷，如图169-3所示。

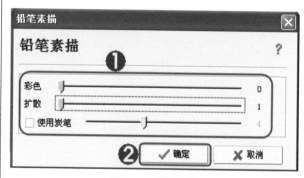

图169-3 设置参数

> **说明**："铅笔素描"命令，可以模仿炭笔或铅笔之类的素描，又有点像版画。用黑线条勾勒出照片中人物的主要边缘线条，底色是黑白的。用户还可以设定色彩的浓淡，以加入一些色彩。

（3）添加轻松边框：打开"边框图层"选项卡❶，单击"轻松边框"命令❷，在弹出的"边框"对话框中，在其中选择一个样式，如"中白框边（签名）"❸，单击"确定"按钮❹，如图169-4所示。

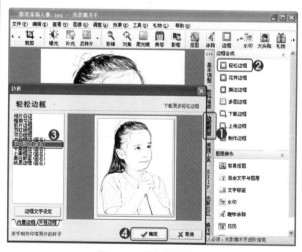

图169-4 添加轻松边框

（4）完成操作：这样就将小女孩的人像制作成铅笔素描效果，并添加了边框，成为一幅完整的画像，效果如图169-5所示。

图169-5 最终效果图

实例170 着色柔光效果

本实例将照片中的人物，进行着色柔光操作，并添加漂亮的花纹边框，突出、美化人物，照片处理前后的对比，如图170-1所示。

图170-1 照片处理的前后对比

● 知识重点："着色魔术棒"命令、"柔光镜"命令、添加"撕边边框"

● 制作时间：10分钟

● 学习难度：★★

操作步骤

（1）选择命令：打开本书配套光盘提供的"着色柔光.jpg"数码照片，打开"数码暗房"选项卡❶，单击"着色魔术棒"选项❷，或在工具栏中单击"彩棒"命令❸，如图170-2所示。

图170-2 选择命令

（2）为人物着色：弹出"着色魔术棒"对话框，设置一个大小合适的"着色半径"❶，在图像中涂抹人物，让人物恢复色彩❷，单击"确定"按钮❸，如图170-3所示。

图170-3 为人物着色

（3）柔化照片：在"数码暗房"选项卡中，单击"柔光镜"命令❶，在弹出的对话框中，设置"柔化程度"为40，"高光柔化"为80❷，单击"确定"按钮❸，如图170-4所示。

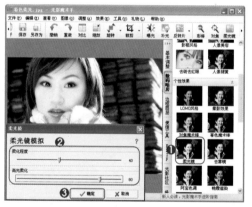

图170-4 柔化照片

（4）选择边框命令：打开"边框图层"选项卡，在其中单击"撕边边框"选项❶，如图170-5所示。

图170-5 选择边框命令

（5）添加撕边边框：弹出"撕边边框"对话框，在"花纹"类别中❶，选择一个模板❷，然后设置颜色为白色，"底纹类型"为"原图变亮❸，单击"确定"按钮❹，如图170-6所示。

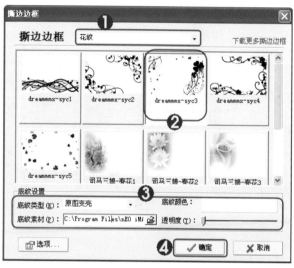

图170-6 添加撕边边框

> **提示：** "光影魔术手"自带了一些边框，如果觉得边框太少了，可以单击"下载更多花样边框"字符，到"光影魔术手"主页的"下载"栏目中下载边框素材包。

（6）完成操作：这样就为照片制作好了着色柔光并添加撕边边框，效果如图170-7所示。

图170-7 最终效果图

实例171 影楼晕影效果

通过本实例的学习，可将日常的生活照片，轻松处理成"影楼"效果，再添加紫色的"晕影"效果，能让照片尽显朦胧柔美，照片处理的前后对比，如图171-1所示。

图171-1 照片处理的前后对比

- 知识重点："影楼风格"命令、"晕影效果"命令、添加"轻松边框"
- 制作时间：5分钟
- 学习难度：★

操作步骤

（1）打开照片：打开本书配套光盘提供的"影楼晕影效果.jpg"数码照片，如图171-2所示。

图171-2 打开照片

（2）制作影楼效果：打开"数码暗房"选项卡❶，单击"影楼风格"选项❷，弹出"影楼人像"对话框，设置"色调"为"冷蓝"，"力量"为82❸，照片呈现出蓝色的"影楼"效果，单击"确定"按钮❹，如图171-3所示。

图171-3 制作影楼效果

（3）添加"晕影"：在"数码暗房"选项卡中，单击"晕影效果"选项❶，弹出"晕影效果"对话框，选择颜色为"紫色"❷，为照片的四周添加了紫色的"晕影"，单击"确定"按钮❸，如图171-4所示。

图171-4 添加晕影

（4）添加轻松边框：打开"边框图层"选项卡❶，单击"轻松边框"命令❷，弹出了"边框"对话框，在其中选择一个样式，如"双白线框"❸，单击"确定"按钮❹，如图171-5所示。

图171-5 添加轻松边框

（5）完成操作：这样就制作好了"影楼"效果并添加紫色的晕影和双白线框的边框，效果如图171-6所示。

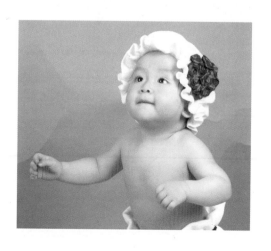

图171-6 最终效果图

实例172 儿童照片趣味涂鸦

利用"光影魔术手"软件，可以轻松地为儿童照片进行美化，添加涂鸦，增添儿童照片的趣味性。照片处理的前后对比，如图172-1所示。

图172-1 照片涂鸦的前后对比

● 知识重点：添加"撕边边框"、"趣味涂鸦"命令

● 制作时间：8分钟

● 学习难度：★★

操作步骤

（1）打开照片：打开本书配套光盘提供的"趣味涂鸦.jpg"数码照片，打开"边框图层"选项卡❶，单击"撕边边框"选项❷，如图172-2所示。

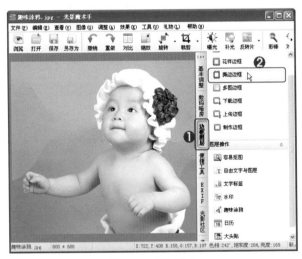

图172-2 选择命令

（2）添加边框：弹出"撕边边框"对话框，在"我的最爱"类别中❶，选择一个模板，

例如berry❷，设置颜色为白色，"底纹类型"为"单一颜色"❸，最后单击"确定"按钮❹，如图172-3所示。

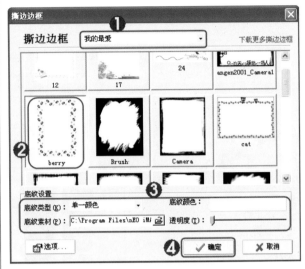

图172-3 添加边框

（3）执行命令：返回到界面中，儿童照片就添加好了漂亮的"草莓"图案的边框。接着，在"边框图层"选项卡中❶，单击"趣味涂鸦"选项❷，如图172-4所示。

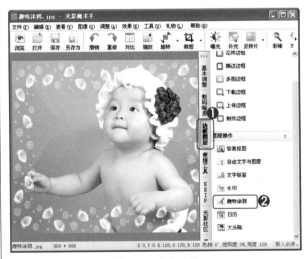

图172-4 执行命令

（4）添加一个"涂鸦"：在弹出的"趣味涂鸦"对话框中，在"常用"的分类下❶，单击一种图案❷，图案即可显示在左边的

图像上。单击图案，拖动控制点来缩放大小并调整位置❸，设置"旋转角度"为10❹，调整好后单击"应用"按钮❺，即添加了一个"涂鸦"，如图172-5所示。

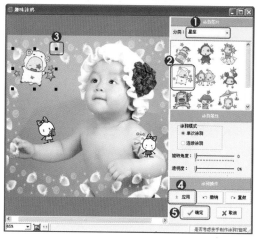

图172-6 添加其他涂鸦

图172-5 添加一个涂鸦

(5) 添加其他"涂鸦"：按照同样的方法来添加其他的"涂鸦"，在"星座"分类中❶选择一种图案❷，设置好位置和大小❸，单击"应用"按钮❹，设置好全部"涂鸦"后，最后单击"确定"按钮，完成操作❺，如图172-6所示。

(6) 完成操作：这样就为照片添加了可爱的撕边边框，并添加几个趣味"涂鸦"，丰富了儿童照片，最终效果如图172-7所示。

图172-7 最终效果图

实例173 制作多图边框效果

使用"光影魔术手"的"多图边框"功能，能快速套用漂亮的模板，将1～4张照片组合在一起，制作出有设计艺术的照片组来。

下面将4张"宝宝"照片进行组合，照片处理的前后对比，如图173-1所示。

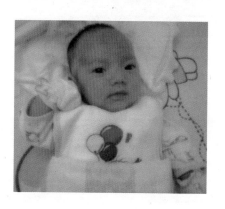

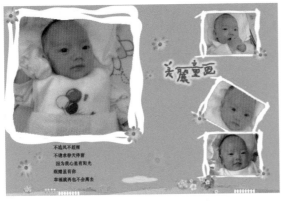

图173-1 照片处理的前后对比

- 知识重点："多图边框"命令
- 制作时间：8分钟
- 学习难度：★

操作步骤

（1）选择命令：在"光影魔术手"中，打开本实例提供的"照片1.jpg"素材照片，这是一张可爱的"宝宝"照片。在"边框图层"选项卡中❶，单击"多图边框"选项❷，如图173-2所示。

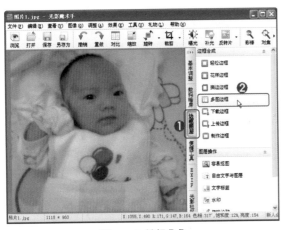

图173-2 选择命令

（2）添加照片：弹出了"多图边框"对话框，先选择一个模板❶，单击"＋"按钮❷，如图173-3所示。在弹出的"打开"对话框中，选择本实例提供的另外3张素材照片❸，单击"打开"按钮❹，将照片添加进来，如图173-4所示。

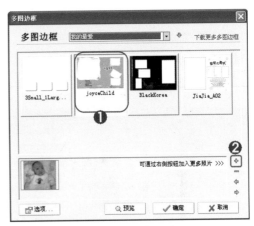

图173-3 添加照片

图173-4 选择照片

（3）改变照片的排列顺序：添加进来的照片，若要改变前后的排列顺序，可先选中一张照片❶，并单击左右方向键◁或▷按钮❷，单击"预览"按钮可查看改变排列后的效果❸，如图173-5所示。

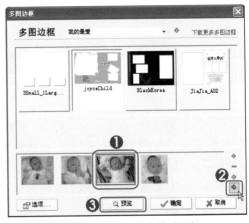

图173-5 改变照片的排列顺序

（4）指定照片显示区域：对于照片，还可以指定显示的区域。方法是先单击一张照片❶，即可出现一个小预览框，在其中拖动控制点，可将照片最精彩的部分显示出来❷。单击"确定"按钮，完成对照片的添加和编辑❸，如图173-6所示。

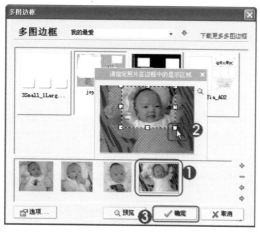

图173-6　指定照片显示区域

（5）完成操作：返回到界面中，这样就制作好了将4张照片组合的效果，效果如图173-7所示。

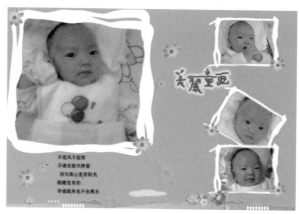

图173-7　最终效果图

实例174　制作多图组合

使用"光影魔术手"的"制作多图组合"功能，可以轻松地把很多张照片合并成一张大照片。此功能预设了很多种布局方式（如2×2、3×3等）。同时还可以对照片分别进行简单的特效处理（如反转效果）。

下面利用"制作成多图组合"命令，将3张人物照片制作成个人写真设计，照片处理前后的对比，如图174-1所示。

图174-1　制作多图组合的前后对比

● 知识重点："制作成多图组合"命令、添加"撕边边框"

● 制作时间：10分钟

● 学习难度：★★

操作步骤

（1）执行命令：打开"光影魔术手"软件，执行"工具"→"制作多图组合"命令，如图174-2所示。

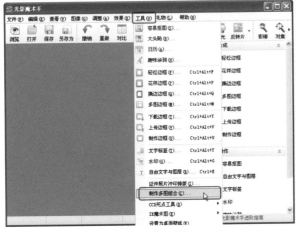

图174-2 执行命令

（2）选择布局方式：即可弹出了"组合图制作"对话框，在上方的一行按钮中单击选择一种组合方式，如▦按钮❶，下方的空白处即出现三栏竖向的布局方式。单击"点击载入图片"文字❷，如图174-3所示。

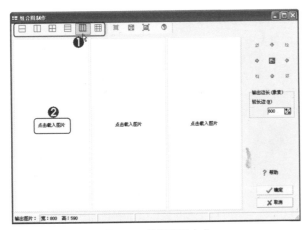

图174-3 选择布局方式

（3）载入照片：弹出"打开"对话框，打开本实例配套的照片❶，单击"打开"按钮❷，如图174-4所示。用同样的方法，把3张照片都载入。

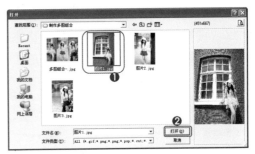

图174-4 载入照片

（4）自动裁剪照片：3张照片都载入后，单击"全部照片自动裁剪到合适大小"按钮❶，让照片的大小与边界相一致。若某张照片的显示不够完整，可在该照片上右击，在弹出的菜单中选择"裁剪"命令❷，如图174-5所示。

图174-5 自动裁剪照片

（5）手动裁剪照片：选择"裁剪"命令后，弹出"裁剪"对话框，单击"按宽高比例裁剪"❶，并在左侧的图像上拖出裁剪框，完整显示人物❷，单击"确定"按钮❸，如图174-6所示。

图174-6 手动裁剪照片

(6) 制作照片色调：调整好照片的显示后，单击"照片随机单色化"按钮❶，可随机地为照片添加单色的色调，呈现出不同的风情。但要注意，该操作是不可撤销的操作。单击"确定"按钮❷，如图174-7所示。

图174-7 制作照片色调

提示： 单击"照片随机单色化"按钮可一次性将全部照片转化为单色效果。若要对不同照片制作出特殊效果，可单独在小图上右击，在菜单的"特效处理"中有多种效果可供选择。

(7) 选择边框命令：完成了多图组合的操作后，返回到界面中，单击"边框图层"选项卡❶中的"撕边边框"命令❷，如图174-8所示。

图174-8 选择边框命令

(8) 添加撕边边框：弹出"撕边边框"对话框，先选择一个模板❶，设置颜色为白色，"底纹类型"为"单一颜色"❷，单击"确定"按钮❸，如图174-9所示。

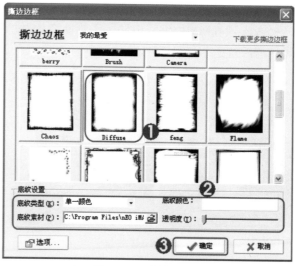

图174-9 添加撕边边框

(9) 完成操作：这样就完成了多图组合的制作，并添加了"撕边"边框，最终效果如图174-10所示。

图174-10 最终效果图

实例175 人物美容

使用"光影魔术手"的"人像美容"命令，能快速把粗糙的毛孔磨平，令肤质更细腻白晰，轻松做出漂亮MM的细腻皮肤。人物美容嫩肤的照片前后对比，如图175-1所示。

图175-1 人物美容的前后对比

● 知识重点："人像美容"、"阿宝色调"、"比例裁剪"
● 制作时间：5分钟
● 学习难度：★

操作步骤

（1）打开素材照片后，在"数码暗房"选项卡中单击"人像美容"选项，参数分别设置为80、75、62。

（2）单击"阿宝色调"选项，设置"数量"为80%。

（3）在工具栏中单击"比例裁剪"右侧的小三角形，在下拉列表中，选择"按QQ/MSN头像比例裁剪"命令，对照片进行裁剪，完成实例。

实例176 为照片补光调整白平衡

"光影魔术手"的"数码补光"和"白平衡"命令，都可以轻松地修正照片的光影。调整光影后，可再为照片添加花样边框，进一步美化照片。本实例照片处理的前后对比，如图176-1所示。

图176-1 调整光影的前后对比

● 知识重点："数码补光"命令、"自动白平衡"命令、添加"花样边框"
● 制作时间：8分钟
● 学习难度：★

操作步骤

（1）打开素材照片后，在"基本调整"选项卡中，单击"数码补光"选项，即可增加照片亮度。

（2）单击"自动白平衡"选项，即可纠正照片的白平衡。

（3）在"边框图层"选项卡中，单击"花样边框"选项，为照片添加一种可爱的边框，完成实例操作。

实例177 调整照片尺寸并装裱

下面来介绍将照片缩小，并进行快速地装裱，照片处理前后的对比，如图177-1所示。

图177-1 照片处理的前后对比

● 知识重点："缩放"命令、"自动动作"命令
● 制作时间：8分钟
● 学习难度：★

操作步骤

（1）打开素材照片后，在"便捷工具"选项卡中，单击"缩放"选项，勾选"维持原图片长宽比例"，再输入新高度为800像素。

（2）在"自动动作"命令的菜单中，选择"可爱的回形针"选项，即可为照片添加装裱的效果，这样也就完成了本实例的操作。

实例178 为照片添加晚霞效果

"光影魔术手"的"晚霞渲染"命令，可以轻松地为照片添加晚霞渲染的效果，使照片的亮部呈现暖红色调，暗部则显蓝紫色，画面的色调对比很鲜明，色彩十分艳丽。照片处理的前后对比，如图178-1所示。

图178-1 晚霞效果的前后对比

● 知识重点："晚霞渲染"命令
● 制作时间：3分钟
● 学习难度：★

操作步骤

（1）打开素材照片后，在"数码暗房"选项卡中，单击"晚霞渲染"选项。

（2）在弹出的"晚霞渲染"对话框中，设置"阈值"为55、"过渡范围"为73、"色彩艳丽度"为194，这样即可添加"晚霞"效果。

实例179 制作怀旧风格照片

利用"光影魔术手"中的"旧照退色"命令，可以轻松地制作出怀旧风格的照片效果。照片处理前后的对比，如图179-1所示。

图179-1 照片处理的前后对比

● 知识重点："褪色旧照"命令、"轻松边框"命令
● 制作时间：8分钟
● 学习难度：★

操作步骤

（1）打开素材照片后，在"数码暗房"选项卡中，单击"褪色旧照"选项。

（2）在弹出的"褪色旧照"对话框中，设置"褪色旧照"为70、"反差增强"为100、"加入噪点"为15，制作成旧照效果。

（3）在"边框图层"选项卡中，单击"轻松边框"选项，可为照片添加一种"纸质边框"，完成实例操作。

实例180 制作单色浮雕效果

将照片制作成浮雕效果，也是十分有趣的处理手法，下面就通过"光影魔术手"，将一张风景照，制作成"单色浮雕"的效果，照片处理的前后对比，如图180-1所示。

图180-1 浮雕效果的前后对比

- 知识重点:"单色效果"命令、"浮雕画"命令
- 制作时间:8分钟
- 学习难度:★

操作步骤

(1) 打开素材照片后,在"数码暗房"选项卡中,单击"单色效果"选项,颜色值为20。

(2) 单击"浮雕画"选项,"数量"设置为50%,即可完成本实例效果。

实例181 为照片添加文字和水印

本实例将为照片添加文字和水印,丰富画面,彰显照片个性。照片处理的前后对比,如图181-1所示。

图181-1 添加水印和文字的前后对比

- 知识重点:"自由文字与图层"命令
- 制作时间:10分钟
- 学习难度:★★

操作步骤

(1) 打开素材照片后,在"边框图层"选项卡中,执行"自由文字与图层"命令,在弹出的对话框中,选择"文字"按钮,输入"夏之悠蓝"文字,"大小"为18,"颜色"为白色,单击"确定"按钮结束操作。

(2) 再用同样的方法输入SUMMER BLUE文字,"大小"为12。

(3) 在"自由文字与图层"对话框中,单击"水印"按钮,打开本实例提供的水印图案,调整大小,"透明度"为50%,完成实例操作。

实例182 照片冲印的排版

利用"光影魔术手"的"照片冲印排版"命令,可以轻松地排版照片。可自动排版1寸照、2寸照、身份证照,还可以将多种规格尺寸混排在一张相纸中,节省冲印成本。下面就将1寸照片、2寸照片排版在5寸的相纸中。照片排版前后的对比,如图182-1所示。

 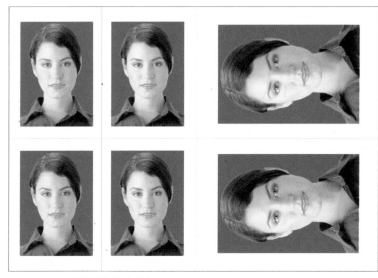

图182-1 照片排版的前后对比

- 知识重点:"照片冲印排版"命令
- 制作时间:3分钟
- 学习难度:★

操作步骤

(1) 打开人物照片后,在"便捷工具"选项卡中,执行"照片冲印排版"命令。

(2) 在弹出的对话框中,选择一种排版方式,如"1寸2寸混排_1——5寸/3R相纸",即可自动对照片进行排版,单击"确定"按钮关闭对话框,完成排版操作。

实例183 轻松制作大头贴

"大头贴",可爱而且个性,深受年轻人的喜爱。现在,"光影魔术手"软件就有制作大头贴的功能。足不出户,就能用摄像头拍摄或用自己的照片来制作可爱的"大头贴"。

下面介绍将一张照片,快速制作成"大头贴",照片处理的前后的对比,如图183-1所示。

图183-1 制作大头贴的前后对比

● 知识重点:"大头贴"命令
● 制作时间:5分钟
● 学习难度:★

操作步骤

(1)在"光影魔术手"软件中,执行"工具"→"大头贴"命令,弹出相应的对话框,在其中选择一个"大头贴"的模板。

(2)打开"图片合成"选项卡,单击"载入图片"按钮,打开计算机上已有的照片来做"大头贴"。

(3)在"图片选区"预览窗口中拖动控制框,让人物头像完整显示,再单击"确定"按钮完成"大头贴"。

实例184 为照片添加日历

通过"光影魔术手"的"日历"命令,可以轻松为照片添加"日历",照片处理前后的对比,如图184-1所示。

图184-1 效果图

● 知识重点："日历"命令

● 制作时间：8分钟

● 学习难度：★

操作步骤

（1）打开素材照片后，在"边框图层"选项卡中，单击"日历"选项，弹出相应的对话框，打开"自定义日历"选项卡，选择一个日期。

（2）设置"年份标题"、"月份标题"为"华文隶书"、粗体、29号、颜色为白色。

（3）设置"星期标题"、"普通日期"为黑体、大小为"小四"，颜色为黑色。

（4）设置"节假日"、"特殊日期"颜色为红色，单击"确定"按钮完成操作。

第11章 "美图秀秀"轻松美图

"美图秀秀"是一款很好用的图片处理软件。它独有的图片特效、美容、场景、闪图等功能，使你无需掌握照片后期处理基础，也能让你一分钟做出影楼级照片。

实例185 "美图秀秀"软件的介绍

使用"美图秀秀",可以一分钟搞定酷炫的非主流图片、非主流闪图、QQ头像、QQ空间图片等,深受年轻人的喜爱,让你轻松化身"时尚达人"。

"美图秀秀"的快捷图标如图185-1所示;软件界面如图185-2所示。

图185-1 "美图秀秀"快捷图标

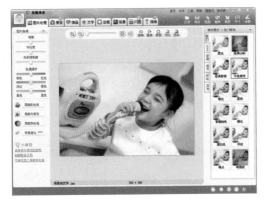

图185-2 "美图秀秀"的工作界面

"美图秀秀"的重要特点:

(1) 一分钟做出影楼级照片。"美图秀秀"拥有各种流行风格化效果,一键式操作。

(2) 神奇的人像美容功能。独有磨皮祛痘、瘦脸、美白、眼睛放大等多种智能美容功能,及多款美容饰品选择。

(3) 海量饰品及多彩文字。软件自带海量的饰品及多彩文字,忧伤的、甜蜜的,让你尽情地表达心情。

(4) 场景和边框。多个以假乱真的场景,逼真场景、非主流场景、可爱场景,这些场景直接套用即可。还有多款美轮美奂的智能边框,这些都是一键式操作。

(5) 动感闪图。轻松制作动感的个性QQ头像、签名等。

实例186 制作逼真场景

不少人对儿时玩过的"拼图"留有或多或少的美丽印象,如果将人物照制作成逼真的拼图场景,效果一定让人很惊喜。照片处理的前后对比,如图186-1所示。

图186-1 制作场景的前后对比

● 知识重点：打开文件、保存文件、"逼真场景"
　　命令
● 制作时间：6分钟
● 学习难度：★

操作步骤

（1）欢迎首页：运行"美图秀秀"软件，会出现
　　"欢迎首页"，可以在首页中选择某一项功
　　能后在相关的提示下打开照片。也可以关闭
　　"首页"，进入"美图秀秀"的界面。

（2）"打开"对话框：在界面中，单击工具栏
　　中的"打开"按钮❶，或者单击"场景"
　　按钮❷，在弹出的对话框中单击"打开一
　　张照片"❸，都可以弹出"打开"对话
　　框，如图186-2所示。

图186-2 "打开"对话框

提示：为了方便打开素材图片，读者可先将配套光
盘中的Source（源文件）文件夹复制到读者的计算机
上。该文件夹包含了本书需要的所有素材图片和效果
图。

　　在之后的实例操作中，在相应的实例名文件夹中
打开素材即可。

（3）打开照片：在"打开"对话框中，打开本
　　书配套光盘提供的"逼真场景.jpg"素材
　　照片❶，单击"打开"按钮❷，如图186-3
　　所示。

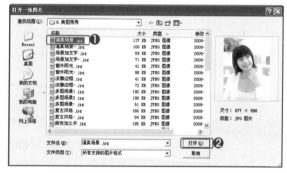

图186-3 打开照片

（4）选择场景类别：在"场景"界面中，在左
　　侧列出了所有场景的名称，在其中选择
　　"静态场景"下的"逼真场景"❶，如图
　　186-4所示。

图186-4 打开场景

（5）选择场景：在界面右侧的场景列表中，可以单击下方的页码进行翻页❶，选择一个"场景"❷，如图186-5所示。

图186-5 选择场景

（6）场景编辑：弹出了"场景编辑框"对话框，在左侧可以调整照片显示的区域❶，达到满意的效果后单击"应用"按钮❷，如图186-6所示。

图186-6 编辑场景

（7）保存场景：返回到界面中，逼真场景的照片就制作好了，单击工具栏中的"保存"按钮❶，如图186-7所示。

图186-7 保存场景

（8）保存文件：上一步操作后弹出了"保存选项"的对话框，默认的"格式"为*.jpg，"名称"为"逼真场景_副本"❶，单击"浏览"按钮❷，打开"图片另存为"对话框，选择一个保存的路径，再进行保存，如图186-8所示。

图186-8 保存文件

实例187 心情写照——窗外阳光

利用"美图秀秀"软件，可以轻松通过调整照片的色调、添加文字等方法来制作心情照片。本实例照片处理的前后对比，如图187-1所示。

图187-1 照片处理的前后对比

● 知识重点："经典LOMO"命令、"冷色渐变"命令、"暖化"命令、添加"文字"模板
● 制作时间：8分钟
● 学习难度：★

操作步骤

（1）打开照片：运行"美图秀秀"软件，在界面的工具栏中单击"打开"按钮❶，打开本书配套光盘提供的"窗外阳光.jpg"数码照片，单击"图片处理"按钮❷，如图187-2所示。

图187-2 打开照片

（2）处理照片色调：在"图片处理"界面的右侧，单击"热门"选项卡❶，并依次单击"经典LOMO"按钮❷、"冷色渐变"按钮❸、"暖化"按钮❹，让照片呈现一种冷暖的色彩，如图187-3所示。

图187-3 处理照片色调

提示： 在界面顶端有一排命令按钮，分别为"图片处理"、"美容"、"饰品"、"文字"、"边框"、"场景"、"闪图"、"娃娃"等。单击其中某一个按钮，则界面会跳转为相应的界面。

（3）添加文字模板：单击"文字"按钮❶，打开"文字"界面，在右侧选择"快乐"分类❷，再选择一个文字的模板❸，在画面中调整文字的位置❹，如图187-4所示。

图187-4 添加文字模板

（4）再添加文字模板：选择另一个文字模板❶，将其移动放置在画面的下方，拖动四周的控制点调整文字的大小❷，也可以在"素材编辑框"中进行设置❸，如图187-5所示。

（5）完成操作：这样就完成了"心情写照"实例的制作，最终效果如图187-6所示。

图187-6 最终效果图

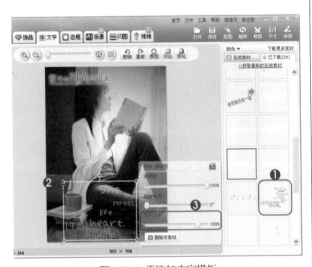

图187-5 再添加文字模板

实例188 柔光Lomo风格

本实例将为人物照片制作成Lomo暗角风格的效果，并对人物进行柔化，呈现柔美个性的效果。照片处理的前后对比，如图188-1所示。

图188-1 制作Lomo风格的前后对比

● 知识重点："柔光"命令、"经典LOMO"命令"淡雅"命令、添加"文字"模板
● 制作时间：5分钟
● 学习难度：★

操作步骤

（1）打开照片：打开本书配套光盘提供的"柔光Lomo风格.jpg"数码照片，单击"图片处理"按钮❶，如图188-2所示。

图188-2 打开照片

（2）处理照片色调：在"图片处理"界面的右侧，单击"热门"选项卡❶，单击"柔光"和"经典LOMO"按钮❷，让照片呈现一种柔和的暗角效果，如图188-3所示。

图188-3 处理照片色调

（3）添加"淡雅"效果：单击"LOMO"选项卡❶，单击"淡雅"按钮❷，让照片

呈现一种淡雅的色彩效果，如图188-4所示。

图188-4 添加淡雅效果

(4) 选择文字类别：单击"文字"按钮❶，在界面的左侧选择"文字模板"列表中的"快乐"分类❷，如图188-5所示。

图188-5 选择文字类别

(5) 添加文字模板：在界面的右侧，选择一个文字模板❶，在画面中调整文字的大小和位置❷，如图188-6所示。

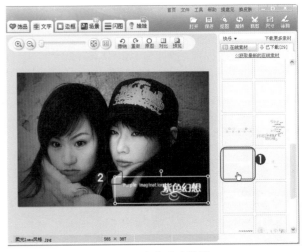

图188-6 添加文字模板

(6) 完成操作：这样就完成了柔光Lomo风格照片的操作，如图188-7所示。

图188-7 最终效果图

实例189 添加可爱饰品

为照片添加饰品，可以增加照片的趣味性，在"美图秀秀"软件中，有各种各样的饰品可供选择。

下面来为人物照片添加可爱的饰品，其中有

些是会"闪动"的饰品。照片处理的前后对比，如图189-1所示。

图189-1　添加饰品的前后对比

● 知识重点："裁剪"命令、添加"饰品"
● 制作时间：10分钟
● 学习难度：★★

操作步骤

（1）裁剪照片：在"美图秀秀"软件中，打开配套光盘提供的"添加饰品.jpg"素材照片，单击工具栏中的"裁剪"命令❶，在照片中拖出裁剪框，将裁剪掉照片的上部分❷，双击区域内确定"裁剪"，如图189-2所示。

图189-2　裁剪照片

（2）调整色调：单击"图片处理"按钮，打开"图片处理"的界面，在"LOMO"选项卡中❶，单击"淡雅"按钮❷，让照片呈现淡雅的色调，如图189-3所示。

图189-3　调整色调

（3）选择饰品类别：单击"饰品"按钮❶，在"饰品"界面左侧的饰品类别中，选择"装饰品"中的"皇冠"分类❷，如图189-4所示。

图189-4　选择饰品类别

(4) 添加一个饰品：在界面的右侧选择一个类似"兔子耳朵"的模板❶，将模板放置在人物的"头部"❷，为人物添加可爱的造型，如图189-5所示。

图189-5 添加一个饰品

(5) 添加"气泡"饰品：在界面的左侧，选择"会话气泡"类别❶，添加两种"会话气泡"的模板❷❸，将模板放置在人物的两侧，并调整模板的参数❹，如图189-6所示。

图189-7 添加动态饰品

(7) 保存文件：添加完饰品后，单击"保存"按钮，弹出"保存选项"对话框，选中"保存为动画图片"❶，单击"浏览"按钮❷，选择路径进行保存，如图189-8所示。

图189-8 保存文件

(8) 完成操作：这样就完成了为人物添加饰品的操作，效果如图189-9所示。

图189-6 添加气泡饰品

(6) 添加动态饰品：在界面的左侧，选择"动态文字"类别❶，添加一个模板❷，将模板放置在人物的左下角❸，如图189-7所示。

图189-9 最终效果图

实例190 抠图换背景

下面来为人物照片"抠图"，抠取人物后，替换上"美图秀秀"软件自带的背景，制作成类似杂志类的背景，增加照片的趣味性。照片处理的前后对比，如图190-1所示。

图190-1 换背景的前后对比

● 知识重点："抠图换背景"命令
● 制作时间：10分钟
● 学习难度：★★

操作步骤

（1）选择"抠图"命令：打开本书配套光盘提供的"抠图换背景.jpg"素材照片，单击"场景"按钮❶，在"场景"界面的左侧单击"抠图换背景"类别❷，单击"开始抠图"大按钮❸，如图190-2所示。

图190-2 选择抠图命令

（2）抠取人物：弹出"抠图编辑框"，单击"自由抠图"按钮❶，在人物轮廓上单击拖动，确定多个路径的锚点，形成一个封闭的"抠图"路径❷，单击"完成抠图"按钮❸，如图190-3所示。

图190-3 抠取人物

（3）选择背景模板：接着弹出"抠图换背景编辑框"，选择一个背景的模板❶，在画面中单击人物，出现编辑框，调整人物的大小和位置❷，单击"应用"按钮❸，如图190-4所示。

（4）完成操作：返回到界面中，就完成了为人物"抠图"换背景的效果，如图190-5所示。

图190-4 选择背景模板

图190-5 最终效果图

实例191 装裱男孩照片

在"美图秀秀"中，提供了多个针对儿童照片的可爱模板，让"妈妈"们可以轻松地美化照片，增添照片的趣味性。

下面来为儿童照片添加边框，并添加文字模板，将儿童照片处理得更加生动，照片处理的前后对比，如图191-1所示。

图191-1 装裱照片的前后对比

● 知识重点：添加"轻松边框"、添加"文字"模板、"涂鸦"命令

● 制作时间：10分钟

● 学习难度：★★

操作步骤

（1）选择边框命令：打开本书配套光盘提供的"小男孩.jpg"素材照片，单击"边框"按钮❶，在"边框"界面的左侧，单击"轻松边框"类别❷，如图191-2所示。

图191-2 选择边框命令

（2）选择边框模板：在界面的右侧选择一个边框的模板❶，如图191-3所示。

图191-3 选择边框模板

（3）添加边框：弹出了"边框编辑框"，可以看到照片已加上边框的效果，单击"应用"按钮❶，如图191-4所示。

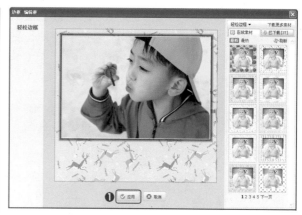

图191-4 添加边框

（4）添加文字模板：返回到主界面中，单击"文字"按钮❶，选择"其他"类别❷，选择一个充满童真的文字模板❸，将文字放置在照片的左下角❹，如图191-5所示。

图191-5 添加文字模板

（5）设置涂鸦的属性。单击工具栏中的"涂鸦"按钮❶，在其面板中设置"画笔大小"为10，"颜色"为白色❷，如图191-6所示。

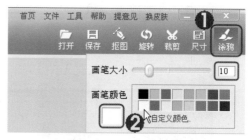

图191-6 设置涂鸦的属性

（6）涂上白色底：单击"放大"按钮❶，放大图像方便查看，在文字的位置上涂抹，即可在文字下方涂抹出白色的底❷，让文字效果更加明显，如图191-7所示。

（7）完成操作：这样就为小男孩的照片添加了边框和文字，效果如图191-8所示。

图191-7 涂上白色底

图191-8 最终效果图

实例192 柔化皮肤并添加饰品

本实例来为人物照片柔化皮肤，并添加文字、饰品，轻松地美化了人物照片，照片处理的前后对比，如图192-1所示。

图192-1 柔化皮肤的前后对比

● 知识重点："磨皮祛痘"命令、"皮肤美白"命令、添加"饰品"和"文字"模板

● 制作时间：10分钟

● 学习难度：★★

操作步骤

（1）选择命令：打开本书配套光盘提供的"柔化肌肤并添加饰品.jpg"素材照片，单击"美容"按钮❶，并单击"磨皮祛痘"按钮❷，如图192-2所示。

图192-2 选择命令

（2）为人物"磨皮"：打开了"磨皮祛痘"的面板，拖动调节杆，设置"画笔大小"为8像素，"画笔力度"为5❶，适当放大图像方便查看❷，在人物脸部的皮肤上涂抹（注意要避开五官轮廓）❸，皮肤即可变得平滑光洁，涂抹完成后单击"返回"按钮，如图192-3所示。

图192-3 为人物磨皮

（3）选择命令：返回到"美容"界面中，单击"皮肤美白"按钮❶，如图192-4所示。

图192-4 选择命令

（4）美白皮肤：打开"美白皮肤编辑框"窗口，保持默认的画笔大小和颜色❶，在人物脸上涂抹，即可美白皮肤❷，完成后单击"应用"按钮，关闭窗口❸，如图192-5所示。

图192-5 美白皮肤

（5）处理色调：单击"图片处理"按钮，打开"图片处理"的界面，在"热门"选项卡中，依次单击"柔光"和"经典LOMO"按钮❶，照片即可呈现柔和的暗角效果，如图192-6所示。

图192-6 处理色调

(6) 选择饰品类别：单击"饰品"按钮❶，并在界面的左侧选择"装饰品"列表中的"其他"分类❷，如图192-7所示。

图192-7 选择饰品类别

(7) 添加一个饰品：在界面的右侧选择一种"花朵"的模板❶，然后在画面中调整"花朵"的位置❷，在"素材编辑框"中设置"透明度"为73%❸，如图192-8所示。

图192-8 添加一个饰品

(8) 添加文字模板：单击"文字"按钮❶，跳转到"文字"界面，选择"其他"类别❷，选择一个文字的模板❸，将其放置在画面的右上角❹，如图192-9所示。

图192-9 添加文字模板

(9) 添加其他文字：继续添加其他两个文字模板❶❷，并将文字模板分别放置在画面的下方❸，如图192-10所示。

图192-10 添加其他文字

(10) 完成操作：这样就完成了为人物照片柔化皮肤并添加饰品的操作，效果如图192-11所示。

图192-11 最终效果图

实例193 非主流人像美容

年轻人偏爱将自拍照进行修饰，如添加"腮红"、漂染头发等，处理成非主流的风格效果。在"美图秀秀"中，可以轻松制作出这种非主流的美容效果，照片处理的前后对比，如图193-1所示。

图193-1 非主流美容的前后对比

● 知识重点："染发"命令、"眼睛变色"命令、"腮红"命令、"唇彩"命令

● 制作时间：10分钟

● 学习难度：★★

操作步骤

(1) 打开人物照片，在"美容"界面中，单击"染发"按钮，选择黄色，在人物头发上涂抹染发。

(2) 单击"眼睛变色"按钮，选择一种蓝色的"眼球"模板，让眼睛变为蓝色。

(3) 单击"腮红"按钮，为脸颊添加一种"腮红"模板，并调整不透明度为70%。

(4) 单击"唇彩"按钮，选择一种酒红色，在人物嘴唇上涂抹，添加"口红"效果。

(5) 在"饰品"界面中，单击"非主流印"类别，为照片添加"泡泡"图案和"红唇"图案的模板，完成非主流人像美容的操作。

实例194 为人物嫩肤

下面来为人物"磨皮"并美白，制作出白白嫩嫩的皮肤效果，照片处理的前后对比，如图194-1所示。

图194-1 人物嫩肤的前后对比

● 知识重点："磨皮祛痘"命令、"皮肤美白"命令、添加"饰品"

● 制作时间：10分钟

● 学习难度：★★

操作步骤

（1）打开照片，在"美容"界面中，单击"磨皮祛痘"按钮，为人物的脸部"磨皮"。再单击"皮肤美白"按钮，为人物美白皮肤。

（2）在"图片处理"界面中，单击"柔光"和"经典LOMO"模板，让照片呈现柔和的效果。单击"局部马赛克"按钮，涂刷人物背景。

（3）在"饰品"界面中，单击"非主流印"类别，为照片添加"泡泡"和"星星"图案的模板，完成本实例操作。

实例195 非主流紫调风格

通过"美图秀秀"的文字模板，能够使照片表达出一种"心情"来，甜蜜的、欢快的、忧伤的……。

下面将照片处理成紫色色调，并添加文字模板。照片处理的前后对比，如图195-1所示。

图195-1 制作紫色调的前后对比

● 知识重点："影楼"风格、添加"撕边边框"、添加"文字"模板

● 制作时间：8分钟

● 学习难度：★★

操作步骤

（1）打开照片，在"图片处理"界面中，单击"影楼"中的"冷蓝"按钮。

（2）在"边框"界面中，单击"撕边边框"类别，选择一种"边框"模板，颜色为白色。

（3）在"文字"界面中，单击"文字模板"下的"其他"类别，添加"感触心情"文字模板。添加"忧伤"类别中的"伤花怒放"文字模板，完成实例操作。

实例196 复古风潮照片

本实例将一张普通的人物照片，制作成复古的色调风格，并添加边框。照片处理的前后对比，如图196-1所示。

图196-1 制作复古风格的前后对比

- 知识重点："LOMO"风格、添加"撕边边框"
- 制作时间：5分钟
- 学习难度：★

操作步骤

（1）打开照片，在"图片处理"界面中，单击"LOMO"中的"泛黄暗角"和"复古"按钮。

（2）在"边框"界面中，单击"撕边边框"类别，选择一种带文字的"边框"模板，颜色为白色，完成实例。

实例197 制作淡雅风格照片

本实例来制作淡雅风格的Lomo暗角照片，并添加漂亮的花纹，照片处理的前后对比，如图197-1所示。

图197-1 淡雅风格照片的前后对比

● 知识重点："淡雅"风格、添加"边框"

● 制作时间：5分钟

● 学习难度：★

操作步骤

（1）打开照片，在"图片处理"界面中，单击

"LOMO"中的"淡雅"按钮。

（2）在"边框"界面中，单击"撕边边框"类别，选择一种带"边框"模板，颜色为白色。

（3）在"文字"界面中，单击"文字模板"下的"快乐"类别，添加一个文字模板，完成实例操作。

实例198 欢乐小宝贝照片

本实例来为小女孩照片添加一个可爱的场景，并输入"欢乐小宝贝"文字，让照片增添可爱气息。照片处理的前后对比，如图198-1所示。

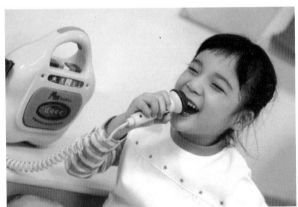

图198-1 照片处理的前后对比

● 知识重点：添加"可爱场景"、制作"静态文字"

● 制作时间：10分钟

● 学习难度：★★

操作步骤

（1）打开人物照片，在"场景"界面中，单击"静态场景"中的"可爱场景"类别，并选择一个场景的模板，并调整照片的显示区域。

（2）在"文字"界面中，单击"静态文字"，在"文字编辑框"中输入文字"欢乐小宝贝"，设置颜色为紫色，"大小"为70，并设置其他的参数，完成照片的美化。

实例199 制作摇头娃娃

利用"美图秀秀",可以轻松制作"摇头娃娃",也就是将人物的头部抠取出来,添加到身体模板上,然后头部会不停摇晃。"摇头娃娃"可以让照片富有趣味性。

本实例将为人物照片添加静态场景装饰后,在旁边制作一个摇头娃娃,照片处理的前后对比,如图199-1所示。

图199-1 制作摇头娃娃的前后对比

● 知识重点:制作"摇头娃娃"、添加"静态场景"、自定义饰品

● 制作时间:10分钟

● 学习难度:★★

操作步骤

(1) 打开人物照片,单击"娃娃"按钮,在人物脸部轮廓上单击拖动,形成一个封闭的"抠图"路径。

(2) 选择"时尚摇头娃娃"类别,再选择一个"摇头娃娃"的模板,将效果"保存到饰品"。

(3) 打开"场景"界面,在"静态场景"下的"可爱场景"类别中选择一个模板。

(4) 打开"饰品"界面,在"用户自定义"类别中,选择刚才保存的"摇头娃娃",添加到照片的右下角,进行保存,即可完成实例。

实例200 制作闪图

　　"动感闪图",可以彰显时尚和个性,将"闪图"作为QQ、论坛头像,更是年轻人的喜爱。下面来将一张人物照片制作成"闪图",照片处理的前后对比,如图200-1所示。

图200-1 动感闪图的前后对比

● 知识重点:制作"闪图"

● 制作时间:8分钟

● 学习难度:★

操作步骤

(1)打开人物照片后,打开"闪图"界面,单击"条纹闪图"类别,然后选择一种闪图的模板。

(2)在弹出的"闪图编辑框"中,设置"闪图"速度,单击"保存"按钮,对动画进行保存,就完成实例操作。

第12章　照片的冲印和输出

"对自己得意的数码照片作品，是不是也想和更多的朋友一起分享呢？本章节来介绍如何设置打印／冲印的数码照片、打印全部照片的缩略图、将照片制作幻灯片演示文件、使用Nero刻录照片到光盘、批量上传照片到网络相册、QQ邮箱发送明信片等操作。

实例201 打印数码照片

照片编辑、设计完成后，可以进行打印输出。Photoshop可以将图像发送到多种设备，可直接在纸张或胶片上打印（正片或负片），也可直接打印到数字打印机。

操作步骤

（1）在Photoshop CS4中，打开要打印的照片，选择"文件"→"打印"命令，弹出"打印"对话框，进行照片打印的尺寸、输出颜色的设置，如图201-1所示。

图201-1 "打印"对话框

（2）选择"打印机"和"份数"。在打印机的下拉列表中选择本机连接的打印机型号，再输入打印的份数。

（3）单击"页面设置"按钮，会弹出"页面设置"对话框，用来进行打印纸张大小和打印方向的设置。

（4）设置图像位置。在"位置"栏中，若选中"图像居中"选项，则照片将在打印的纸张中居中对齐，同时位置设置文本框呈灰色显示，表示不能再进行调整。

（5）设置缩放尺寸。若选中"缩放以适合介质"选项，则整个打印文件将打印页面填满。若不勾选，则可以设置缩放的比例和大小。若选中"显示定界框"选项，在对话框左侧的预览窗口中，打印文件的四周会出现编辑节点，可直接拖动编辑点来调整打印图像的大小，在此时若没有选中"图像居中"选项，还可直接拖动，调整图像的位置。

（6）设置好后，单击"完成"按钮，确认此次打印参数设置。若单击"打印"按钮，则是开始打印。

> **提示：** 若不需要对照片全部进行打印，只需要打印照片中的部分图像时，可先选用工具栏中的"矩形选框工具"，在照片中框选出需要打印的图像部分。同样选择"文件"→"打印"命令，在弹出的对话框中选中"打印选定区域"选项，再单击"打印"按钮即可。后，选中素材时，画面右下角会出现"素材编辑框"，在其中可以编辑素材的"透明度"、"旋转角度"、"素材大小"。若要删除素材，则是单击"删除本素材"按钮。

实例202 数码照片冲印

除了将照片打印输出的方法外，为了追求更好的照片输出效果，可以将照片送去数码冲印店进行冲印。一般冲印照片都将其保存为JPEG格式，用Photoshop保存即可。

操作步骤

（1）在Photoshop CS4中完成照片的设计后，选择"文件"→"存储为"命令，在弹出的"存储为"对话框中，首先设置文件名称，在"格式"下拉列表中选择保存格式为JPEG❶，单击"保存"按钮❷，如图202-1所示。

（2）在弹出的"JPEG选项"对话框中，将保存的图像选项"品质"设置为"12最佳"，这样能保持照片的最好质量，而不会被过多压缩。最后单击"确定"按钮，如图202-2所示。保存好的照片，就可以送进冲印店冲印了。

图202-1 "存储为"对话框

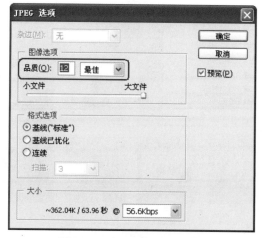

图202-2 "JPEG选项"对话框

设置照片的分辨率

除了要注意照片的保存格式和保存品质，另外一个需要注意的就是照片的像素，也就是本书开头就提到的"分辨率"这个概念。"分辨率"是反应照片文件的一个重要指标。

要冲印出高质量和高清晰度的照片，图像的分辨率则是重要的决定因素。图像的分辨率越高，表示单位面积的像素密度越大，照片就越清晰、越细腻。反之，若照片的像素不够，则冲印出来的效果就可能会模糊不清，色彩也会不够绚丽，也极有可能对照片造成一定程度的失真。

查看照片的尺寸、分辨率等信息，可通过前面介绍的方法，在 Photoshop 中，执行"图像"→"图像大小"命令，照片的所有物理属性参数都将显示在弹出的"图像大小"对话框中，如图 202-3所示。

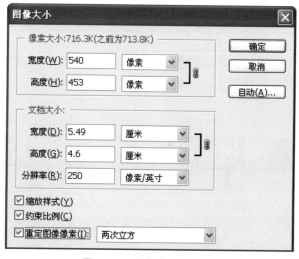

图202-3 "图像大小"对话框

冲印照片的分辨率，普通的控制在 150 ~ 250 像素 / 英寸即可，300 像素 / 英寸是最好的，冲印出来的品质高，超过 300 像素 / 英寸也没有多大的实际意义。为了能使读者对数码冲印店关于照片冲印尺寸和像素的要求能有一个更明确的认识，在表 202-1 所示中，将各种冲印尺寸和像素要求一一列举出来，供读者参考。

表202-1冲印尺寸与像素要求

规格英寸毫米			文件的长、宽（不低于的像素数）		
			较好	一般	差
1 寸证照每版 8 张	约为 1×1.5	27×38	300×200		
2 寸证照每版 4 张	约为 1.3×1.9	35×45	400×300		
5 寸	3.5×5	89×127	800×600	640×480	
6 寸	4×6	102×152	1024×768	800×600	640×480
7 寸	5×7	127×178	1280×960	1024×768	800×600
8 寸	6×8	203×152	1536×1024	1280×960	1024×768
10 寸	8×10	203×254	1600×1200	1536×1024	1280×960
12 寸	9×12	254×305	2048×1536	1600×1200	1536×1024
14 寸	10×14	254×351	2400×1800	2048×1536	1600×1200
15 寸	10×15	254×381	2560×1920	2400×1800	2048×1536
16 寸	12×16	305×406	2568×2052	2560×1920	2400×1800
18 寸	13.5×18	342×457	3072×2304	2568×2052	2560×1920
20 寸	15×20	381×508	3200×2400	3072×2304	2568×2052
24 寸	18×24	457×609	3264×2448	3200×2400	3072×2304

通过上表所列举的，若想冲印一张 10 寸的照片，则至少要提交像素大于 1536×1024 的照片文件，而若要达到更好效果，则像素最好在 1600×1200 以上。

实例203 打印全部照片的缩略图

计算机中的照片，随着时间的积累，会越来越多。有些用户为了直观地看照片的排列、分布，需要将全部的缩略图打印出来。下面来介绍使用ACDSee 软件，来将照片的缩略图按顺序排列，制作成图像文件。

操作步骤

（1）先打开ACDSee软件，选中要制作缩略图的全部照片，执行"创建"→"创建图册"命令，如图203-1所示。

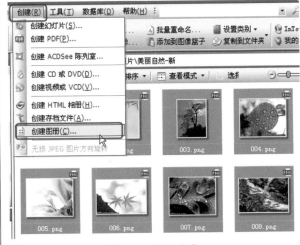

图203-1 执行命令

（2）打开"ACDSee-建立图册"对话框，设置"页面大小"（像素）为1240×1754❶（该像素大小为A4纸张尺寸，dpi为150），设置"缩略图的设置"和"框架选项"❷，在"标题"选项卡中设置"插入元数据"为"文件名称"❸。再设置文件输出的路径❹，最后单击"确定"按钮，即可将输出文件❺，如图203-2所示。

> **提示：** 在"标题"选项卡中，单击"插入元数据"按钮，可弹出"选取属性"对话框，在其中可勾选要显示的属性，如文件名称、大小、EXIF信息等，如图203-3所示。

（3）输出文件后，就得到一个图像文件，该图像文件就包含了全部照片的缩略图，并将"文件名称"显示在其中，如图203-4所示。若需要打印，则使用这个图像文件即可。

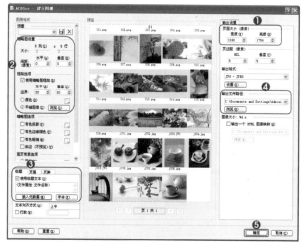

图203-2 设置建立图册

图203-3 选取属性

图203-4 缩略图的图像文件

实例204 制作幻灯片演示文件

将自己得意的照片作品，制作成幻灯片文件，并添加一些播放效果和转场效果，可让照片变得动感生动。下面就要用实例来介绍如何使用ACDsee软件将照片制作成幻灯片文件。

操作步骤

（1）打开ACDSee软件，选中要制作幻灯片的全部照片，执行"创建"→"创建幻灯片"命令。弹出"建立幻灯片向导"对话框，选择"新建幻灯片"下的"独立幻灯片"选项，单击"下一步"按钮，如图204-1所示。

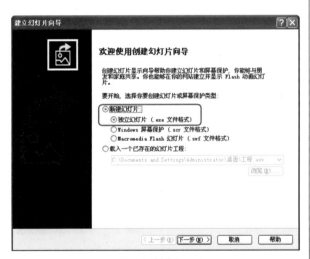

图204-1 创建幻灯片

（2）在接下来的对话框中添加或删除照片，若需要的照片已在其中，则直接单击"下一步"按钮。在弹出的"设置文件特定选项"对话框中，可以设置每个文件的"转场"、"标题"和"音频"，设置的方法是单击相应的文字（呈蓝色显示），在弹出的对话框中选择需要的转场、标题文字、音频等，如图204-2所示。

图204-2 设置转场、标题

（3）在下一步弹出的"设置幻灯片选项"的对话框中，可设置播放的一些常规设置，如播放速度、转场质量等，一般情况下可保持默认状态，如图204-3所示。

图204-3 设置播放速度、质量

（4）在接下来的对话框中，设置输出文件的路径，单击"下一步"即可开始创建幻灯片，创建结束后，单击"完成"按钮。

（5）创建结束后，可以在刚才设定的路径中看
到一个幻灯片的文件，如图204-4所示。双
击该文件，即可全屏播放该幻灯片，自动
展示照片，并带有转场效果。

图204-4 幻灯片的文件

实例205 使用Nero刻录照片到光盘

将照片、视频等文件刻录到CD、DVD光盘上，
以做备份，这是常用的备份手法。刻录时，通常
使用 Nero 软件来刻录。

刻录之前，要先确定计算机上接好光盘刻录
机，并在刻录机中放入一张空白的 DVD 光盘。
另外，计算机上也先安装好 Nero 软件。下面就
来详细介绍如何利用 Nero 软件将照片、视频等
文件刻录到光盘上。

操作步骤

（1）首先接好光盘刻录机，在刻录机中放入一
张空白的DVD光盘。运行Nero软件，在
Nero界面的"数据光盘"项目中❶，选择
"数据DVD"❷，如图205-1所示。

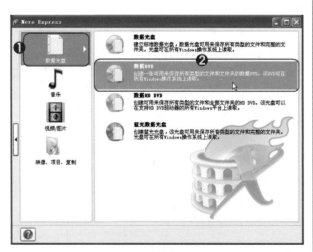

图205-1 选择项目

提示： 在"数据光盘"项目，有4种选择，这根据用
户使用的光盘类型来选择，CD光盘则选择"数据光
盘"；DVD光盘则选择"数据DVD"；另外还有HD
光盘、蓝光光盘的选项。

（2）弹出"光盘内容"界面，打开"我的电脑"
找到要刻录的文件，将文件直接拖到中央空
白的区域中，这样即可将文件添加进来❶；
或单击"添加"按钮来添加文件❷；添加
文件的总大小会显示在底部区域，注意不
要超过光盘的最大容量❸。添加完文件后，
单击"下一步"按钮❹，如图205-2所示。

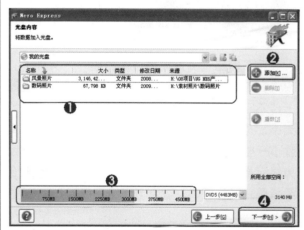

图205-2 添加文件

（3）弹出"最终刻录设置"界面，在"当前刻
录机"项中选择计算机连接的刻录机❶；
若是刻录重要的文件，可勾选"刻录后检

验光盘数据"选项❷；单击左侧的展开按钮，展开左侧面板❸，设置写入速度，如8X，单击"刻录"按钮，如图205-3所示，即可开始刻录。

图205-3 设置刻录参数

提示： 光盘的写入速度，通常是由刻录光盘本身决定的，目前市场上常见的光盘刻录速度从8X至16X不等，在选择刻录速度时，可参考光盘本身最大的刻录速度来选择，一般通常情况下可选择8X或12X的速度来刻录。

（4）进入了刻录过程，此时系统会自动进行刻录，用户只需要耐心等待，如图205-4所示。等刻录完毕后，会出现提示光盘已刻录完成，光驱会自动弹出光盘，完成刻录操作。

图205-4 刻录过程

实例206 用于网络照片的优化

用于网络上浏览或者传输的照片，文件不宜太大，否则会影响上传速度，或由于文件太大而上传不了。通常是根据具体的需要来设置文件的大小，原则上是在保证清晰的情况下，尽量让文件小一些；而分辨率设置为96像素/英寸最佳（因为显示器的分辨率为96像素/英寸）。下面来介绍将照片进行缩小，适合于网络使用。

操作步骤

（1）在Photoshop CS4中打开一张照片，执行"图像"→"图像大小"命令，弹出"图像大小"对话框，在其中可查看该照片的像素大小、分辨率、宽度和高度，如图206-1所示。

（2）在"图像大小"对话框中，勾选"重定

图像像素"和"约束比例"选项❶，设置"分辨率"为96像素/英寸❷，再输入"宽度"的像素为600，"高度"则会自动随之更改❸，单击"确定"按钮，如图206-2所示。

图206-1 查看照片属性

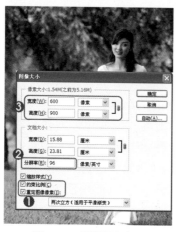

图206-2 设置照片大小

(3) 修改好照片的大小后，执行"文件"→"存
储为"命令，在弹出的"存储为"对话
框，设置保存的路径和命令，"格式"为
JPEG，单击"保存"按钮后，弹出"JPEG
选项"对话框，在其中设置图像的"品
质"为8，如图206-3所示。这样照片文件大
小仅为146k，方便在网络中浏览和传输。

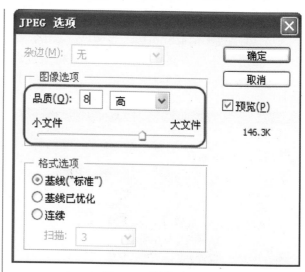

图206-3 设置图像质量

> **提示**：若需要批量调整照片的大小，也可在ACDSee
> 软件中批量处理，具体可参考"实例21 ACDSee批量
> 调整图像大小"的操作。

实例207 批量上传照片到网络相册

当下，很多网友已在各大网络站点上安了
"家"，并开通了网络相册，如 QQ 相册、新浪相册、
天涯相册等等。将照片上传到网络相册上，与朋
友分享，是众多网友喜爱的方式。下面来介绍在
"光影魔术手"中如何快速地上传照片到网络相
册。

操作步骤

(1) 在"光影魔术手"中，打开照片文件，若
是要将单张照片上传到网络相册，则是直
接单击工具栏中的"上传"按钮❶。若是
要批量上传多张照片，则是双击照片❷，
切换到"光影管理器"界面，如图207-1
所示。

图207-1 打开照片

（2）在"光影管理器"界面中，选中多张照片（可配合Ctrl或Shift键来选择），右击，在弹出的菜单中选择"上传到网络相册"命令❶，如图207-2所示。

图207-2 选择照片

（3）随后弹出"登录网络相册"对话框，在"相册网站"的下拉列表中选择用户所注册的网站，如"QQ相册"❶，输入相应的QQ账号、密码和验证码❷，输入好后单击"登录"按钮❸，如图207-3所示。

（4）登录QQ的网络相册后，选择相册目录，输入相册名称，并可设置访问权限，最后单击"开始上传"按钮，即可批量上传，如图207-4所示。经过一段时间的等待，将照片批量上传到QQ相册中了，单击"上传完成"按钮关闭窗口。

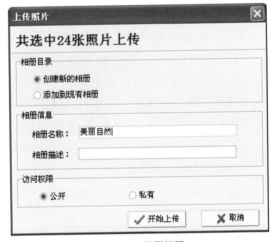

图207-4 设置相册

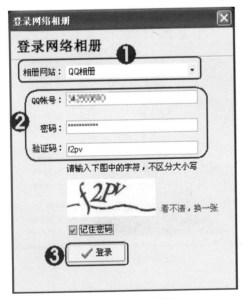

图207-3 登录网络相册

实例208 QQ邮箱发送明信片

利用QQ邮箱，为网友发送明信片，可以自主设计照片和文字内容，带来温馨妙趣，更好表达自己的情意。

操作步骤

（1）打开QQ邮箱，进入"写信"状态，单击"明信片"选项卡，然后添加一个或者多个收件人。

（2）在界面的右侧，选择一个模板，模板即可显示在界面中央，在模板上可以选用自己想要的照片，可以用多种方式来上传，上传照片、截屏、从我的相册中挑选、用摄像头拍照等。在模板上输入文字内容，如图208-1所示。

图208-1 制作网络明信片

（3）编辑好照片和文字后，还可以在界面右侧选择"邮票"模板和"盖邮戳"，体现自己设计的乐趣。最后单击"发送"按钮，即可将自己设计的"明信片"发送到对方的QQ邮箱中。

实例209 将照片编辑为视频文件

利用会声会影，可以轻松地将宝宝的大量照片编辑成一段或多段视频文件，使宝宝的照片以更精彩有趣的方式展示出来，使照片也变得有声有色。编辑过程如图209-1所示。

图209-1 将照片编辑为视频文件

操作步骤

（1）准备好需要用到的照片，要注意照片的显示方向是否正确；同时准备好背景音乐，不同片段最好用不同的背景音乐。

（2）打开会声会影软件，并设置一下默认值，使导入的照片符合浏览时的需要。

（3）在时间轴中的视频轨上右击鼠标，选择"插入图像"，将准备好的照片导入到视频轨中。将导入的照片全选，右击鼠标，选择"自动摇动和缩放"，设置照片动态效果。

（4）右击时间轴中的音乐轨，选择"插入音频"，插入背景音乐，并对音频进行必要的设置，如裁剪空白、设置音频谈出等。

（5）接着再给照片添加标题和视频边框，丰富浏览效果。

（6）编辑完成后，在"分享"步骤中单击"创建视频文件"，将编辑好的照片导出为视频文件，一般为mpg格式。

（7）为了日后方便对视频的修改，可将编辑的内容保存为项目文件，为VSP格式。

实例210　将照片视频刻录成DVD光盘

利用会声会影将照片编辑成一段或多段视频文件后，如果要使这些视频文件能轻松播放，那么可以将其刻录成DVD视频光盘，这样只要有DVD影碟机就能浏览，非常方便。DVD的播放效果如图210-1所示。

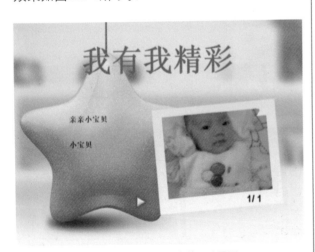

图210-1　播放DVD光盘的开头界面

操作步骤

（1）打开会声会影，在"分享"步骤中单击"创建光盘"下的"DVD"，打开会声会影的创建光盘向导。

（2）将编辑好的照片视频添加到创建光盘向导中，并可先调整一下视频的播放顺序。

（3）在向导中，可以选择一个模板作为光盘的播放界面。编辑好界面后可浏览光盘的播放效果。

（4）接着，可给光盘设置一个名称，在播放的时候方便查看；如果要刻录多份光盘的话，也可以在此设置。

（5）将所需要求都设置好后，单击"刻录"按钮，开始DVD视频光盘的刻录，等待刻录完成后，提示成功完成。

读者意见反馈表

感谢您选择了清华大学出版社的图书，为了更好的了解您的需求，向您提供更适合的图书，请抽出宝贵的时间填写这份反馈表，我们将选出意见中肯的热心读者，赠送本社其他的相关书籍作为奖励，同时我们将会充分考虑您的意见和建议，并尽可能给您满意的答复。

本表填好后，请寄到：北京市海淀区双清路学研大厦A座513清华大学出版社　陈绿春　收（邮编100084）。也可以采用电子邮件（chenlch@tup.tsinghua.edu.cn）的方式。

NO:

书名：_____

个人资料：

姓名：_____ 性别：_____ 年龄：_____ 所学专业：_____ 文化程度：_____

目前就职单位：_____ 从事本行业时间：_____

E-mail地址：_____ 电话：_____

通信地址：_____ 邮编：_____

(1)下面的平面类型哪方面您比较感兴趣
①图像合成　②绘画技法　③书籍装帧　④广告设计
⑤特效应用　⑥数码后期　⑦插画设计　⑧其他
多选请按顺序排列
选择其他请写出名称_____

(2)Photoshop的图书您最想学的部分包括
①选区　②图层　③通道　④色彩
⑤路径　⑥蒙版　⑦滤镜　⑧其他
多选请按顺序排列
选择其他请写出名称_____

(3)图书的表现形式，您更喜欢哪些类型
①实例类　②综合类　③大全类
④基础类　⑤理论类　⑥其他
多选请按顺序排列
选择其他请写出名称_____

(4)本类图书的定价，您认为哪个价位更加合理
①68左右　②78左右　③88左右
④98左右　⑤108左右　⑥128左右
多选请按顺序排列
选择其他请写出范围_____

(5)您购买本书的因素包括
①封面　②版式　③书中的内容
④价格　⑤作者　⑥其他
多选请按顺序排列
选择其他请写出名称_____

(6)购买本书后您的用途包括
①工作需要　②个人爱好　③毕业设计
④作为教材　⑤培训班　⑥其他
多选请按顺序排列
选择其他请写出名称_____

(7)您对本书封面的满意程度
○很满意　　○比较满意　　○一般　　○不满意
○改进建议或者同类书中你最满意的书名
_____

(8)您对本书版式的满意程度
○很满意　　○比较满意　　○一般　　○不满意
○改进建议或者同类书中你最满意的书名
_____

(9)您对本书光盘的满意程度
○很满意　　○比较满意　　○一般　　○不满意
○改进建议或者同类书中你最满意的书名
_____

(10)您对本书技术含量的满意程度
○很满意　　○比较满意　　○一般　　○不满意
○改进建议或者同类书中你最满意的书名
_____

(11)您对本书文字部分的满意程度
○很满意　　○比较满意　　○一般　　○不满意
○改进建议或者同类书中你最满意的书名
_____

(12)您最想学习此类图书中的哪些知识
_____

(13)您最欣赏的一本Photoshop的书是
_____

(14)您的其他建议（可另附纸）

注：用电子邮件回复的读者，请将个人资料和书名填写完整，其他项目填序号和答案即可。本页复印有效。